4.2 草地素材的抠取技巧

- 视频位置：光盘/第4章/4.2 草地素材的抠取技法.mp4
- 技术掌握：掌握草地素材的抠取技巧

4.3 树木素材的抠取技巧

- 视频位置：光盘/第4章/4.3 树木素材的抠取技巧.mp4
- 技术掌握：掌握树木素材的抠取技巧

4.4 人物素材的抠取技巧

- 视频位置：光盘/第4章/4.4 人物素材的抠取技巧.mp4
- 技术掌握：掌握人物素材的抠取技巧

4.5 雕塑素材的抠取技巧

- 视频位置：光盘/第4章/4.5 雕塑素材的抠取技巧.mp4
- 技术掌握：掌握雕塑素材的抠取技巧

4.6.1 变换选区的用法

- 视频位置：光盘/第4章/4.6.1 变换选区的用法.mp4
- 技术掌握：掌握变换选区的用法

4.6.2 调整边缘的用法

- 视频位置：光盘/第4章/4.6.2 调整边缘的用法.mp4
- 技术掌握：掌握调整边缘的用法

4.7 处理杂边

- 视频位置：光盘/第4章/4.7 处理杂边.mp4
- 技术掌握：掌握处理杂边方法

5.1 色阶命令的使用

- 视频位置：光盘/第5章/5.1 色阶命令的使用.mp4
- 技术掌握：掌握色阶命令的使用方法

5.2 亮度/对比度命令的使用

- 视频位置：光盘/第5章/5.2 亮度对比度命令的使用.mp4
- 技术掌握：掌握亮度/对比度命令的使用方法

5.3 色彩平衡命令的使用

- 视频位置：光盘/第5章/5.3 色彩平衡命令的使用.mp4
- 技术掌握：掌握色彩平衡命令的使用方法

5.4 曲线命令的使用

- 视频位置：光盘/第5章/5.4 曲线命令的使用.mp4
- 技术掌握：掌握曲线命令的使用方法

5.5 色相/饱和度命令的使用
- 视频位置：光盘/第5章/5.5
色相饱和度命令的使用.mp4
- 技术掌握：掌握色相/饱和度命令的使用方法

5.6 调整图层的使用
- 视频位置：光盘/第5章/5.6
调整图层的使用.mp4
- 技术掌握：掌握调整图层的使用方法

5.7 其他调整工具和命令
1. 照片滤镜的使用
- 视频位置：光盘/第5章/5.7
其他调整工具和命令.mp4
- 技术掌握：掌握照片滤镜的使用方法

5.7 其他调整工具和命令
2. 自然饱和度
- 视频位置：光盘/第5章/5.7
其他调整工具和命令.mp4
- 技术掌握：掌握自然饱和度方法

5.7 其他调整工具和命令
3. 可选颜色的使用
- 视频位置：光盘/第5章/5.7
其他调整工具和命令.mp4
- 技术掌握：掌握可选颜色的使用方法

6.1.1 橡皮擦工具的使用
1. 橡皮擦工具
- 视频位置：光盘/第6章/6.1.1
橡皮擦工具的使用.mp4
- 技术掌握：掌握橡皮擦工具的使用方法

6.1.1 橡皮擦工具的使用
2. 背景橡皮擦工具
- 视频位置：光盘/第7章/6.1.1
橡皮擦工具的使用.mp4
- 技术掌握：掌握背景橡皮擦工具的使用方法

6.1.2 加深和减淡工具
- 视频位置：光盘/第6章/
6.1.2加深和减淡工具.mp4
- 技术掌握：掌握加深和减淡工具的使用方法

6.1.3 修复工具的使用
- 视频位置：光盘/第6章/6.1.3
修复工具的使用.mp4
- 技术掌握：掌握修复工具的使用方法

6.1.4 图章工具的使用

• 视频位置：光盘 / 第6章 / 6.1.4
图章工具的使用.mp4
• 技术掌握：掌握图章工具的
使用方法

6.2.1 模型缺陷修复技法

• 视频位置：光盘 / 第6章 / 6.2.1
模型缺陷修复技法.mp4
• 技术掌握：掌握模型缺陷修
复的技法

6.2.2 材质缺陷修复技法

• 视频位置：光盘 / 第6章 /
6.2.2材质缺陷修复技法.mp4
• 技术掌握：掌握材质缺陷修
复的技法

6.2.3 灯光缺陷修复技法

• 视频位置：光盘 / 第6章 / 6.2.3
灯光缺陷修复技法.mp4
• 技术掌握：掌握灯光缺陷修
复的技法

7.1.1 使用渐变制作天空

• 视频位置：光盘 / 第7章 / 7.1
天空背景制作技巧.mp4
• 技术掌握：掌握使用渐变
工具制作天空的方法

7.1.2 合成有云朵的天空

• 视频位置：光盘 / 第7章 / 7.1
天空背景制作技巧.mp4
• 技术掌握：掌握合成有云朵
的天空的方法

7.2.1 直接添加影子素材

• 视频位置：光盘 / 第7章 /
7.2影子的制作.mp4
• 技术掌握：掌握直接添加
影子素材的方法

7.2.2 使用影子照片合成

• 视频位置：光盘 / 第7章 /
7.2影子的制作.mp4
• 技术掌握：掌握使用影子
照片合成影子的方法

7.2.3 制作单个配景影子
- 视频位置：光盘/第7章/7.2 影子的制作.mp4
- 技术掌握：掌握制作单个配景影子的方法

7.3.1 快速添加树木的方法
- 视频位置：光盘/第7章/7.3添加树木、草地和矮植的技巧.mp4
- 技术掌握：掌握快速添加树木的方法

7.3.2 草地和矮植的添加技巧
- 视频位置：光盘/第7章/7.3添加树木、草地和矮植的技巧.mp4
- 技术掌握：掌握草地和矮植的添加技巧

7.4 山体制作的技巧
- 视频位置：光盘/第7章/7.4山体制作的技巧.mp4
- 技术掌握：掌握山体制作的技巧

7.5 绿篱制作的技法
- 视频位置：光盘/第7章/7.5绿篱制作的技法.mp4
- 技术掌握：掌握绿篱制作的技法

7.6.1 处理透视图中的倒影
- 视频位置：光盘/第7章/7.6制作倒影.mp4
- 技术掌握：掌握处理透视图中的倒影的方法

7.6.2 处理鸟瞰图中的倒影
- 视频位置：光盘/第7章/7.6制作倒影.mp4
- 技术掌握：掌握处理鸟瞰图中的倒影的方法

7.7 岸边处理方法
- 视频位置：光盘/第7章/7.7岸边处理方法.mp4
- 技术掌握：掌握岸边处理的方法

7.8 制作水面
- 视频位置：光盘/第7章/7.8制作水面.mp4
- 技术掌握：掌握制作水面的方法

7.10.1 处理透明玻璃的技法

- 视频位置：光盘/第7章/
7.10玻璃材质的处理.mp4
- 技术掌握：掌握处理透明玻璃的技法

7.10.2 处理反光玻璃的技法

- 视频位置：光盘/第7章/
7.10玻璃材质的处理.mp4
- 技术掌握：掌握处理反光玻璃的技法

7.11 马路和斑马线的制作技巧

- 视频位置：光盘/第7章/7.11
马路和斑马线的制作技巧.mp4
- 技术掌握：掌握马路和斑马线的制作技巧

7.12 添加人物

- 视频位置：光盘/第7章/
7.12 添加人物.mp4
- 技术掌握：掌握添加人物的方法

7.13 制作光斑效果

- 视频位置：光盘/第7章/
7.13制作光斑效果.mp4
- 技术掌握：掌握制作光斑效果的方法

7.14.1 制作渐变光线

- 视频位置：光盘/第7章/
7.14光线特效的制作.mp4
- 技术掌握：掌握制作渐变光线的方法

7.14.2 利用滤镜添加光晕

- 视频位置：光盘/第7章/
7.14光线特效的制作.mp4
- 技术掌握：掌握利用滤镜添加光晕的方法

7.14.3 利用动感模糊命令制作光线

- 视频位置：光盘/第7章/
7.14光线特效的制作.mp4
- 技术掌握：掌握利用动感模糊命令制作光线的方法

7.15.1 渐变制作法

- 视频位置：光盘/第7章/
7.15云雾的制作.mp4
- 技术掌握：掌握渐变制作云雾的方法

7.15.2 选区羽化
- 视频位置：光盘/第7章/7.15云雾的制作.mp4
- 技术掌握：掌握选区羽化制作云雾的方法

7.15.3 合成云雾
- 视频位置：光盘/第7章/7.15云雾的制作.mp4
- 技术掌握：掌握合成云雾的方法

第8章 室内彩平图制作
- 视频位置：光盘/第8章/第8章 室内彩平图制作.mp4
- 技术掌握：掌握室内彩平图的制作方法

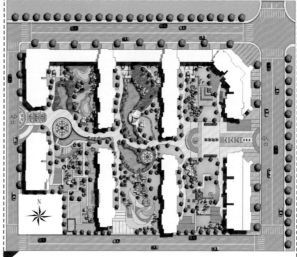

第9章 彩色总平面图制作
- 视频位置：光盘/第9章/第9章 彩色总平面制作.mp4
- 技术掌握：掌握彩色总平面图的制作方法

10.1 卧室夜景效果图后期处理
- 视频位置：光盘/第10章/10.1卧室夜景效果图后期处理.mp4
- 技术掌握：掌握卧室夜景效果图后期处理的方法

10.2 客厅日景效果图后期处理
- 视频位置：光盘/第10章/10.2客厅日景效果图后期处理.mp4
- 技术掌握：掌握客厅日景效果图后期处理的方法

10.3 餐厅效果图后期处理

- 视频位置：光盘/第10章/
10.3餐厅效果图后期处理.mp4
- 技术掌握：掌握餐厅效果
图后期处理的方法

10.4 房地产公司大厅效果图后期处理

- 视频位置：光盘/第10章/10.4
房地产公司大厅效果图后期处
理.mp4
- 技术掌握：掌握房地产公司大
厅效果图后期处理的方法

11.1 别墅日景效果图后期
处理

- 视频位置：光盘/第11章/
11.1别墅日景效果图后期
处理.mp4
- 技术掌握：掌握别墅日景
效果图后期处理的方法

11.2 住宅小区黄昏效果图后期处理

- 视频位置：光盘/第11章/11.2
住宅小区黄昏效果图后期处理.
mp4
- 技术掌握：掌握住宅小区黄昏
效果图后期处理的方法

11.3 商业步行街效果图后
期处理

- 视频位置：光盘/第11章/
11.3商业步行街效果图后
期处理.mp4
- 技术掌握：掌握商业步
行街效果图后期处理的
方法

12.1 社区公园效果图后期处理

- 视频位置：光盘/第12章/12.1
社区公园效果图后期处理.mp4
- 技术掌握：掌握社区公园效果
图后期处理的方法

12.2 道路景观效果图后期
处理

- 视频位置：光盘/第12章/
12.2道路景观效果图后期
处理.mp4
- 技术掌握：掌握道路景观
效果图后期处理的方法

13.1 高层写字楼夜景效果图后期
处理

- 视频位置：光盘/第13章/13.1高层
写字楼夜景效果图后期处理.mp4
- 技术掌握：掌握高层写字楼夜景
效果图后期处理的方法

13.2 商业街夜景效果图后期处理

•视频位置：光盘/第13章/13.2商业街夜景效果图后期处理.mp4

•技术掌握：掌握商业街夜景效果图后期处理的方法

14.1 住宅小区鸟瞰图后期处理

•视频位置：光盘/第14章/14.1住宅小区鸟瞰图后期处理.mp4

•技术掌握：掌握住宅小区鸟瞰图后期处理方法

14.2 旅游区规划鸟瞰图后期处理

•视频位置：光盘/第14章/14.2旅游区规划鸟瞰图后期处理.mp4

•技术掌握：掌握旅游区规划鸟瞰图后期处理的方法

15.2.1 素材合成制作雪景

•视频位置：光盘/第15章/15.2.1素材合成制作雪景.mp4

•技术掌握：掌握素材合成制作雪景的方法

15.2.2 快速转换制作雪景

•视频位置：光盘/第15章/15.2.2快速转换制作雪景.mp4

•技术掌握：掌握快速转换制作雪景的方法

15.3.1 快速转换日景为雨景

•视频位置：光盘/第15章/15.3.1快速转换日景为雨景.mp4

•技术掌握：掌握快速转换日景为雨景的方法

15.3.2 雨景建筑效果图后期处理

•视频位置：光盘/第15章/15.3.2雨景建筑效果图后期处理.mp4

•技术掌握：掌握雨景建筑效果图后期处理的方法

Adobe

Photoshop

建筑效果图
制作

从入门到精通
超值版

麓山 编著

人民邮电出版社

北　京

图书在版编目（CIP）数据

Photoshop建筑效果图制作从入门到精通：超值版 /
麓山编著. -- 北京：人民邮电出版社，2016.1（2023.7重印）
ISBN 978-7-115-41176-1

Ⅰ. ①P… Ⅱ. ①麓… Ⅲ. ①建筑设计—计算机辅助
设计—应用软件 Ⅳ. ①TU201.4

中国版本图书馆CIP数据核字(2015)第283922号

内 容 提 要

本书主要介绍使用 Photoshop 软件进行建筑效果图后期处理的方法，按建筑设计流程分为 4 篇，共 15
章。基础知识篇（第 1 章~第 3 章）介绍了 Photoshop 的基本操作和建筑效果图的理论知识；基本技法篇（第
4 章~第 7 章）分别介绍了配景素材的抠图技法、建筑效果图的调色技法、建筑效果图编辑与修复技法和建
筑效果图后期处理技法；彩平篇（第 8 章~第 9 章）介绍了室内彩平图制作和彩色总平面图制作；综合实例
篇（第 10 章~第 15 章）分别介绍了室内效果图后期处理、建筑效果图后期处理、园林景观效果图后期处理、
建筑效果图夜景处理、建筑鸟瞰图后期处理和特殊效果图后期处理。

本书附赠教学光盘，包括全书所有实例的高清语音视频教学、素材图片和效果文件，以成倍提高读者
的学习效率。

本书内容严谨，讲解透彻，紧密联系实际，具有较强的专业性和实用性，特别适合从事建筑设计相关
工作的工程技术人员学习参考。同时，也可以作为大、中专院校的教材和参考用书。

◆ 编　著　麓　山

　　责任编辑　张丹阳

　　责任印制　陈　犇

◆ 人民邮电出版社出版发行　　北京市丰台区成寿寺路 11 号
　　邮编　100164　　电子邮件　315@ptpress.com.cn
　　网址　https://www.ptpress.com.cn

　　涿州市般润文化传播有限公司印刷

◆ 开本：787×1092　1/16　　　　彩插：4
　　印张：20　　　　　　　　　　2016 年 1 月第 1 版
　　字数：544 千字　　　　　　　2023 年 7 月河北第 19 次印刷

定价：49.00 元（附光盘）

读者服务热线：(010)81055410　印装质量热线：(010)81055316
反盗版热线：(010)81055315
广告经营许可证：京东市监广登字 20170147 号

Photoshop 软件简介

Photoshop 是Adobe公司推出新版本，是处理图像时常用的一款软件，是专业设计人员的首选软件。它具有界面友好、功能强大、易于掌握、使用方便等特点，有众多的编修与绘图工具，可以更有效地进行图片编辑工作，对已有的位图图像进行编辑、加工、处理以及运用一些特殊效果。Photoshop CC主要应用于平面设计、网页设计、数码暗房、建筑效果图后期处理以及影像创意等方面。

 本书内容安排

本书系统、全面地讲解了使用Photoshop 软件处理建筑效果图的方法和技巧，包括Photoshop 的基本操作及抠图技法、调色技法、效果图编辑与修复技巧、建筑配景制作、彩平图制作、彩色总平图制作、室内效果图制作、园林效果图后期处理、夜景效果图后期处理、鸟瞰效果图后期处理和特殊效果图后期处理等，可帮助读者迅速从新手成长为建筑效果图后期处理高手。

篇　名	内 容 安 排
基础知识篇 （第1章~第3章）	系统讲解了Photoshop 的基本知识，使Photoshop 初学者能够快速掌握其基本操作，包括Photoshop 与建筑表现、Photoshop 快速入门、Photoshop 的基本操作等
基本技法篇 （第4章~第7章）	分别讲解了配景素材的抠图技法、建筑效果图的调色技法、建筑效果图编辑与修复技法、常用建筑配景制作
彩平篇 （第8章~第9章）	分别讲解了室内彩色平面图制作和彩色总平面图制作
综合实例篇 （第10章~第15章）	分别讲解了室内效果图后期处理、建筑效果图后期处理、园林景观效果图后期处理、夜景效果图后期处理、鸟瞰效果图后期处理、特殊效果图后期处理

 本书写作特色

总的来说，本书具有以下特色。

零点快速起步 后期处理技术全面掌握	本书从Photoshop 的基本操作界面讲起，由浅入深、循序渐进，结合软件和建筑行业特点安排了大量实例，让读者轻松掌握Photoshop 的基本操作和建筑效果图后期处理的灵魂所在
案例贴身实战 技巧原理细心解说	本书案例精彩，经典实用，每个实例都包含相应工具和功能的使用方法和技巧介绍。在一些重点和要点处，还添加了大量的提示和技巧讲解，帮助读者理解和加深认识，从而真正掌握，以达到举一反三、灵活运用的目的

四大设计类型 建筑效果图全面接触	本书处理图像类型包括建筑效果图、彩色平面图、室内效果图和园林效果图，使广大读者在学习Photoshop 的同时，可以从中积累相关经验，能够了解和熟悉不同建筑效果图的专业知识
80多个实战案例 后期处理快速提升	本书的每个案例经过作者精挑细选，具有典型性和实用性，具有重要的参考价值，读者可以边做边学，从新手快速成长为Photoshop 建筑后期处理高手
高清视频讲解 学习效率轻松翻倍	本书配套光盘收录全书80多个实例的高清语音视频教学文件，长达730分钟，读者可以在家享受专家课堂式的讲解，成倍提高学习兴趣和效率

 ## 本书创作团队

本书由Photoshop辅助设计教育研究室组织编写，具体参与编写的有陈志民、李红萍、陈云香、陈文香、陈军云、彭斌全、林小群、钟睦、张小雪、罗超、李雨旦、孙志丹、何辉、彭蔓、梅文、毛琼健、刘里锋、朱海涛、李红术、马梅桂、胡丹、何荣、张静玲、舒琳博、陈智蓉等。

由于编者水平有限，书中疏漏与不妥之处在所难免。在感谢您选择本书的同时，也希望您能够把对本书的意见和建议告诉我们。

联系信箱：lushanbook@qq.com

读者QQ群：327209040

麓山

基础知识篇

第 1 章
Photoshop 与建筑表现　　14

1.1 Photoshop 概述　　14

1.2 建筑效果图概述　　14

1.3 建筑效果图的制作流程　　15

  1.3.1 创建模型　　16

  1.3.2 调配材质　　16

  1.3.3 添加灯光和摄影机　　16

  1.3.4 渲染与Photoshop后期处理　　17

1.4 Photoshop 在建筑效果图中的作用　18

1.5 效果图后期处理的技巧　　18

  1.5.1 光与影的处理方法　　18

  1.5.2 建筑效果图的构图　　19

1.6 效果图后期处理的方法和原则　　19

  1.6.1 绿化的处理　　19

  1.6.2 水体的处理　　20

  1.6.3 人物和车辆的处理　　20

  1.6.4 道路铺装的处理　　20

  1.6.5 其他配景的处理　　20

1.7 Photoshop 在建筑表现中的应用　　21

  1.7.1 室内设计平面彩色图　　21

  1.7.2 彩色总平面图　　22

  1.7.3 建筑设计透视效果图　　22

  1.7.4 园林景观设计透视效果图　　23

  1.7.5 建筑设计鸟瞰效果图　　23

  1.7.6 园林景观设计鸟瞰效果图　　23

1.8 效果图后期处理的发展趋势　　23

第 2 章
Photoshop 快速入门　　25

2.1 Photoshop CC的新增功能介绍　　25

2.2 Photoshop 界面简介　　27

  2.2.1 Photoshop 启动界面　　27

  2.2.2 Photoshop 工作界面　　27

  2.2.3 工具箱的使用　　27

  2.2.4 工具选项栏的使用　　30

  2.2.5 菜单栏的使用　　31

  2.2.6 面板的使用　　33

  2.2.7 状态栏的使用　　35

2.3 图像操作的基本概念　　36

  2.3.1 图像类型　　36

  2.3.2 文件格式类型　　36

  2.3.3 像素　　37

  2.3.4 分辨率　　38

  2.3.5 图层　　38

2.3.6 通道 38
2.3.7 蒙版 40
2.3.8 路径 40

2.4 调整效果图的大小 41
2.4.1 调整像素大小 42
2.4.2 调整打印尺寸 42

2.5 提高Photoshop的工作效率 43
2.5.1 文件的快速切换 43
2.5.2 优化工作界面 43
2.5.3 其他优化设置 43

第3章
Photoshop 的基本操作 46

3.1 文件的基本操作 46
3.1.1 新建文件 46
3.1.2 打开图像文件 46
3.1.3 置入文件 47
3.1.4 保存图像文件 47
3.1.5 关闭图像文件 48

3.2 图像裁剪工具 49
3.2.1 透视裁剪工具 49
3.2.2 裁剪工具 49

3.3 视图的基本管理 50
3.3.1 更改屏幕模式 50

3.3.2 使用缩放工具调整窗口比例 51
3.3.3 使用抓手工具移动画面 52
3.3.4 使用导航器面板查看图像 53

3.4 图层的基本操作 54
3.4.1 将背景图层转换为普通图层 54
3.4.2 新建图层 54
3.4.3 复制图层 55
3.4.4 设置图层为当前图层 55
3.4.5 修改图层的名称和颜色 56
3.4.6 查找图层 57
3.4.7 显示与隐藏图层 57
3.4.8 删除图层 58
3.4.9 锁定图层 58
3.4.10 链接图层 59
3.4.11 排列图层顺序 60
3.4.12 图层的合并与盖印 60

3.5 蒙版的使用 61
3.5.1 图层蒙版 61
3.5.2 剪贴蒙版 62
3.5.3 矢量蒙版 62
3.5.4 快速蒙版 63

基本技法篇

第4章
配景素材的抠图技法 65

4.1 分析图像，选择最佳的抠图技法　65

　4.1.1 分析对象的形状特征　65

　4.1.2 分析对象的色彩差异　66

　4.1.3 分析对象的色调差异　67

　4.1.4 复杂边缘对象的抠图　67

4.2 草地素材的抠取技巧　67

4.3 树木素材的抠取技巧　68

4.4 人物素材的抠取技巧　69

4.5 雕塑素材的抠取技巧　71

4.6 选区的调整和编辑　73

　4.6.1 变换选区的用法　73

　4.6.2 调整边缘的用法　74

4.7 处理杂边　76

第 5 章
建筑效果图的调色技法　78

5.1 色阶命令的使用　78

5.2 亮度 / 对比度命令的使用　79

5.3 色彩平衡命令的使用　80

5.4 曲线命令的使用　82

5.5 色相 / 饱和度的调整　83

5.6 调整图层的使用　84

5.7 其他调整工具和命令　86

第 6 章
建筑效果图编辑与修复技法　89

6.1 完善建筑效果图　89

　6.1.1 橡皮擦工具的使用　89

　6.1.2 加深和减淡工具　90

　6.1.3 修复工具的使用　91

　6.1.4 图章工具的使用　92

6.2 修复建筑效果图的缺陷　93

　6.2.1 模型缺陷修复技法　93

　6.2.2 材质缺陷修复技法　95

　6.2.3 灯光缺陷修复技法　96

第 7 章
建筑效果图后期处理技法　99

7.1 天空背景的制作技巧　99

　7.1.1 使用渐变制作天空背景　99

7.1.2 合成有云朵的天空背景　101

7.1.3 天空背景制作的原则　102

7.2　影子的制作　104

7.2.1 直接添加影子素材　104

7.2.2 使用影子照片合成　105

7.2.3 制作单个配景影子　106

7.3　添加树木、草地和矮植的技巧　108

7.3.1 快速添加树木的方法　108

7.3.2 草地和矮植的添加技巧　109

7.4　山体制作的技巧　111

7.5　绿篱制作的技法　114

7.6　制作倒影　116

7.6.1 处理透视图中的倒影　116

7.6.2 处理鸟瞰图中的倒影　118

7.7　岸边处理方法　119

7.8　制作水面　121

7.9　制作铺装　122

7.9.1 定义图案　122

7.9.2 素材合成　126

7.10　玻璃材质的处理　128

7.10.1 处理透明玻璃的技法　128

7.10.2 处理反光玻璃的技法　131

7.11　马路和斑马线的制作技巧　132

7.12　添加人物　134

7.12.1 视平参考线的建立　134

7.12.2 添加人物并调整大小　135

7.12.3 调整亮度和颜色　136

7.12.4 制作影子　137

7.12.5 添加动感模糊效果　138

7.12.6 添加人物的原则　139

7.13　制作光斑效果　140

7.14　光线特效的制作　141

7.14.1 制作渐变光线　141

7.14.2 利用滤镜添加光晕　142

7.14.3 利用动感模糊命令制作光线　143

7.15　云雾的制作　144

7.15.1 渐变制作法　144

7.15.2 选区羽化　145

7.15.3 合成云雾　146

彩平篇

第8章
室内彩平图制作　150

8.1　从AutoCAD中输出位图　150

8.1.1 添加EPS打印机　150

8.1.2 打印输出EPS文件　152

8.2　室内框架的制作　154

8.2.1 打开并合并EPS文件　154

8.2.2 墙体的制作　156

8.2.3 窗户的制作　157

8.3　地面的制作　158

8.3.1 创建客厅地面　158

8.3.2 创建餐厅地面   159
8.3.3 创建过道地面   160
8.3.4 创建卧室木地板地面   160
8.3.5 创建卫生间和厨房地面   161
8.3.6 创建健身房和门厅地面   162
8.3.7 创建露台、设备房、佣人房地面   163
8.3.8 创建车库地面   164
8.3.9 创建阶梯地面   164
8.3.10 创建波打线和门槛石地面   165

8.4 室内模块的制作   **167**
8.4.1 制作客厅家具   167
8.4.2 制作餐厅家具   168
8.4.3 制作厨房家具   169
8.4.4 制作卧室家具   170
8.4.5 制作卫生间和洗衣间家具   171
8.4.6 添加车库、健身房和室外温泉池等设备   172
8.4.7 制作木门   172
8.4.8 添加绿色植物   173

8.5 最终效果处理   **173**
8.5.1 添加墙体和窗户阴影   173
8.5.2 添加文字和标注   174
8.5.3 裁剪图像   175

第9章
彩色总平面图制作   176

9.1 彩色总平面图的制作流程   **176**
9.1.1 AutoCAD输出平面图   176
9.1.2 各种模块的制作   176
9.1.3 后期合成处理   176

9.2 在AutoCAD中输出EPS文件   **176**

9.3 栅格化EPS文件   **178**

9.4 制作马路和人行道   **178**
9.4.1 制作路面   178
9.4.2 制作人行道   179

9.5 制作园路和铺装   **180**
9.5.1 制作园路   180
9.5.2 制作广场铺装   181
9.5.3 制作木板铺装   183
9.5.4 添加圆形广场   183

9.6 添加草地和山坡   **184**
9.6.1 制作草地   184
9.6.2 制作山坡   185

9.7 制作建筑和小品   **185**
9.7.1 制作建筑   185
9.7.2 添加建筑小品   186
9.7.3 添加健身娱乐设施   187
9.7.4 添加沙地和汀步   188

9.8 制作水面   **189**

9.9 添加树木   **190**
9.9.1 种植行道树   190
9.9.2 添加矮植和灌木   191

9.10 处理细节   **192**
9.10.1 添加汽车   192
9.10.2 添加指南针   193

9.11 最终调整   **193**

综合实例篇

| 10.4.4 | 添加光晕 | 221 |
| 10.4.5 | 最终调整 | 222 |

第 10 章
室内效果图后期处理　　　195

第 11 章
建筑效果图后期处理　　　223

10.1 卧室夜景效果图后期处理　195

10.1.1	添加室外背景	195
10.1.2	添加卧室配景	196
10.1.3	室内效果图的局部调整	198
10.1.4	最终调整	201

10.2 客厅日景效果图后期处理　202

10.2.1	客厅效果图整体色调调整	203
10.2.2	局部调整	204
10.2.3	添加室内素材	205
10.2.4	添加光晕效果	207
10.2.5	最终调整	208

10.3 餐厅效果图后期处理　208

10.3.1	添加室外背景	208
10.3.2	整体明暗调整	210
10.3.3	局部调整	211
10.3.4	修复材质损坏	212
10.3.5	添加室内配景素材	213
10.3.6	最终调整	215

10.4 房地产公司大厅效果图后期处理　216

10.4.1	整体调整	217
10.4.2	局部调整	218
10.4.3	添加大厅配景	220

11.1 别墅日景效果图后期处理　223

11.1.1	分离背景	224
11.1.2	添加天空背景	224
11.1.3	添加远景	224
11.1.4	添加草地	226
11.1.5	添加中景	226
11.1.6	添加近景	227
11.1.7	添加人物	227
11.1.8	调整建筑	228

11.2 住宅小区黄昏效果图后期处理　229

11.2.1	分离天空背景	229
11.2.2	添加天空背景	230
11.2.3	添加花坛植物	231
11.2.4	添加远景	231
11.2.5	添加中景	233
11.2.6	添加斜坡和藤蔓植物	234
11.2.7	水岸制作	235
11.2.8	添加近景	237
11.2.9	添加人物	237
11.2.10	调整水面	238
11.2.11	光线处理	239

11.3 商业步行街效果图后期处理 239

    11.3.1 添加天空 240

    11.3.2 添加花坛植物 241

    11.3.3 添加店铺素材 242

    11.3.4 添加人物 244

    11.3.5 画面补充 245

    11.3.6 光线处理 245

    12.2.4 添加远景 257

    12.2.5 添加树木 258

    12.2.6 添加矮植、灌木 259

    12.2.7 制作绿篱 260

    12.2.8 添加人物 262

    12.2.9 添加影子 262

    12.2.10 最终调整 264

第 12 章

园林景观效果图后期处理 247

12.1 社区公园效果图后期处理 247

    12.1.1 分离天空背景 247

    12.1.2 添加天空背景 248

    12.1.3 添加草地 248

    12.1.4 添加远景 249

    12.1.5 添加树木 250

    12.1.6 添加矮植、灌木 251

    12.1.7 添加其他配景 252

    12.1.8 制作水面和喷泉 252

    12.1.9 添加人物 254

    12.1.10 添加影子 254

12.2 道路景观效果图后期处理 255

    12.2.1 分离天空 256

    12.2.2 添加天空背景 256

    12.2.3 添加草地 256

第 13 章

建筑效果图夜景处理 265

13.1 高层写字楼夜景效果图后期处理 265

    13.1.1 分离天空背景 265

    13.1.2 添加天空背景 266

    13.1.3 调整建筑 266

    13.1.4 添加店铺素材 268

    13.1.5 添加马路 269

    13.1.6 添加树木 269

    13.1.7 添加人物 270

    13.1.8 添加水面 272

    13.1.9 添加光晕效果 272

    13.1.10 最终调整 273

13.2 商业街夜景效果图后期处理 274

    13.2.1 分离背景 274

    13.2.2 添加天空背景 275

    13.2.3 调整建筑 275

13.2.4 增加室内光线 276
13.2.5 添加店铺和招牌 278
13.2.6 添加广告牌 279
13.2.7 添加人物 280
13.2.8 添加光晕效果 281
13.2.9 最终调整 282

第 14 章
建筑鸟瞰图后期处理 284

14.1 住宅小区鸟瞰图后期处理 284

14.1.1 添加草地 285
14.1.2 添加绿篱 286
14.1.3 添加树木 287
14.1.4 添加灌木和矮植 290
14.1.5 添加水面 290
14.1.6 添加伞和汽车 292
14.1.7 添加人物 293
14.1.8 制作建筑影子 293
14.1.9 制作云雾 294
14.1.10 最终调整 295

14.2 旅游区规划鸟瞰图后期处理 296

14.2.1 添加背景 296
14.2.2 添加草地 297
14.2.3 制作山体 298
14.2.4 添加矮植 299
14.2.5 制作水面和喷泉 300
14.2.6 添加树木 301
14.2.7 添加人物 302
14.2.8 最终调整 303

第 15 章
特殊效果图后期处理 304

15.1 特殊建筑效果图表现概述 304

15.2 雪景效果图表现 304

15.2.1 素材合成制作雪景 304
15.2.2 快速转换制作雪景 310

15.3 雨景效果后期处理 311

15.3.1 快速转换日景为雨景 311
15.3.2 雨景建筑效果图后期处理 313

基础知识篇

- 第 1 章　Photoshop 与建筑表现
- 第 2 章　Photoshop 快速入门
- 第 3 章　Photoshop 的基本操作

第1章 Photoshop 与建筑表现

在20世纪80年代至90年代初期，建筑效果图基本上都是通过手绘的方法进行传达的，这是最古老、最原始的方式，那时候建筑效果图的逼真程度往往是由绘画师的水平决定的，所以那时候的建筑效果图只是靠艺术工作者们的脑袋"想"出来的。

随着科学技术的不断发展，计算机正被广泛应用于各个领域，因此，传统文化受到很大的冲击，计算机室内设计和建筑效果图已经逐渐替代了手绘室内设计和建筑效果图。在绘图效率方面，计算机设计表现速度快，是手绘无法比拟的。

本章主要介绍建筑表现的基础知识，包括Photoshop 软件和建筑效果图的理论知识、建筑效果图的制作流程、Photoshop 在建筑效果图制作中的作用、效果图后期处理的技巧、效果图后期处理的方法和原则、Photoshop 在建筑表现中的应用，以及效果图后期处理的发展趋势。

1.1 Photoshop 概述

Photoshop CC是Photoshop CS6版本之后的又一新版本，Photoshop CC作为未来的Photoshop主要软件版本已经是定局了。Photoshop CC与Photoshop CS系列有什么区别呢？Photoshop CC是Photoshop Creative Cloud的简写，就好像Photoshop CS是Photoshop Creative Suit的简写一样。Photoshop CC 与Photoshop CS6的区别在于多了几项新功能，包括相机防抖动功能、Camera RAW功能改进、图像提升采样、属性面板改进、Behance集成、同步设置以及其他一些有用的功能。Photoshop CC不是唯一标记上"CC"的软件。与此同时，Dreamweaver CC、Illustrator CC等许多其他软件也一同出现，它们将代替以往的CS系列软件，成为Adobe未来的主要软件。

1.2 建筑效果图概述

效果图一词本身从字面上来理解是通过图片等传媒来表达作品所需要以及预期达到的效果，从现代来讲是通过计算机三维仿真软件技术模拟真实环境的高仿真虚拟图片，在建筑、工业等细分行业来看，效果图的主要功能是将平面的图纸三维化、仿真化，通过高仿真的制作，来检查设计方案的细微瑕疵或进行项目方案修改的推敲。

效果图是一个广义词，它包罗万象，应用最多的领域大致可以分为：建筑效果图、城市规划效果图、景观环境效果图、建筑室内效果图、机械加工效果图、产品设计方案效果图等。那么，这本书主要讲的是建筑效果图，下面简单概括一下建筑效果图。

建筑效果图就是把环境、景观、建筑用写实的手法通过图形的方式进行传递。所谓效果图就是在建筑、装饰施工之前，通过施工图纸，把施工后的实际效果用真实和直观的视图表现出来，让大家能够一目了然地看到施工后的实际效果。

当前，建筑效果图习惯上理解为由计算机建模渲染而成的建筑设计表现图。传统上，建筑设计的表现图是人工绘制的。计算机建模渲染而成的建筑设计表现图与人工手绘的建筑设计表现图的区别是绘制工具不同，表现风格不同。计算机建模渲染而成的建筑

图1-1 建筑效果图

设计表现图类似于照片，可以逼真地模拟建筑及其设计建成后的效果，如图1-1所示。人工手绘的建筑设计表现图除了真实地表现建成效果外，更能体现

图1-2 手绘效果图

设计风格和绘画的艺术性，如图1-2所示。在设计过程中，这二者是可以互相借鉴、互相融合的。

在20世纪90年代末期，3D技术的提高使计算机逐渐代替了传统的手绘，3ds Max这个工具慢慢地进入了设计工作者的眼帘，3D技术不仅可以做到精确的表达，而且可以做到高仿真，在建筑设计表现方面尤为出色，在建筑方面计算机不仅可以帮我们把设计稿件中的建筑模拟出来，还可以通过Photoshop软件添加人、车、树、建筑配景，甚至白天和黑夜的灯光变化也能很详细地模拟出来，通过这些建筑及周边环境的模拟生成的图片称之为建筑效果图。

对于建筑效果图可以细分为广告效果图、照片效果图和结构效果图。

广告效果图：这种效果图的表现方法是重点突出建筑周边的环境、绿化，对建筑本身的表现要求很少。再就是对效果图的色彩更加强调，特别在冷暖色对比、整个图片的色彩饱和度、明暗对比上都相对更艺术化、理想化。优点是视觉效果好、容易吸引人的眼球。

照片效果图：这种表现方法的重点在于整个建筑真实再现，通常这类效果图画面比较灰，对周边环境的真实性要求较严谨，尽可能追求照片效果。制作方法一般需要通过大量真实数码图片进行合成。优点是可信度高，通过它基本能想象出整个建筑完工后的效果。缺点是制作难度较大，视觉冲击

力不是很好。但这类效果表现技法是未来一两年内的发展方向，原因很简单，就是人们逐渐不太相信那些看上去很完美的效果图图片了。

结构效果图：这类效果图表现技法主要针对的人群是接受过高等教育的知识人群和建筑师本人，它的重点在于努力将建筑本身的美体现出来，如图1-3所示。这种表现可以不需要蓝天白云、很宽的地、很多的人和车，也不需要很多的环境花草，它就是展示建筑本身。在静态效果图的表现中同样也是一个道理，重点就是体现这个建筑本身的美，所以天空、背景、树木等都可以不要。这类效果图主要用于投标。装修效果图相对就要简单多了，我们只需要按设计师提供的方案，按一定的比例制作就行了，只是在打灯光的时候要注意空间的层次，因为室内空间不像室外空间那样宽阔，在打灯光的时候很容易让整个空间平淡没有变化，在装修效果图表现上还有一点，就是画面整体尽量用暖色调。

图1-3 结构效果图

1.3 建筑效果图的制作流程

建筑效果图的制作不同于家装效果图的制作，对建筑设计效果图制作的过程及方法有了全面的认识和了解后将会更容易，下面介绍一下制作流程。

① 使用3ds Max软件进行三维建模，首先为主体建筑物和室外的各种场景建模，亦可用做一些细化的小型物体的建模工作，如一些雕塑、表面不规则或不要求精确尺寸的物体，它们只需视觉上能达到和谐，这样可大大缩短建模时间。

② 渲染输出，利用专业的效果图渲染软件VR，进行材质和灯光的设定、渲染直至输出。

③ 对渲染结果做进一步加工，利用Photoshop等图形处理软件，对上面的渲染结果进行修饰。

④ 添加建筑配景，树木、汽车、人物、船只等。

⑤ 背景可在三维渲染时完成，但特别要求背景的透视效果应与建筑物的透视相同，这样渲染过后的装饰效果图才更接近于真实。

⑥ 进一步强调整体气氛效果，如色彩、比例等。

首先要理解建筑表现项目的目的，这是建筑表现效果图的绘制方向和目的，也决定我们将采用什么样的表现技巧和绘制成什么样的结果，然后要理解建筑表现空间的功能布局结构和建筑表现空间的风格情调，需要有些什么样的造型和色彩语言。

制作技巧：在建筑表现建模的过程中，首先需要把AutoCAD中不需要的东西删除，以减少在引入3ds Max时占用不必要的系统资源，同时精简建筑表现图纸，方便建模。建模之后就是贴上适合模型的材质，进过反复调试直至得到适合的材质贴图。其次就是灯光和摄影机，然后就是渲染，建筑表现渲染中要做的工作主要是材质质感的表达与场景的灯光色彩布局及其构图的细调，剩下的就是后期处理，这一步相当重要。在后期中可以解决没时间在三维软件中修改或实现起来比较费时费力的问题。

1.3.1 创建模型

3D建模通俗来讲就是通过三维制作软件虚拟三维空间构建出具有三维数据的模型，它是效果图制作过程中的基础阶段，如图1-4所示。

图1-4 创建模型

由于建筑设计图一般使用AutoCAD绘制，该软件在二维图形的创建、修改和编辑方面较3ds Max更为直接简单。因此，在3ds Max中建模时可以执行"文件"|"导入"命令，导入AutoCAD的平面图，然后在此基础上进行编辑，从而快速、准确地创建三维模型，这是一种非常有效的工作方法。

1.3.2 调配材质

建模阶段只是创建建筑物的形体，要表现其真实感，必须赋予它适当的建筑材质。3ds Max软件中提供了强大的材质编辑能力，任何希望获得的材质效果都可以实现。材质编辑器是3ds Max的材质"制作工厂"，从中可以调节材质的各项参数和观看材质效果，如图1-5所示。

图1-5 指定材质

需要注意的是，材质的表现效果与灯光照明是息息相关的，光的强弱决定了材质表现的色感和质感，总之，材质的调配是一个不断尝试和修改的过程。

1.3.3 添加灯光和摄影机

对于场景中添加灯光，我们可以看成是在一个全黑的环境中添加灯光来实现某种效果，可以结合生活进行联想，在添加灯光时需注意的是根据场景色调来决定灯光的色调，在处理光线时需注意阴影的方向，在一张效果图中肯定不止一盏灯光，但通常只把一盏聚光灯的阴影打开，这盏灯就决定了阴影的方向，其他灯光只影响各个面的明暗，所以一定要保证阴影方向与墙面的明暗一致。

灯光与阴影在建筑效果图中起着非常重要的作用。建筑物的质感通过灯光得以体现，建筑物的外形和层次需要通过阴影进行刻画。只有设置了合理的灯光，才能真实地表现建筑物的结构，刻画出建筑物的细节，突出场景的层次感，如图1-6所示。

图1-6 添加灯光和阴影

在3ds Max软件中制作的建筑是一个三维模型，它允许从任意不同的角度来观察当前场景，通过调整摄影机的位置，可以得到不同视角的建筑透视图，如立面效果图、正视图和鸟瞰图等，在一般的建筑效果图制作中，大多都将摄影机放置为两点透视关系，即摄影机的摄像头和目标点处于同一高度，距地面约1.7米，相当于人眼的高度，这样所得到的透视图也最接近人的肉眼所观察到的效果。

1.3.4 渲染与Photoshop后期处理

渲染输出是3ds Max软件中的最后一个工作阶段，它是建筑表现中对艺术基础要求相对较高的环节，之所以这样强调建筑渲染的艺术基础，是因为一幅优秀的建筑表现作品往往是一座新生建筑的直观展现，能呈现给人们以最为真实的视觉效果。而建筑渲染作为建筑表现中的重要环节，更因其对色彩、光影的准确把握与定位而承载着整个建筑表现作品的精髓。熟练的运用各种建筑渲染手法可以令建筑作品表现得气势恢宏，使观者达到美轮美奂的

视觉享受。建筑主题的位置、画面的大小、天空与地面的协调等都需要在这一阶段调整完成。在3ds Max中调整好摄影机，获得一个最佳的观察角度之后，便可以将此视图渲染输出，得到一张高清晰度的建筑图像。

后期处理是建筑效果图制作的最后一个重要的环节，往往在3ds Max直接渲染输出的图像，画面会显得单调，缺乏层次和趣味，在建筑行业中，使用三维软件制作的效果图受到软件功能和制作时间的限制，往往不能直接达到满意的效果，所以通常在建筑效果图制作流程中，渲染完成初步的图像后，需要将图像在三维软件中进行编辑，使其成为初步效果图。通过Photoshop平面图像处理软件重点解决三维软件渲染制作不足的地方，通过亮度/对比度、色相/饱和度、曲线、USM锐化等命令，增强图像品质，使图像变得更加明亮、清楚。在这一阶段中，整体构图是一个非常重要的概念，所谓构图就是将画面的各个元素进行组合，使之成为一个整体，就建筑效果图来说，要将形式各异的主体和配景统一成整体，首先应使主体建筑较突出醒目，能起到统领全局的作用；其次，主体与配景之间形成对比关系，使配景在构图、色彩等方面起到衬托作用，如图1-7所示。

图1-7 后期处理的效果

效果图后期处理在建筑效果图中起着至关重要的作用，建筑效果图的真实感很大程度上取决于细节的刻画，而建筑的细节则需要通过光影的关系以及配景素材的选择和添加来刻画，由此可见效果图后期处理的重要性，甚至可以说，后期制作水平直接影响图纸的好坏。

1.4 Photoshop在建筑效果图中的作用

Photoshop后期处理是建筑效果图制图中的一个重要环节，利用Photoshop平面图像处理软件的目的是重点解决三维软件制作中不足的地方，通过调整可增强图像的品质，使图像变得更加明亮和清晰。而通过添加天空、人物、花草和树木等配景素材，烘托场景气氛，使场景变得更加生动、真实、富有情趣。

由于后期处理是效果图制作的最后一个步骤，所以它的成功与否直接关系到整个效果图的成败，它要求操作人员要有深厚的美术功底，能把握作品的整体灵感。总结Photoshop在建筑效果图后期处理中的操作步骤和具体应用，大致归纳为以下几个方面。

1. 修改效果图的缺陷

当场景复杂，灯光众多时，渲染得到的效果图难免会出现一些小的缺陷或错误，如果再返回3ds Max重新调整，既费时又费力，这时完全可以发挥Photoshop的优势，使用修复工具或颜色调整工具，轻松修改模型或由于灯光设置所造成的缺陷。这也是效果图后期处理的第一步工作。

2. 调整效果图的色彩和色调

调整图像的色彩和色调，主要是指使用Photoshop的"亮度/对比度""色相/饱和度""色阶""色彩平衡""曲线"等颜色调整、色调调整命令对图像进行调整，以得到更加清晰、颜色色调更为协调的图像，这是效果图后期处理的第二步工作。

3. 添加配景

3ds Max渲染输出的图像，往往只是效果图的一个简"粗坯"，场景单调、生硬，缺少层次和变化，只有为其加入天空、树木、人物和汽车等配景，整个效果图才显得活泼有趣，生机盎然，当然，这些工作也是通过Photoshop来完成的，这是效果图后期处理的第三步工作。

4. 制作特殊效果

制作特殊效果也就是制作一些光晕、光带，绘制水滴、喷泉，渲染的场景为雨景、雪景、手绘效果等，以满足特殊效果的需要。

1.5 效果图后期处理的技巧

1.5.1 光与影的处理方法

光与影的处理在建筑效果图中十分重要，它对于认识建筑形体和空间关系有着重要的意义。从一定程度上说，处理光与影的关系就是解决效果图的阴影与轮廓、明暗层次与黑白关系，光影表现的重点是阴影和受光形式。

1. 阴影

阴影的基本作用是表现建筑的形体、凹凸和空间层次，另外，画面中常利用阴影的明暗对比来集中人们的注意力，突出主体。

阴影的注意要点：首先在一般的环境中不存在纯黑色阴影。影子的颜色不宜过重，一般的环境中影子应该控制在可以觉察到，但不刺眼的范围内，不影响整体的画面规划，其次要控制好影子的边缘，即应该有退晕。

2. 受光形式

在建筑效果图中，常用的受光形式主要有两种：单面受光和双面受光。

单面受光是指在场景中只有一个主光源，不对场景中的建筑进行补光。主要用于表现侧面窄小、正面简洁的建筑物。另外，这种受光形式可以应用于鸟瞰图中，这样可以用阴影来烘托建筑，加强空间的层次感。在室外建筑效果图的表现中，单面受光的运用极少，因为这种受光形式很难达到真实的自然光照效果，但如果为了取得对比强烈、主次分明的效果，则可以考虑。

双面受光是指场景有一个主光源照亮建筑物的正面，同时还有辅助光源照亮建筑物的侧面，但是以主光源的光照强度为主，从而使建筑物产生光影变化与层次。这种受光形式在室外建筑效果图中应用最为普遍。主光源的设置一般要根据建筑物的实际朝向、季节以及时间等确定。而辅助光源则与主要光源相对，补充建筑物中过暗部位的光照效果，即补光，它起到补充、修正的作用，照亮主光源没有顾及到的死角。

1.5.2 建筑效果图的构图

构图要素主要包括点、线、面、体等基本元素。点是最基本的构图要素，具有灵活、生动、富于变化之感。线可以看作是由无数点构成，有直线和曲线之分，直线又包括垂直线、水平线。垂直线刚强有力，给人以向上的感觉；水平线平直稳定，给人以宁静、轻松之感；曲线的变化是无限的，曲线可以表现不同的情绪和思维，它给人以柔和、自由轻松的感觉。面是指二维图，如矩形、圆形等，而体则是指三维物体，如立方体、柱体等。

不同的美术作品具有不同的构图原则。对于建筑效果图来说，基本上遵循平衡、统一、比例、节奏、对比等原则。

1.6 效果图后期处理的方法和原则

效果图后期的处理包括绿化的处理、水体的处理、道路的处理、人物和车辆的处理以及其他配景的处理，主要有以下几种方法。

1.6.1 绿化的处理

1. 树木

树木的后期处理主要是远景树木、中景树木、近景树木的处理，图1-8所示为后期效果图中的远景树木、中景树木、近景树木的处理表现。

远景树木：顾名思义就是离视线较远的配景树木，它要求树木形态轮廓要高低错落，起伏自然；均衡构图，映衬主体建筑；总图色调偏冷灰，反映一部分天空；明度、饱和度、对比度以及清晰度较低；不强调体积感和光感。自身内部要有一定的明暗层次变化；一般没有阴影。

中景树木：位于远景和近景中间的树木，紧贴和接近主体建筑，应着重描绘；比例大小合适，光影明暗关系明确，且与场景保持一致，色感清晰；有一定的体积感，有阴影。

近景树木：离视线最近的树木，一般处于整个画面的边缘处，不需要完整的树木，只取部分。要求形态轮廓、大小位置不应对主体建筑的梯形判断产生干扰；色调偏暗，不应强调体积感、纹理质感；明暗关系宜平淡，只需要注意外形轮廓的裁剪，产生剪影效果。近景树木的阴影是充实近景，丰富草坪和道路效果的重要手段。

2. 草地

草地的处理方法有3种：Photoshop制作法、直接调用法及合成法，具体如下所述。

Photoshop制作法：主要利用"渐变"工具进行线性渐变，利用"滤镜"工具添加杂色进行制作，制作出来的草坪写意性强，多用于彩色平面规划图。

直接调用法：直接使用素材，优点是真实感强，不用过多调整，单体建筑后期处理比较常见，但其对素材的要求较高，其透视和色彩必须与建筑主体协调，如图1-9所示。

图1-8 后期效果图

图1-9 直接调用法

合成法：利用几种不同的草地素材进行合成处理，制作效果颜色绚丽，层次比较丰富，在鸟瞰图中较常用，如图1-10所示，利用多种草地进行合成。

图1-10 草地合成

3. 灌木和花卉

① 注意透视关系，应遵循"近大远小"的原则。

② 常用于中景和近景中，可使草地空间透视感增强。

③ 巧妙地使用灌木和花卉可遮盖画面的不足之处，如建筑底部的悬空和一些建筑本身的缺陷。

1.6.2 水体的处理

水是万物之灵，生存之本。水体的处理在建筑效果图中主要是对水面和瀑布喷泉的处理，各种形态水体的处理方法大同小异，都需要添加素材，然后对素材进行处理，如图1-11所示。

图1-11 水体的处理

1.6.3 人物和车辆的处理

1. 人物

人物配景为建筑尺寸提供参考，烘托主体建筑，增强场景透视感和空间感，使画面贴近生活，富有生活气息。人物的数量与形象要与建筑的风格相协调，人物和建筑的透视、比例关系要一致，人物的阴影要与建筑物阴影关系一致。

2. 车辆

车辆透视关系以道路为准，比例关系以人物为准，其阴影不必过分追求形体轮廓，简单绘制就可以，动感模糊效果不可滥用。

1.6.4 道路铺装的处理

1. 道路

一般建筑物前的道路采用冷灰色即可，明度较浅，显得有光感，当然，道路本身应有一定的明暗变化，以增强空间感，避免呆板，常与建筑、人、车的阴影相结合，产生层次感和远近感。

2. 铺装

铺装要利用铺装素材进行添加调整，应符合场景本身的透视关系，路面边缘虚化，与地面草地边缘自然融合，并且颜色与周边环境相协调，如图1-12所示，道路、铺装和草地的斜接。

图1-12 铺装和道路

1.6.5 其他配景的处理

其他配景如建筑小品、园林小品、热气球、飞鸟等的处理也要遵循相同的原则，方法大同小异，可灵活运用。

在进行效果图处理时，应遵循以下四条原则。

1. 恰当选择配景，契合整体

在选择配景时，还应该根据整个画面的布局，以及建筑的特点来选材。不同的建筑类型所选择的后期素材是有所区别的，例如，园林类效果图要求色彩清新，办公场景类效果图要求庄重严肃，别墅类效果图要求幽静雅致，临街类效果图则要求热闹繁华。

在选择配景时，还应该根据整个效果图的画面布局需要进行灵活选择。

2. 配景不可喧宾夺主

配景在建筑效果图中的主要作用是烘托主体、丰富画面、均衡构图和增加画面真实感，说到底它就是一个"配角"。有些初学者，在添加配置的时候往往求全求多，辅助建筑、汽车、人物和树木样样齐全，而主体建筑物所占整个画面的比例还不及配景，许多建筑物的重要部分都被遮盖，严重影响了建筑设计构思的表达，这就犯了"过犹不及"的错误。因此，配景素材的表达和刻画既要精细，也要有所节制，要注意整个画面的搭配与协调，和谐和统一。

3. 贴近现实

后期素材在于平时的发现和积累，一般用真实的照片取材会比较贴近现实，而人为的造景则可能显得生硬，处理痕迹也常会显露出来，致使整个效果图显得不真实，所以在后期处理中取材要尽量贴近现实，例如斑驳的树木影子，错落有致的花丛、草丛，以及画面感丰富的水面和天空等，都来源于生活，贴近生活，显得自然而真实。

4. 正确把握尺度及色彩明暗关系

使用配景时，应处理好"近大远小"的透视关系和"近实远虚"的空间关系，远景、中景和近景的配景素材应通过形体比例、色彩明暗、饱和度、对比度及清晰度的变化分出层次，增强场景的空间感。制作阴影时，配景素材的受光面与阴影的关系应与场景的光照方向保持一致，阴影要有透明度。

图1-13所示场景中的车辆尺度没有把握好，过于小。图1-14所示为正确把握了车辆尺度的场景。

图1-13 错误尺度

图1-14 正确尺度

1.7 Photoshop 在建筑表现中的应用

无论在哪个阶段，Photoshop都不是唯一参与其中的图像软件，它通常与AutoCAD、3ds Max一起，完成各种建筑图纸的表现，下面介绍Photoshop在建筑表现中的应用。

1.7.1 室内设计平面彩色图

平面彩色图是通过从AutoCAD软件中导出png格式的图片，然后在Photoshop里面进行添加材质和家具模块进行制作后的效果图。房地产行业中各种新户型的展示，都离不开彩色图，与传统的黑白CAD平面图相比，平面彩色图更加直观，更具有亲和力和视觉冲击力，能够让客户对户型的布局、材质一目了然。

图1-15所示是传统的CAD平面布局图，图1-16所示为Photoshop制作的室内布局平面彩色图。

彩、层次的区分。更加有利于设计师和其他部门的查看与交流。

图1-17所示是传统的景观设计图纸，图1-18所示为Photoshop制作的彩色总平面图。

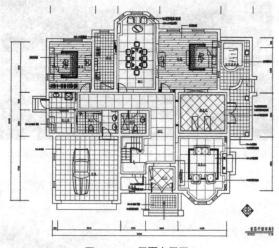

图1-15 CAD平面布局图

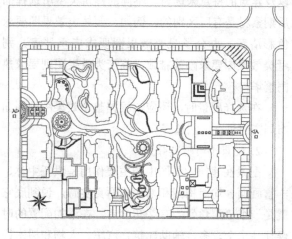

图1-17 CAD景观设计图纸

图1-16 Photoshop平面彩色图

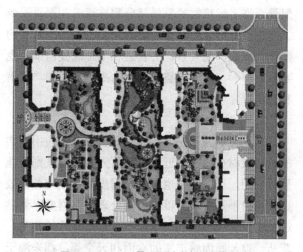

图1-18 Photoshop景观设计彩色总平面图

1.7.2 彩色总平面图

　　彩色总平面图和室内彩平图制作方式大同小异，区别在于一个是室外，一个是室内。无论是建筑总平面图，还是景观设计总平面图，AutoCAD里的线条纷繁复杂，看起来令人眼花缭乱，这不利于设计师与其他部门之间的交流，于是，就产生了彩色总平面图。彩色总平面图也是平面图形，但填充了不同的颜色并作了简单的阴影处理后，可以让建筑与景观具有色

1.7.3 建筑设计透视效果图

　　建筑透视效果图，能体现出与实际所能看到的建筑物本身类似的立体图像，它具有强烈的三维空间透视感，非常直观地表现了建筑造型、空间布置、色彩和外部环境，一般在建筑设计和销售时使用，如图1-19所示。

图1-19 建筑透视效果图

1.7.4 园林景观设计透视效果图

为了让客户身临其境地体会到园林景观的视觉效果，可制作园林景观设计透视效果图。园林景观设计透视效果图可以体现某一视角的植物配置、景观材质与光影的真实效果，一般采取人的平视角度，如图1-20所示。

图1-20 园林景观设计透视效果图

1.7.5 建筑设计鸟瞰效果图

所谓鸟瞰图就是视角处于较高的位置，总览整个设计范围中的建筑物。主要表现建筑的整体布局、材质以及园林搭配的整体效果。在建筑设计鸟瞰效果图中，建筑作为主体，植物作为配景，如图1-21所示。

图1-21 建筑设计鸟瞰效果图

1.7.6 园林景观设计鸟瞰效果图

与建筑设计鸟瞰图相似，园林景观设计鸟瞰效果图的视角也处于较高的位置，以便于查看整个设计范围中的景观设计，在园林景观设计鸟瞰效果图中，景观设计为主要体现对象，建筑作为次要体现对象，如图1-22所示。

图1-22 园林景观设计鸟瞰效果图

1.8 效果图后期处理的发展趋势

建筑效果图是伴随着建筑设计产生并发展起来的产物。建筑设计是在图纸上完成的二度空间作品，建筑效果图则是三度空间的艺术再现。建筑效果图是快捷、形象、有效地表达建筑设计的手段，是建筑设计师将无形的创意转化为可视化形象的重要环节。

　　建筑设计的成果表达即建筑表现，历来都是建筑学及相关领域课题研究、实践的重要内容之一。随着数字时代的到来，建筑设计的操作对象不断丰富，设计表达的途径和成果在数字技术媒介的影响和支持下日新月异。从手绘草图、工程图纸到计算机辅助绘图，从实体模型到计算机信息集成建筑模型，乃至数字化多媒体交互影像的设计制作，各种设计表达方法和手段在设计过程中的不同阶段更新交替，发挥着各具特色的影响和作用。建筑表现这个名词进入我们的生活也就几年的时间，简单地说效果图就是将一个还没有实现的构想，通过我们的笔、电脑等工具将它的体积、色彩、结构提前展示在我们眼前，以便我们更好地认识这个物体。

　　建筑业、房地产业的持续高速发展，使建筑效果图即将成为一种更贴近公众需求的设计模式，在人类从事的建筑活动中，建筑设计和室内设计目标都是一致的，都是为创建人类赖以生存的建筑空间而工作。但从设计肩负的任务，内容，设计的主体对象方面比较，就会发现两者有着本质的区别。正是由于这种区别的存在及对各自发展的影响，决定了室内外设计在未来建筑活动中，将肩负起更重要的社会职责。

　　室内设计肩负的工作，是在建筑效果图完成原形空间的基础上，进行第二次设计。目的是把这种原形均质空间，通过再设计升华，获得更高质量的个性空间。这种按照具体空间再次进行的个性设计，创造出来的空间是更接近真正使用者需求的理想实质空间，是完全不同于原形空间的一种更富于人情味和艺术化的空间境界。室内设计所面对的主体对象多是具有强烈特殊性格的个人，因此室内设计进行设计时必须采取特殊性原则，这样就决定了室内设计的严谨性和狭隘性，室内建筑师也就不具备更大的自由度，他只能在有限的空间里去创造。另外，在创造过程中允许使用者的参与和选择，增加了室内建筑师创作时的难度和心理压力。但是也正是因为这种面对面的设计，又给室内设计带来无限机遇和优势，使它更容易贴近使用者的心理，并且在创造人们真正需要的理解空间时，获得了更大的发挥余地。而室内外表现也必然会成为行业中不可或缺的技能，对于该行业的人才也是求贤若渴的。

　　建筑表现行业成了建筑设计师的搭建者，是他们把想象中的画面转换成现实场景，实现了让建筑从"无"到"有"。随着行业的日益成熟，建筑表现不仅被单纯地应用到房产行业，也拓宽到了其应用领域：如建筑投标、城市规划、古建筑复原、游戏、影视场景等领域。宽广的应用领域，让这个从新兴到快速发展才几年时间的行业受到热捧，人才需求旺盛，优秀专业的人才更是"身价千金"。随着各种高新技术的综合运用，建筑表现这个行业更加被生活所需，商业价值也越来越高。

第2章 Photoshop 快速入门

Photoshop作为时下流行的图像处理软件，应用范围广，只要是涉及图片处理的领域都会用到此软件。建筑表现也不例外，无论是方案设计阶段，还是在广告宣传阶段，甚至是在施工阶段，都有Photoshop的参与，它一直都是建筑表现的主力工具之一。无论是建筑平面图、立面图的制作，还是透视效果图的后期处理，都可以看到Photoshop 的身影。Photoshop图像处理功能的强大，是许多同类软件无可比批的，目前已经成为建筑表现专业人士的首选。本章将简单介绍Photoshop 的工作界面，常用文件格式，以及它在建筑表现中的应用，使读者对Photoshop 有一个大概的了解和认识。

2.1 Photoshop CC的新增功能介绍

Photoshop CC是Photoshop CS6版片之后的升级版，那么，对于升级版一定有它的优势所在，本节来详细介绍一下Photoshop CC有哪些新增功能。

1. 智能锐化

丰富的纹理、清晰的边缘与明确的细节。全新的智能锐化是目前最进阶的锐化技术。该技术会分析图像，将清晰度最大化并同时将噪点和光晕最小化，此外还可以借其进行微调，以取得外观自然的高质量结果。

2. 智能增加取样

将低分辨率的影像放大，使其拥有优质的印刷效果，或从尺寸较大的影像开始作业，将其扩大成海报或广告牌大小的尺寸。新的增加取样功能可保留细节和清晰度，而不会产生噪点。

3. Extended功能

Photoshop因为是Creative Cloud 的一部分，所以能提供您期待的所有强大图像和视频编辑功能，而且还包含先前 Photoshop Extended 所提供的进阶3D编辑和图像分析工具。

4. 图层支援

将Camera RAW所做的编辑以滤镜方式套用到Photoshop 内的任何图层或档案，然后再随心所欲地加以美化。借由新的Adobe Camera RAW 8，可以更精确地修改影像、修正透视扭曲的现象，并建立晕映效果。

5. 圆角矩形

用户最希望拥有的功能总算现身了。可以调整形状的大小、进行编辑，然后再重新编辑，而且这些作业在形状建立之前或之后都可以进行。甚至可以在圆角矩形中编辑个别的圆角半径。如果形状将用于网络，可从档案转存 CSS 数据以节省时间，在编辑完圆角矩形后，还可以将所编辑的生成代码，这可以给网页设计的爱好者和设计师带来很大的帮助。

6. 多重形状

透过同时选取多个路径、形状和矢量图遮色片，不必按多次鼠标即可完成更多作业。即使在拥有许多路径的多图层文件中，也可以使用新的滤镜模式，直接在画布上锁定路径（及任何图层）。

7. 相机防手抖

挽救您因为相机震动而失败的相片。不论模糊是由于慢速快门造成的还是由于长焦距而造成的，相机防手抖（Camera Shake Reducthon）都能分析其曲线以恢复清晰度，但是这只能对一些模糊、有重影的图片有很大的帮助，如发票、名片等，这项功能Photoshop CC还需要改进。

8. 扩充的智能型对象支持

有了新智能型对象支持，您就可以套用非破坏性的模糊效果库（Apply Blur Gallery）和液化效果。即使对影像或视讯加入模糊效果或进行推挤、拉扯、缩拢或者膨胀，源文件仍能保持完整。即使在储存档案之后，您仍能随时编辑或是移除效果。

9. 改良3D绘图

在3D对象和纹理对应上进行绘图时，实时预览的速度最高可加快 100 倍，互动效果也更好。有了强大的Photoshop绘图引擎，任何的3D模型都看起来都栩栩如生。

10. 改善文字样式

过去您需要花好几个小时才能获得想要的文字外观。有了文字样式，可以将格式设定储存为预设集，然后只需单击鼠标即可套用。甚至可以定义套用到所有Photoshop文件的文字样式。

11. CSS属性复制

以手动方式编写网页设计的程序代码时，不一定能取得与原始元素相符的元素（例如圆角和色彩）。您可透过Photoshop针对特定的设计元素产生CSS程序代码，然后轻松将程序代码复制并粘贴至网页编辑器，即可获得您要的结果。

12. 条件动作

您可借由条件动作，以"自动导航"的方式进行列常的处理工作。这些命令会使用 If/Then 语句，并根据您所设定的规则自动选择不同的动作。

13. 3D场景面板

3D 场景（3D Scene）面板可使2D到3D编辑的转变更为顺畅，此面板具备许多您已熟知的图层面板选项，例如复制、范例、群组和删除等。

14. 工作流程

您可在执行常见工作时节省很多时间，因为众多的使用者要求我们提供更多实用的小功能，例如使用新的辅助按键更轻松地建立路径、使用空格键动作路径、在 png 格式中加入 ICC 描述文件，以及其他更多功能。

15. 3D效果

阴影和反射能成就您的3D图稿，也能使其一塌涂地，而更高质量的实时预览则有助于加快制作绝妙作品的速度。此外，您还可以轻松建立更优质的光晕效果、场景照明，以及凹凸和纹理的光源等。

16. 读入颜色

直接从HTML、CSS或SVG档案读入色卡，以激发灵感或是轻松搭配现有网页内容的色彩配置。

17. 系统消除锯齿

使用与MAC或Windows系统非常接近的消除锯齿选项，取得网页文字外观的真实预览。

18. 内容感知技术

运用优异的控制能力和精确度润饰影像，几乎不费吹灰之力。选取您要移除、重设大小或重新定位的影像对象，内容感知技术可轻松填满、修补、延伸或重新合成影像。

19. 图形引擎

单击鼠标并加以拖曳，即可立刻看到变更，甚至在大型的图像文件上也是如此。Adobe Mercury 图形引擎能为液化和操控弯曲之类的重要工具提供前所未有的响应速度，因此能够顺畅地进行编辑并获得几近实时的结果。

20. 设计工具

使用 Photoshop 的工具组合进行设计，能针对任何媒体轻松创造出完美成果。您可使用文字样式、可编辑的形状和矢量图层等对矢量对象套用笔画及渐层，也可运用快速建立自定义笔画和虚线等工具。

21. 视讯制作

在视讯素材上运用 Photoshop 的编辑技巧。使用您熟悉的各种 Photoshop 工具修饰视讯素材，并使用易于使用的视讯工具组合来制作影片。若您已准备好进行其他进阶工作，请使用 Adobe Premiere Pro 进行编辑。

22. 模糊效果库

使用简单的画布控件加入摄影的模糊效果。制造倾斜调移效果，将其变模糊，然后让某个焦点变锐利，或是在焦点之间设定不同的模糊度。Mercury 图形引擎能立即呈现效果，而透过智能型对象支持，则可提供非破坏性的模糊效果。

23. DICOM支持

取得 3D 编辑和医学图像处理的进阶功能。透过提供内容关系型和画布控件的接口，彻底投入3D的世界，并轻松地分析及使用 DICOM 档案。

24. 背景储存

您能够在背景储存大型的 Photoshop 档案，同时还可继续工作，也可透过全新的自动复原选项保留您所做的编辑，而不会中断您的工作进度。

25. 滤镜

使用功能更为强大的最小和最大滤镜建立更精确的遮色片和选取范围，新款滤镜包含保留方度及圆度的选项。

2.2　Photoshop 界面简介

2.2.1　Photoshop 启动界面

Photoshop CC在外观上和Photoshop CS6还是有区别的，双击启动图标后，显示的是Photoshop CC的启动界面，如图2-1所示。

图2-1 启动界面

2.2.2　Photoshop 工作界面

随着版本的升级，Photoshop 的工作界面也更加合理、人性化，运行Photoshop 软件，选择"文件"｜"打开"命令，打开一张图片后，就可以看到类似于图2-2所示的工作界面。

图2-2 Photoshop 工作界面

从图2-2可以看出，Photoshop 的工作界面是由"工具选项栏""菜单栏""标题栏""文档窗口""工具箱""面板区"和"图像文件状态栏"几个部分组成，本节简单讲解界面的各个构成要素以及功能。

2.2.3　工具箱的使用

工具箱一般位于整个界面的左侧，是Photoshop工作界面的重要组成部分，它包括选择、绘图、裁剪、编辑和文字等40多种工具，随着Photoshop版本的不断升级，工具的种类与数量在不断增加和优化，操作也更加方便快捷。工具箱中共有上百个工具可供选择，使用这些工具可以进行绘制、编辑、观察和测量等操作。

1. 查看工具

当要使用某个工具时，直接单击工具箱中该工具的图标，将其激活即可。通过工具图标，可以快速识别工具种类。例如画笔工具 是一支笔的形状，橡皮擦工具 是一块橡皮擦的形状。所以，这些工具的图标比较形象，也很容易找到。

当不知道某个工具的含义和作用时，不用着急，Photoshop 具有自动提示功能，将光标放置于该工具的图标上两秒左右，屏幕上即会出现该工具的名称及操作快捷键的提示信息。

步骤01 启动Photoshop 软件后，执行"文件"｜"打开"命令，弹出"打开"对话框，选择本书配套光盘中"第2章\居民小区.jpg"文件，单击"打开"按钮，如图2-3所示。

图2-3 打开文件

步骤02 将光标放置"移动"工具按钮 上2秒左右，屏幕上自动显示工具的名称，单击图层面板，选择"人物"图层，将人物移动至前面的位置，如图2-4所示。

图2-4 移动人物

步骤03 按Ctrl+T组合键，进入"自由变换"模式，按Shift键对人物进行正比例放大，如图2-5所示。

图2-5 人物放大

步骤04 按Enter键，确定缩放，效果如图2-6所示。

图2-6 确定缩放

2. 显示隐藏的工具

在Photoshop 的工具箱中，许多工具并没有直接显示出来，而是以成组的形式隐藏在右下角带小

三角形的工具按钮中。将鼠标移到隐藏工具所在的图标上，单击鼠标左键不松手，将会出现隐藏工具选项，将鼠标移到所需工具图标上松开鼠标，就可以选择该工具。

步骤01 单击工具箱中的"套索工具"按钮 ，单击鼠标右键，就可以显示该组中的所有的工具，将树载入选区，如图2-7所示。

图2-7 选区工具

步骤02 单击图层面板，选择图2-8所示位置的树的图层。

图2-8 建立选区

步骤03 单击工具箱中的"加深"工具按钮 ，如图2-9所示。

图2-9 选择工具

步骤04 对树的暗部进行涂抹加深，加深暗部，增强体积感，如图2-10所示。

图2-10 加深暗部

ℹ️ 提示

用户也可以使用快捷键选择所需的工具，可以通过将光标放在一个工具上并停留片刻的方式，得到工具名称和快捷信息，如魔棒工具的快捷键为W，按W键可选择魔棒工具，按Shift+工具组组合键，可以在工具组与工具之间快速切换。例如：按Shift+W组合键，可在魔棒工具和快速选择工具之间切换。

3. 切换工具箱的显示状态

一般在使用Photoshop 处理图片的时候，会把工具箱以单列的形式显示，以便腾出更大的空间，有利于对图像的操作和观察，其实它还有一种显示模式，那就是双列显示模式，单击工具箱顶端的双箭头▶▶，可以在单列和双列两种显示模式之间进行切换。当使用单列模式时，可以有效节省屏幕空间，使图像的显示区域更大，方便用户的操作。

步骤01 默认状态下的工具箱以单列的形式显示，如图2-11所示。

图2-11 单列模式

步骤02 单击工具箱顶端的双箭头 ▶▶，可以在单列和双列两种显示模式之间进行切换，如图2-12所示。

图2-12 双列模式

步骤03 单击工具箱不放并向外拖动，可以将工具箱移动到想要的位置，如图2-13所示。

图2-13 移动工具箱

步骤04 还原工具箱的位置，将工具箱拖动到原来的位置，当出现蓝色的直线时放开鼠标即可还原工具箱的位置，如图2-14所示。

图2-14 还原工具箱的位置

步骤05 执行"窗口"|"工具"|命令，可以关闭工具箱。

2.2.4 工具选项栏的使用

1. 设置工具选项栏

当使用工具箱中的工具，工具选项栏就会自动显示相应的工具选项，以便按需求对当前所选工具的参数进行设置。工具选项栏显示的内容随选取工具的不同而改变。工具选项栏是工具箱中的各个工具功能的延伸和扩展，通过适当设置工具选项栏中的选项，不仅可以有效增加工具在使用中的灵活性，而且能够提高工作效率。

步骤01 启动Photoshop 软件后，执行"文件"|"打开"命令，弹出"打开"对话框，选择本书配套光盘中"第2章\公园.jpg"文件，单击"打开"按钮，如图2-15所示。

图2-15 打开文件

步骤02 单击图层底部的"新建图层"按钮，新建图层，命名为"阴影"，设置前景色为黑色，单击工具箱中的"画笔"工具按钮，在工具选项栏中设置参数，如图2-16所示。

图2-16 设置参数

步骤03 在画面的前方进行涂抹，如图2-17所示。

图2-17 画笔涂抹

步骤04 在涂抹过程中，可以更改工具选项栏中的参数，将不透明度更改为30%，继续涂抹，如图2-18所示。

图2-18 更改参数

步骤05 单击"橡皮擦"工具按钮，设置参数，如图2-19所示。

图2-19 更改参数

步骤06 细节处理，将边缘进行擦除，将阴影过多的地方擦除，效果如图2-20所示。

图2-20 擦除多余阴影

2. 移动工具选项栏

单击并拖动工具选项栏最左侧的 图标，可移动它的位置，如图2-21所示。还可还原它的位置，还原选项栏时，拖动到出现蓝色的横线时释放鼠标左键即可完成，如图2-22所示。

图2-21 移动工具选项栏

图2-22 还原工具选项栏的位置

3. 显示/隐藏选项栏

Photoshop中提供了显示/隐藏选项栏这一命令，在查看效果图像效果图时，可将选项栏进行隐

藏。执行"窗口"|"选项"命令，可以显示或隐藏选项栏，图2-23所示为隐藏选项栏，图2-24所示为显示选项栏。

图2-23 隐藏选项栏

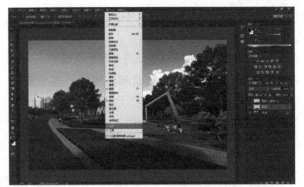

图2-24 显示选项栏

2.2.5 菜单栏的使用

菜单栏位于Photoshop 界面的上方，以排列式显示，它包含了"文件""编辑""图像""图层""类型""选择""滤镜""3D""视图""窗口"和"帮助"11个菜单，通过运用这些命令可以完成其中的大部分操作。菜单栏分门别类地放置了Photoshop 的大部分操作命令，这些命令往往使初学者感到眼花缭乱，但实际上只要了解了每个菜单的特点就能掌握命令的用法。

例如，"文件"菜单是一个集成了文件操作命令的菜单，包括所有对文件进行的操作命令，例如："新建""打开""页面设置""存储"等命令，都可以在菜单栏中找到并执行。

1. 菜单分类

菜单栏中的11个菜单分别如下。

① 集成了文件操作命令的"文件"菜单

② 集成了在图像处理过程中使用较为频繁的编辑类操作命令的"编辑"菜单

③ 集成了图像大小、画布及图像颜色操作命令的"图像"菜单

④ 集成了各类图层操作命令的"图层"菜单

⑤ 集成了大量文字操作命令的"类型"菜单

⑥ 集成了选区操作命令的"选择"菜单

⑦ 集成了大量滤镜命令的"滤镜"菜单

⑧ 集成了强大3D功能的"3D"菜单

⑨ 集成了对当前操作图像的视图进行操作命令的"视图"菜单

⑩ 集成了显示或隐藏不同面板命令窗口的"窗口"菜单

⑪ 集成了各种帮助信息的"帮助"菜单

掌握了不同菜单的功能和作用后，在查看命令时就不会茫然不知所措了，能够快速找到所需命令。需要使用某个命令时，首先单击相应菜单名称，然后从下拉菜单列表中选择相应的命令即可。

ℹ 提示

一些常用的菜单命令都设置了快捷命令，如"色彩平衡"命令的快捷键是Ctrl+B，按Ctrl+B快捷键可以快速打开"色彩平衡"对话框。牢记一些常用的命令快捷键，有利于快速操作，提高工作效率。

---

2. 菜单命令的不同状态

了解菜单命令的不同状态，对于正确使用Photoshop是非常重要的，因为不同的命令在不同的状态下，其使用方法也不相同。

（1）子菜单命令

在Photoshop 中，某些命令从属于一个大的菜单项，且本身又具有多种变化或操作方法，使用菜单组织更加有效，Photoshop 使用了子菜单模式，如图2-25所示。此类菜单命令的共同点是在其右侧有一个黑色的小三角形。单击黑色的小三角，就会在右侧显示子菜单。

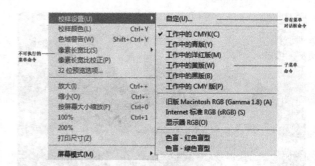

图2-25 具有子菜单的菜单

（2）不可执行的菜单命令

许多菜单命令运行有一定的条件，当命令不能执行时，菜单命令呈现灰色，如图2-25所示。例如对CMYK模式而言，许多滤镜命令是不可执行的，因此在执行这些命令时，必须知道这些命令的运行条件。

（3）带有对话框的命令

在Photoshop 中，多数菜单命令被执行后都会弹出对话框，只有通过正确设置这些对话框才可以得到需要的效果，此类菜单的共同点是其名称后带有省略号，如图2-26所示。

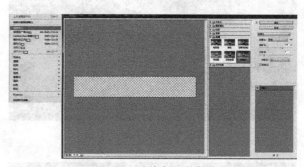

图2-26 "滤镜库"对话框

3. 设置工作区域

在Photoshop 中的工作区包括文档窗口、工具箱和菜单栏等各种面板，Photoshop 提供了适合不同任务的预设工作区，同时也可以根据自己的需要自定义工作区。Photoshop CC作为升级版，那么必然有新增的功能，如需显示新增功能菜单，可执行"窗口"|"工作区"|"新增功能"命令，这样新增功能菜单会显示出来，如图2-27所示。其中蓝底显示的是具有新增功能的菜单命令。

上次滤镜操作(F)	Ctrl+F		上次滤镜操作(F)	Ctrl+F
转换为智能滤镜(S)			转换为智能滤镜(S)	
滤镜库(G)...			滤镜库(G)...	
自适应广角(A)...	Alt+Shift+Ctrl+A		自适应广角(A)...	Alt+Shift+Ctrl+A
Camera Raw 滤镜(C)...	Shift+Ctrl+A		Camera Raw 滤镜(C)...	Shift+Ctrl+A
镜头校正(R)...	Shift+Ctrl+R		镜头校正(R)...	Shift+Ctrl+R
液化(L)...	Shift+Ctrl+X		液化(L)...	Shift+Ctrl+X
油画(O)...			油画(O)...	
消失点(V)...	Alt+Ctrl+V		消失点(V)...	Alt+Ctrl+V
风格化	▶		风格化	▶
模糊	▶		模糊	▶
扭曲	▶		扭曲	▶
锐化	▶		锐化	▶
视频	▶		视频	▶
像素化	▶		像素化	▶
渲染	▶		渲染	▶
杂色	▶		杂色	▶
其它	▶		其它	▶
Digimarc	▶		Digimarc	▶
浏览联机滤镜...			浏览联机滤镜...	

图2-27 突出显示新增功能

2.2.6 面板的使用

所谓面板就是打开Photoshop 软件后，在工作界面的右侧位置上有一个默认面板，并且它是Photoshop 的特色界面之一，默认于工作界面的右侧，他们可以自由的拆分、组合和移动。通过面板，可以对Photoshop图像的通道、图层、调整、路径、历史记录和动作等进行操作和控制。面板作为Photoshop不可缺少的一部分，增强了Photoshop 的功能，并使其操作更加灵活多样。大多数操作高手能够在很少使用菜单命令的情况下完成大量操作任务，就是因为使用了面板的强大的功能。

1．选择面板

步骤01 启动Photoshop 软件后，执行"文件"|"打开"命令，弹出"打开"对话框，选择本书配套光盘中"第2章\小型广场.jpg"文件，单击"打开"按钮，在窗口的右侧即为系统的默认面板，如图2-28所示。

图2-28 默认面板

步骤02 可以根据需要打开、关闭或自由组合面板，单击面板组右上角的双箭头，可以将面板折叠为图标形式，如图2-29所示。

图2-29 折叠面板

步骤03 单击一个图标，可以展开相应的面板，如图2-30所示。

图2-30 展开面板

步骤04 单击"调整"面板中的"亮度/对比度"按钮，建立"亮度/对比度"调整图层，设置相应参数，如图2-31所示。

图2-31 "亮度/对比度"调整图层

步骤05 这是Photoshop 中默认的面板操作，执行"窗口"菜单命令，在子菜单中有多个不同类型的面板可帮助我们完成任务，如图2-32所示。

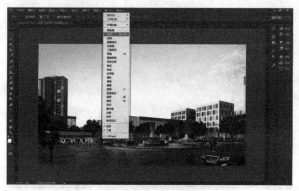

图2-32 "窗口"菜单

2. 分离和合并面板

步骤01 分离面板操作，将光标移动至面板的名称上，单击并拖至窗口的空白处，可以将面板从面板组中分离出来，使之成为浮动面板，如图2-33所示。

图2-33 分离面板

步骤02 移动就会出现如图2-34所示的显示模式。

图2-34 分离面板

反之将其拖动至其他面板名称的位置，释放鼠标左键，可以将该面板放置在目标面板组中。

3. 拉伸面板

将光标移动至面板底部或左右边缘处，当光标

呈现 ↕ 或 ↔ 形状时，单击鼠标并上下或左右移动鼠标，便可以拉伸面板。

步骤01 执行"窗口"|"导航器"命令，如图2-35所示。

图2-35 打开导航器

步骤02 拖动面板右侧边框，可以调整面板的宽度，拖动面板底部的边框，可以调整面板的高度，拖动面板右下角，可同时调整面板的宽度和高度，如图2-36所示。

图2-36 拉伸面板

4. 连接面板

将光标移至面板名称上，单击鼠标左键并将其拖动至另一个面板下，当两个面板链接处显示为蓝色时，释放鼠标左键，可以将两个面板进行连接，

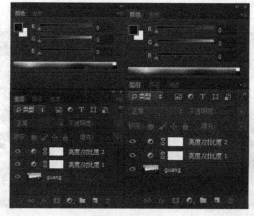

图2-37 连接面板

如图2-37所示。面板连接后，当拖动上方的面板时，下面的连接面板也会跟着移动。

5. 最小化/关闭面板

单击面板上灰色部分，如图2-38所示，可以最小化面板，再次单击，可以还原；单击面板右上角的关闭按钮，可以关闭面板。运用"窗口"菜单命令也可以显示和关闭面板。

图2-38 最小化面板

 提示

要隐藏或显示所有打开的面板或工具箱，可以通过按Tab键来实现。

6. 打开面板菜单

单击右上角的 ▤ 按钮，可以打开面板菜单。面板菜单中包含了当前面板的各种命令，例如，执行"导航器"面板菜单中的"面板选项"选项，如图2-39所示。

图2-39 打开面板菜单

步骤01 弹出"面板选项"对话框，如图2-40所示。

图2-40 "面板选项"对话框

步骤02 在任意面板上方单击鼠标右键，可以打开图2-41所示的快捷菜单，选择"关闭"选项，可以关闭当前的面板；选择"关闭选项卡组"选项，可以关闭当前的面板组群；选择"折叠为图标"选项，可以将当前面板组最小化为图标；选择"自动折叠图标面板"选项，可以自动将展开的面板最小化。

图2-41 面板右键菜单

2.2.7 状态栏的使用

状态栏位于界面的底部，用于显示用户鼠标指针的位置以及与用户所选择的元素有关的状态信息，如当前文件的显示比例、文件大小和工具等信息。单击状态栏中的按钮 ▶ ，选择显示某种信息，常用的为"暂存盘大小"，因为其可以显示出Photoshop的内存占用量。可以打开图2-42所示的菜单，在菜单中可以看出状态栏中显示的内容。

图2-42 打开文件

状态栏快捷菜单中各选项的含义如下。

▼ Adobe Drive：显示文档的Adobe Drive工作组状态，只有在启动了Adobe Drive时，该项才可以用。

▼ 文档大小：显示图像中数据量的信息。选择该选项后，状态栏中会出现两组数据，左边的数字表示没有拼合的图层和通道的近似大小。

▼ 文档配置文件：显示当前打开文件的颜色模式。

▼ 文档尺寸：显示当前打开文件的大小，以KB为单位。

▼ 暂存盘大小：显示已用内存与可用内存的大小。

▼ 效率：显示各操作在内存中与磁盘间交换数据所需要的时间比。

▼ 计时：显示从打开文件开始所有操作所花费的时间，以秒为单位。

▼ 当前工具：显示工具箱中被激活的工具。

▼ 32位曝光：用于调整预览图像，以便在计算机显示器查看32位/通道高动态范围（HDR）图像的选项，只有文档窗口显示HDR图像时该选项才可以使用。

▼ 储存进度：储存文件时会显示百分比，当显示的百分比为100%时则表示储存完成。

—— 💡 技巧

在状态栏上按下鼠标左键不放，可以查看图像信息，如图2-43所示。

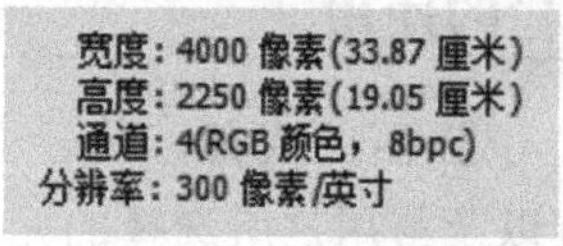

宽度：4000 像素(33.87 厘米)
高度：2250 像素(19.05 厘米)
通道：4(RGB 颜色, 8bpc)
分辨率：300 像素/英寸

图2-43 图像信息

2.3 图像操作的基本概念

在开始学习建筑效果图后期处理之前，应该先了解一些有关图像方面的专业知识，这将有利于制作图像。

2.3.1 图像类型

图像文件可分为两种类型：一类为位图图像，另一类为矢量图像。

▼ 位图：位图是由不同亮度和颜色的像素点所组成的，适合表现大量的图像细节，可以很好地反映明暗的变化、复杂的场景和颜色，它的特点是能表现逼真的图像效果，但是文件比较大，缩放时清晰度会降低并且会出现锯齿。位图有的文件格式种类繁多，常见的有JPEG、PCX、BMP、PSD、PIC、GIF和TIFF等。

▼ 矢量图：矢量图使用直线和曲线来描述图形，这些图形的元素是一些点、线、矩形、多边形、圆和弧线等，它们都是通过数学公式计算获得的，所以矢量图形文件一般较小。矢量图形的优点是无论放大、缩小或旋转等都不会失真，缺点是难以表现色彩层次丰富的逼真图像效果，而且矢量图显示也需要花费一些时间。矢量图形主要用于插图、文字和可以自由缩放的徽标等。一般常见的文件格式有AI等。

2.3.2 文件格式类型

在Photoshop中进行建筑效果图合成时，需要导入各种文件格式的图片素材，因此，熟悉一些常用的文件格式的特点及其使用范围，就显得尤为重要，文件格式是一种将文件以不同方式进行保存的格式。Photoshop支持几十种文件格式，因此能很好地支持多种应用程序。在Photoshop中，常见的格式有PSD、BMP、PDF、JPEG、GIF、TGA、TIFF、PNG、EPS等。

1. PSD格式

它是著名的Adobe公司的图像处理软件Photoshop的专用格式。这种格式可以存储Photoshop中所有的图层、通道、参考线、注解和颜色模式等信息。在保存图像时，若图像中包含有图层，则一般都用Photoshop（PSD）格式保存。PSD格式在保存时将文件压缩，以减少占用磁盘空间，但PSD格式所包含的图像数据信息较多（如图层、通道、剪辑路径和参考线等），因此比其他格式的图像文件还是要大得多。由于PSD文件保留所有原图像数据信息，因而修改起来较为方便，大多数排版软件不支持PSD格式的文件。PSD格式的文件是一种图形文件格式，因此，使用看图软件如ACDSee 或图形处理软件Photoshop可以打开PSD格式的文件。

2. BMP格式

BMP（Windows Bitmap）是Windows操作系统中的标准图像文件格式，可以分成设备相关位图（DDB）和设备无关位图（DIB）两类，使用非常广。它采用位图映射存储格式，除了图像深度可选以外，不采用其他任何压缩，因此，BMP文件所占用的空间很大。BMP文件的图像深度可选1bit、4bit、8bit及24bit。BMP文件存储数据时，图像的扫描方式是按从左到右、从下到上的顺序。由于

BMP文件格式是Windows环境中交换与图像有关的数据的一种标准，因此在Windows环境中运行的图形图像软件都支持BMP图像格式。

3. PDF格式

PDF（Portable Document Format）是由Adobe Systems创建的一种文件格式，允许在屏幕上查看电子文档。PDF文件还可被嵌入到Web的HTML文档中。

4. JPEG格式

JPEG（由Joint Photographic Experts Group缩写而成，意为联合图形专家组）是我们平时最常用的图像格式。它是一个最有效、最基本的有损压缩格式，被绝大多数的图形处理软件所支持。JPEG格式的图像还广泛应用于网页的制作。如果对图像质量要求不高，但又要求存储大量图片，使用JPEG格式无疑是一个好办法。但是，对于要求进行图像输出打印时，最好不使用JPEG格式，因为它是以损坏图像质量而提高压缩质量的文件格式。

5. GIF格式

GIF格式是CompuServe公司在1987年开发的图像文件格式。GIF文件的数据，是一种基于LZW算法的连续色调的无损压缩格式，图像色彩限定在256色以内。其压缩率一般在50%左右，它不属于任何应用程序。目前几乎所有的相关软件都支持它，公共领域有大量的软件在使用GIF图像文件。GIF图像文件的数据是经过压缩的，而且是采用了可变长度等压缩算法。GIF格式的另一个特点是在一个GIF文件中可以存储多幅彩色图像，如果把存储于一个文件中的多幅图像数据逐幅读出并显示到屏幕上，就可构成一种最简单的动画。

GIF格式分为静态GIF和动态GIF两种，扩展名为.gif，是一种压缩位图格式，支持透明背景图像，适用于多种操作系统，"体型"很小，网上很多小动画都是GIF格式。其实GIF是将多幅图像保存为一个图像文件，从而形成动画，所以归根结底GIF仍然是图片文件格式。但GIF只能显示256色。和JPEG格式一样，这是一种在网络上非常流行的图形文件格式。

6. TGA格式

TGA（Tagged Graphics）格式是计算机上应用最广泛的图像文件格式，它支持32位。

7. TIFF格式

TIFF（Tag Image File Format，意为有标签的图像文件格式）是Aldus在Mac初期开发的，目的是使扫描图像标准化。它是跨越Mac与PC平台最广泛的图像打印格式。TIFF使用LZW无损压缩方式，大大压缩了图像尺寸。另外，TIFF格式最令人激动的功能是可以保存通道，这对于处理图像是非常有好处的。

8. PNG格式

PNG格式的图片，颜色比一般JPG格式的图片颜色更加丰富，PNG用来存储灰度图像时，灰度图像的深度可多到16位，存储彩色图像时，彩色图像的深度可多到48位，并且还可存储多到16位的α通道数据。

9. EPS格式

EPS是Encapsulated PostScript首字母的缩写，PostScript语言是Adobe 公司设计用于向任何支持PostScript语言的打印机打印文件的页面描述语言。除了它是被优化用于纸张上打印文字和图像之外，它像Basic语言、C语言或任何其他编程语言一样。当你在 PostScript打印机上工作并告诉文字处理器（或任何其他的应用程序）打印页面时，计算机就会用PostScript语言编写一个程序描述该页面，并将这个程序传送给打印机。打印机实际上其中装有一台功能齐全的计算机和PostScript 语言解释器执行这个程序，将图形画在内存中的虚拟纸张上，然后将其打印到纸上。

2.3.3 像素

像素是由Picture（图像）和Element（元素）这两个单词的字母所组成的，是用来计算数码影像的一种单位，如同摄影的相片一样，数码影像也具有连续性的浓淡阶调，我们若把影像放大数倍，会发现这些连续色调其实是由许多色彩相近的小方点所组成，这些小方点就是构成影像的最小单位——像素（Pixel）。这种最小的图形的单元能在屏幕上显示通常是单个的染色点。越高位的像素，其拥有的色板也就越丰富，越能表达颜色的真实感。一个像素通常被视为图像的最小的完整采样，如图2-44所示。

图2-44 位图图像局部放大后显示的像素效果

2.3.4 分辨率

分辨率（resolution）就是屏幕图像的精密度，是指显示器所能显示的像素的多少。由于屏幕上的点、线和面都是由像素组成的，显示器显示的像素越多，画面就越精细，同样的屏幕区域内显示的信息也越多，所以分辨率是个非常重要的性能指标之一。如果把整个图像想象成一个大型的棋盘，那么分辨率的表示方式就是所有经线和纬线交叉点的数目。以分辨率为1024×768的屏幕来说，即每一条水平线上包含有1024个像素点，共有768条线，即扫描列数为1024列，行数为768行。

2.3.5 图层

通俗地讲，图层就像是含有文字或图形等元素的胶片，多张图层按顺序叠放在一起，组合起来形成页面的最终效果。图层可以将页面上的元素精确定位。图层中可以加入文本、图片、表格和插件，也可以在里面再嵌套图层。打个比方说，在一张张透明的玻璃上作画，透过上面的玻璃可以看见下面玻璃上的内容，但是无论在上一层上如何涂画都不会影响到下面的玻璃，而且上面一层会遮挡住下面的图像。最后将玻璃叠加起来，形成最终效果图这是它最基本的工作原理，如图2-45所示。左边的图

图2-45 图层叠加的效果

像是由右边的图层叠放在一起组成的效果。

2.3.6 通道

通道是Photoshop 软件中的一个重要的工具，灵活应用通道可以制作出很多特殊的艺术效果。

1. 通道的含义

通道即选区，简单地说它就是显示图片颜色的信息值，例如打开一张RGB图片，里面会有3个通道，显示3种颜色的值。在通道中，以白色代替透明表示要处理的部分（选择区域）；以黑色表示不处理的部分（非选择区域）。因此，通道也与遮板一样，没有其独立的意义，而只有在依附于其他图像（或模型）存在时，才能体现其功用。而通道与遮板的最大区别，也是通道最大的优越之处，在于通道可以完全由计算机来进行处理，也就是说，它是完全数字化的。

2. 通道的作用

在通道中，记录了图像的大部分信息，这些信息从始至终与用户的操作密切相关。具体来看，通道的作用主要有以下几个方面。

（1）表示选择区域，也就是白色代表的部分。利用通道，你可以建立如头发丝般的精确选区。

（2）表示墨水强度。利用"信息"面板可以体会到这一点，不同的通道都可以用256级灰度来表示不同的亮度。在Red通道里的一个纯红色的点，在黑色的通道上显示就是纯黑色，即亮度为0。

（3）表示不透明度。

（4）表示颜色信息。不妨实验一下，预览Red通道，无论你的鼠标怎样移动，"信息"面板上都仅有R值，其余的都为0。

3. 通道的类型

通道作为图像的组成部分，是与图像的格式密不可分的，图像颜色、格式的不同决定了通道的数量和模式，在通道面板中可以直观地看到。

在Photoshop中涉及的通道主要有以下几种。

（1）复合通道（Compound Channel）

复合通道不包含任何信息，实际上它只是同时预览并编辑所有颜色通道的一个快捷方式。它通常被用来在单独编辑完一个或多个颜色通道后使通道面板返回到它的默认状态。对于不同模式的图像，其通道的数量是不

一样的。在Photoshop之中，通道涉及3个模式。对于一个RGB图像，有RGB、R、G、B4个通道；对于一个CMYK图像，有CMYK、C、M、Y、K5个通道；对于一个Lab模式的图像，有Lab、L、a、b4个通道。

（2）颜色通道（Color Channel）

当你在Photoshop中编辑图像时，实际上就是在编辑颜色通道。这些通道把图像分解成一个或多个色彩成分，图像的模式决定了颜色通道的数量，RGB模式有3个颜色通道，如图2-46所示。最下面的一层是最终的图像颜色，最下层的图像像素颜色是由RGB这3个通道和与之对应位置的颜色混合而成的，图中4的像素颜色是由1、2、3处通道的颜色混合而成的，类似于使用调色板时，几种颜色调配在一起就可以产生新的颜色。CMYK图像有4个颜色通道，灰度只有一个颜色通道，它们包含了所有将被打印或显示的颜色。

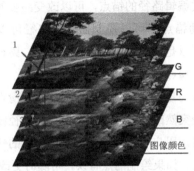

图2-46 通道图解

（3）专色通道（Spot Channel）

专色通道是一种特殊的颜色通道，它可以使用除了青色、洋红、黄色、黑色以外的颜色来绘制图像。专色通道一般人用得较少且多与打印相关。

（4）Alpha通道（Alpha Channel）

Alpha 通道是计算机图形学中的术语，指的是特别的通道。有时，它特指透明信息，但通常的意思是"非彩色"通道。这是我们真正需要了解的通道，可以说我们在 Photoshop中制作出的各种特殊效果都离不开Alpha通道，它最基本的用处在于保存选取范围，并不会影响图像的显示和印刷效果。当图像输出到视频，Alpha通道也可以用来决定显示区域。

（5）单色通道

这种通道的产生比较特别，也可以说是非正常的。如果你在通道面板中随便删除其中一个通道，就会发现所有的通道都变成"黑白"的了，原有的彩色通道即使不删除也变成灰度的了。

4. "通道"面板

在"通道"面板中可以创建和管理通道，并监视编辑效果。"通道"面板上列出了当前图像中的所有通道，各类通道在通道面板中的顺序为最上方是复合通道（在RGB、CMYK和Lab的图像中，复合通道为各个颜色通道的叠加效果）然后是单色通道、专色通道，最后是Alpha通道，如图2-47所示。

5. 通道按钮及功能

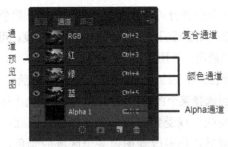

图2-47 通道面板

"通道"面板中包含许多功能按钮和通道，下面来分别介绍。

功能按钮介绍如下。

单击 按钮，从当前通道中载入选区。

在图像中建立选区后，单击 按钮，可在"通道"面板中建立一个新的Alpha通道来保存当前选区。

单击 按钮，可创建一个新的Alpha通道。

单击 按钮，可以删除当前通道。

显示通道介绍如下。

在"通道"面板中单击复合通道，同时选择复合通道及颜色通道，此时在图像窗口中显示图像效果，可以对图像进行编辑。

单击除复合通道以外的任意通道，在图像窗口中显示相应的通道效果，此时，可以对选择的通道进行编辑。

按住Shift键，可以同时选择几个通道，图像窗口中显示被选择通道的叠加效果。

单击通道左侧的 按钮，可以隐藏其对应的通道效果，再次单击可以将通道效果显示出来。

使用通道不仅可以有效抠取图像，还可以与滤镜结合，创作出更多意想不到的特殊效果。

2.3.7 蒙版

蒙版的作用是用来控制图像的显示和隐藏区域，是进行图像合成的重要手段，也是Photoshop中极富吸引力的功能之一。

1. 什么是蒙版

蒙版，就是在图像上加一层可以让某一部分透明的灰度板（就是一个黑白图像），其中，这个图像中白色的部分可以让图像变得不透明，黑色的部分可以使图像透明，灰色部分根据不同灰度，可以使图像半透明。而且蒙版中的黑色、白色和灰色，你可以使用任何工具绘制，如画笔、铅笔、填充等。

当选择某个图像的部分区域时，未选中区域将"被蒙版"或受到保护以免被编辑。因此，创建了蒙版后，当要改变图像某个区域的颜色，或者要对该区域应用滤镜或其他效果时，可以隔离并保护图像的其余部分。也可以在进行复杂的图像编辑时使用蒙版，如将颜色或滤镜效果逐渐应用于图像。

蒙版存储在 Alpha 通道中。蒙版和通道都是灰度图像，因此可以使用绘画工具、编辑工具和滤镜工具像编辑任何其他图像一样对蒙版进行编辑。在蒙版上用黑色绘制的区域将会受到保护；而蒙版上用白色绘制的区域是可编辑区域。

2. 蒙版的分类

蒙版分为四类：图层蒙版、矢量蒙版、剪贴蒙版和快速蒙版。

步骤 01 图层蒙版：可以理解为在当前图层上面覆盖一层玻璃片，这种玻璃片有：透明的、半透明的和完全不透明的。然后用各种绘图工具在蒙版上（即玻璃片上）涂色（只能涂黑色、白色和灰色），涂黑色使蒙版变为透明的，看不见当前图层的图像；涂白色则使涂色部分变为不透明，可看到当前图层上的图像；涂灰色使蒙版变为半透明。总结起来就是"黑透白不透"，透明的程度由涂色的灰度深浅决定，这是Photoshop中一项十分重要的功能。

步骤 02 矢量蒙版：依靠路径图形来定义图层中图像的显示区域，是由钢笔或形状工具创建的。

步骤 03 剪贴蒙版：也称剪贴组，该命令是通过使用处于

下方图层的形状来限制上方图层的显示状态，达到一种剪贴画的效果。从广义的角度讲，剪贴蒙版是指包括基层和所有顶层在内的图层群体。从狭义的角度讲，剪贴蒙版单指其中的基层。

步骤 04 快速蒙版：快速蒙版模式使你可以将任何选区作为蒙版进行编辑，而无需使用"通道"面板，在查看图像时也可如此。

2.3.8 路径

1. 路径的含义

路径就是用钢笔工具或贝塞尔工具等描绘出来的线条，由一个或多个直线段或曲线段组成。线段的起始点和结束点由锚点标记，就像用于固定线的针。通过编辑路径的锚点，可以改变路径的形状。通过拖动锚点，可以控制曲线。路径可以是开放的，也可以是闭合的。对于开放路径，路径的起始锚点称为端点。

路径可以具有两种锚点：角点和平滑点。在角点，路径突然改变方向。在平滑点，路径段连接为连续曲线。用户可以使用角点和平滑点的任意组合绘制路径。如果绘制的点有误，可随时更改。

2. 路径的使用

"路径"是Photoshop中的重要工具，其主要用于进行光滑图像区域的选择及辅助抠图，绘制光滑线条，定义画笔等工具的绘制轨迹，输出、输入路径和选择区域之间的转换。在辅助抠图上路径突出显示了强大的可编辑性，它特有的光滑曲率属性，与通道相比，有着更精确、更光滑的特点。

路径是可以转换为选区或者使用颜色填充和描边的轮廓。通过编辑路径的锚点，可以很方便地改变路径的形状。下面利用实例操作来讲解路径的使用。

步骤 01 启动Photoshop 软件后，执行"文件"|"打开"命令，弹出"打开"对话框，选择本书配套光盘中的"第2章\路径练习.jpg"文件，单击"打开"按钮，单击工具箱中的"钢笔工具"按钮 [图标]，沿着雕塑边缘绘制直线，如图2-48所示。

图2-48 钢笔工具

步骤02 将雕塑所有的边缘进行绘制，绘制效果如图2-49所示。

图2-49 钢笔工具

步骤03 单击工具箱中的"转换点"工具 ↖️，作适当的调整，如图2-50所示。

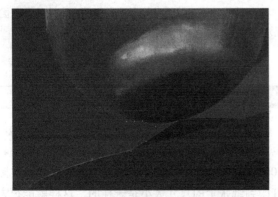

图2-50 调整贝兹点

步骤04 单击"路径"面板底部的"将路径作为选区载入"按钮 ⬚，设置羽化为2像素，如图2-51所示。

图2-51 路径

步骤05 使用"移动工具"按钮 ►╫，将其移动至场景中去，调整大小和位置，添加阴影，效果如图2-52所示。

图2-52 应用路径抠取的素材

2.4　调整效果图的大小

调整图像大小是Photoshop 中新增的功能，无论调整的是图像大小还是画布大小，都与像素密不可分。使用"图像大小"命令可以调整图像的大小、打印尺寸和分辨率。更改图像的像素大小不仅会影响图像在屏幕上的显示大小，还会影响图像的质量及打印特性，同时也决定其占用的存储空间大小。

2.4.1 调整像素大小

步骤01 启动Photoshop软件后，执行"文件"|"打开"命令，弹出"打开"对话框，选择本书配套光盘中"第2章\别墅区.jpg"文件，单击"打开"按钮，如图2-53所示。

图2-53 打开文件

步骤02 执行"图像"|"图像大小"命令，如图2-54所示。

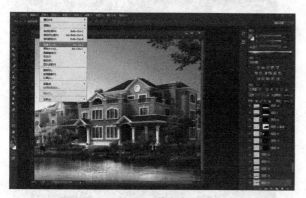

图2-54 图像大小

步骤03 弹出"图像大小"对话框，如图2-55所示。

图2-55 "图像大小"对话框

步骤04 设置分辨率为200像素，在"重新取样"下拉列表中，选择"保留细节（扩大）"选项。如图2-56所示。

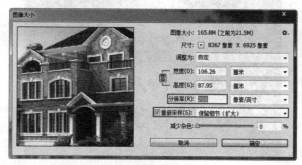

图2-56 设置相应参数

步骤05 单击"确定"按钮，在文档窗口底部的状态栏中显示文件的大小，如图2-57所示。

图2-57 修改文件大小后的效果

—— **ℹ 提示** ——

> 修改完成后，降低分辨率的图像放大，使其拥有优质的印刷效果，这方便了低质量图像的处理。

2.4.2 调整打印尺寸

在Photoshop中视图菜单下面有个打印尺寸，也就是缩放工具中的打印尺寸显示（还有100%、200%和按屏幕大小缩放），这个显示比例和实际打印到纸张上的尺寸大小是一样的，这样就能很方便地了解到实际打印出来的图像的大小。可是，打印尺寸显示和实际纸张尺寸不一样，比较小，那么这是怎么回事呢，是设置错误。因为Photoshop中确实把所有像素按照300像素/英寸的打印分辨率显示，但是还有一个屏幕分辨率，显示器的屏幕分辨率和Photoshop中默认的屏幕分辨率不一致导致了这样的结果。那么如何设置才能让Photoshop中显示的屏幕分辨率和显示器显示的屏幕分辨率一致呢？怎样才能让Photoshop中打印尺寸显示和实际纸张上打印的一样大小？（说明：打印机分辨率一般是300dpi，所以Photoshop中打印分辨率默认设置为300像素/英寸。）

（1）首先要知道显示器的型号，假设型号为14寸，然后搜索查看一下该型号的显示器最大分辨率是多少，最后在屏幕上单击鼠标右键，把屏幕分辨率设置成图2-58所示的分辨率即可。

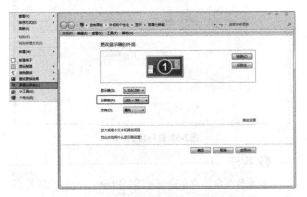

图2-58 屏幕分辨率

（2）利用计算分辨率的公式来计算分辨率，得出屏幕分辨率为111.935像素，执行"编辑"|"首选项"|"单位与标尺"命令，输入打印分辨率为300像素，屏幕分辨率为111.935像素，如图2-59所示。

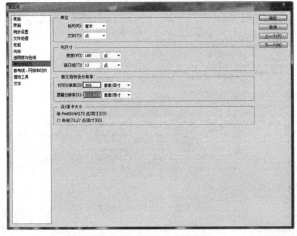

图2-59 "首选项"对话框

单击"确定"按钮即可让打印尺寸和真实看到尺寸大小一致。

2.5 提高Photoshop的工作效率

在使用Photoshop 前需要进行一些优化设置，通过优化设置可以使用户在操作时更加方便和快捷。

2.5.1 文件的快速切换

在制作图像的过程中，为了提高工作效率，使用快捷键Ctrl+Tab可解决文件切换的问题，达到文件的快速切换，有效地节约时间。

2.5.2 优化工作界面

优化工作界面就是将Photoshop 默认工作界面中不常用的部分进行隐藏，以获得更大的屏幕显示空间，如在进行图像轮廓绘制或处理的时候，往往只需要使用工具箱和"历史记录"面板。也可以一次性调好工作界面后执行"窗口"|"工作区"|"存储工作区"命令，以后使用时只需要切换到自定义的工作界面状态即可。

2.5.3 其他优化设置

1. 字体与插件优化

由于Photoshop 在启动时需要载入字体列表，并生成预览，如果系统所安装的字体较多，启动速度将大大减缓，启动之后也会占用更多的内存。

因此，想要提高Photoshop 的运行速度，对于不用或较少使用的字体应及时删除。

与字体一样，安装过多的第三方插件，也会大大降低Photoshop 的运行速度。对于不常用的第三方插件，可以将其移动到其他目录中，在需要时再将其移动回来。

2. 暂存盘优化

平常在使用Photoshop时并不会有很大的问题，但有的时候在处理较大的照片或者是照片数量非常多的时候，或者我们的电脑配置不是很好等情况下，就有可能会弹出显示内存不足的提示，或者导致电脑运行不流畅。所以我们在使用Photoshop之前，先要对Photoshop进行优化。

暂存盘和虚拟内存相似，它们之间的主要区别是：暂存盘完全受Photoshop的控制，而不是受操作系统的控制。在有些情况下，更大的暂存盘是必需的，在Photoshop用完内存时，它会使用暂存盘作为虚拟内存，当Photoshop处于非工作状态时，它会将内存中所有的内容复制到暂存盘上。

（1）解决内存问题

执行"编辑"Ⅰ"首选项"Ⅰ"性能"命令，如图2-60所示。打开界面后，如图2-61所示。在右上方，就是你的Photoshop内存使用情况。界面参数有一个是"可用内存"，还有一个是"让Photoshop使用"。可用内存是你的电脑可用的内存范围，这时如果你觉得Photoshop的使用内存过小，你可以对Photoshop使用内存进行调整，直接输入就行。

图2-60 首选项

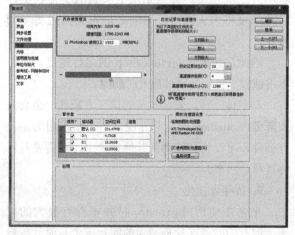

图2-61 可用内存

（2）暂存盘的选用

暂存盘界面也是在性能的界面中，这个暂存盘主要用于存储Photoshop的临时文件，所以最好将暂存盘设置为剩余空间比较富余的硬盘，最好不要设置为C盘。这里你还得注意一个问题，就是暂存盘顺序问题，也就是说在设置了暂存盘后，如果你设置的暂存盘满了，电脑会自动指示下一个硬盘为暂存盘。所以在暂存盘设置区里，你不仅可以选用暂存盘，而且可以改变你电脑的硬盘位置数序。将你的暂存盘放到最上面，依次类推，如图2-62所示。

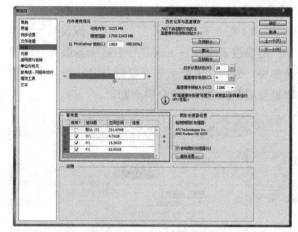

图2-62 暂存盘的选用

ℹ 提示

> 如果暂存盘的可用空间不够，Photoshop就无法打开与处理图像，因此应设置剩余空间较大的磁盘作为暂存盘。

（3）历史记录的设置

历史记录，顾名思义，就是对编辑过的步骤进行记录，用于查看和修改历史步骤。一般系统默认为20步，这也就足够了。设置记录步骤越多，占用内存越大。所以默认即可，当然你也可以随意改动，如图2-63所示。

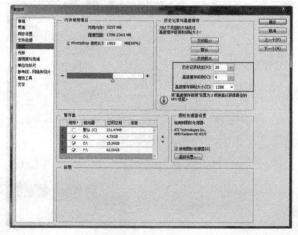

图2-63 历史记录

3. 同步设置

Photoshop CC是Photoshop的最终版本，Adobe公司将不再发行任何产品（当然这里指的是Photoshop）。Adobe公司宣称CC软件可以将你的所有设置，包括首选项、窗口、笔刷、资料库等，以及正在创作的文件，同步到云端。无论你是用PC或Mac，即使更换了新的电脑，安装了新的软件，只需登录Adobe ID，即可立即找回熟悉的工作区。

步骤01 启动Photoshop 后，执行"编辑"｜"同步设置"｜"立即同步设置"命令，系统将自动进行同步设置，如图2-64所示。

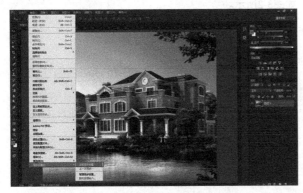

图2-64 同步设置

步骤02 执行"编辑"｜"同步设置"｜"管理同步设置"命令，弹出"首选项"对话框。在弹出的对话框中勾选"同步设置"复选框，在"同步设置"底部提供了各种不同的设置类型，勾选相应选项后，系统将自动同步到云端上，方便在不同的电脑上进行操作，如图2-65所示。

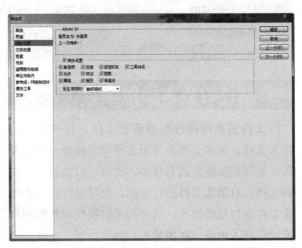

图2-65 "首选项"对话框

第3章 Photoshop 的基本操作

想要得到一张好的效果图，熟练掌握所需的处理软件是前提。Photoshop之所以作为处理图像的首选软件，是因为它强大的图像处理功能是其他软件无法比拟的。那么，基础知识的学习就是必经之路，本章将详细讲解文件的基本操作、视图的基本管理、图像的基本操作、图像裁剪操作以及蒙版的使用等，为深入学习Photoshop打下牢固的基础。如果无法透彻了解和熟练掌握这些内容，后面的学习就会变得很困难。

3.1 文件的基本操作

文件的基础操作包括新建文件、打开文件、置入文件、保存文件和关闭文件等文件命令下的操作。处理图像的方式有很多，比如可以新建一个空白文档，对图像文件进行绘制，也可以打开一个图像文件进行编辑修改，或者利用扫描仪、数码相机等设备导入图像，对图像进行特效处理。这些都是在文件菜单命令中执行，它们是学习Photoshop必须要掌握的知识点，也是最基本的知识点。

3.1.1 新建文件

启动Photoshop 软件后，在开始制作一幅新的图像前，需要在Photoshop 中新建一个文件。新建图像文件可以通过命令和快捷键两种不同的方法来实现。

步骤 01 启动Photoshop 软件后，执行"文件"|"新建"命令，弹出"新建"对话框。在"名称"文本框中，输入新建图像文件的名称，在"宽度"文本框中，输入图像文件的宽度数值，在"高度"文本框中，输入图像文件的高度数值，在"分辨率"文本框中，输入图像文件的分辨率数值，如图3-1所示。

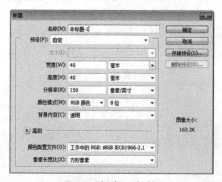

图3-1 "新建"对话框

步骤 02 单击"确定"按钮，即可创建一个透明的文件，如图3-2所示。

图3-2 新建文件

"新建"对话框中各项的含义如下。

▼ 名称：在此文本框中可以输入新建文件的名称。

▼ 预设：点击右侧的下拉按钮，从弹出的菜单中可选择预先设置的文件类型。

▼ 宽度：用于自定义宽度。点击右侧的下拉按钮，可以选择不同的度量单位。

▼ 高度：用于自定义高度。点击右侧的下拉按钮，可以选择不同的度量单位。

▼ 分辨率：用于设置分辨率。默认分辨率为96像素/英寸，点击右侧的下拉按钮，可以选择不同的分辨率单位。

▼ 颜色模式：点击右侧的下拉按钮，可以选择文件的色彩模式和色彩深度。

▼ 背景内容：用于设置新建文件的背景图层颜色。选择"白色"选项，新建的文件将以白色为填充背景；选择"背景色"选项，新建的文件将以工具箱上的背景色作为新建文件的颜色；选择"透明"选项，新建的文件的背景将以透明状态显示。

▼ 高级：通过高级选项可以设置新建文件采用的色彩配置文件和像素排列方式。

3.1.2 打开图像文件

对文件进行编辑前，首先要在Photoshop中将其打开，在Photoshop 中打开文件的方法有很多种，可以执行"打开"命令，也可以按Ctrl+O组合键，执行"打开"命令。

步骤01 执行"文件"｜"打开"命令，弹出"打开"对话框，在"查找范围"下拉列表中，选择图像文件存放的位置，在"图像预览"区域中，单击准备打开的图像文件，被选中的文件以有颜色边框显示，如图3-3所示。

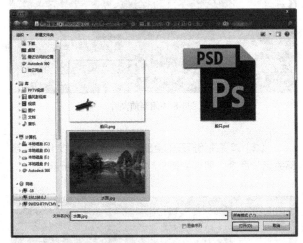

图3-3 "打开"对话框

步骤02 单击"打开"按钮，如图3-4所示。

图3-4 打开文件

提示：按Ctrl+O组合键，或执行"文件"｜"打开为"命令会弹出"打开为"对话框，使用此命令打开文件时，必须在"打开为"选项框为所要打开的文件指定正确的格式，然后单击"打开"按钮将其打开。

3.1.3 置入文件

置入文件时将照片、图片或任何Photoshop支

持的文件作为智能对象添加到当前的操作文档中。

步骤01 执行"文件"｜"置入"命令，弹出"置入"对话框，选择"船只.png"文件，单击"置入"按钮，可将文件置入到画面中，如图3-5所示。

图3-5 "置入"对话框

步骤02 置入进来的文件以智能对象显示，如图3-6所示。

图3-6 置入文件

3.1.4 保存图像文件

当图像文件编辑完成后，需要对文件进行保存，在计算机出现程序错误或断电情况时，所有的操作都将消失，这时保存文件就变得非常重要了。执行"文件"｜"存储"命令，或按Ctrl+组合键可保存对当前图像做出的修改。

（1）"另存为"命令保存

执行"文件"｜"存储"命令，弹出"另存为"对话框，选择文件保存的位置，在"文件名"文本框中，输入文件图像的文件名，如图3-7所示，单击"保存"按钮即可。

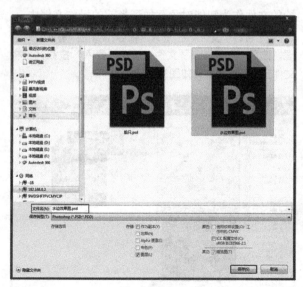

图3-7 保存文件

（2）"存储为"命令保存

执行"存储为"命令来执行这一操作，需要使用新的文件名或路径保存当前已经保存过的文时，选择"文件"Ⅰ"存储为"命令会打开"存储为"对话框，其操作与使用"存储"命令的操作一样。

存储为对话框中各项的含义如下。

▼ 保存位置：点击该项右侧的下拉按钮，在弹出的下拉列表中设置保存图形文件的位置。

▼ 文件名：设置文件的名称。

▼ 格式：设置文件的格式。

▼ 作为副本：将文件保存为文件副本，即在原文件名称的基础上加"副本"两字保存。

▼ 注释：用于决定文件中含有注释时，是否将注释也一起保存。

▼ Alpha通道：用于决定文件中含有Alpha通道时，是否将Alpha通道也一起保存。

▼ 专色：用于决定文件中含有专色通道时，是否将专色通道也一起保存。

▼ 图层：用于决定文件中含有多个图层时，是否合并图层后再保存。

▼ 颜色：为保存的文件配置颜色信息。

▼ 缩览图：为保存的文件创建缩览图，默认情况下Photoshop自动为其创建。

▼ 使用小写扩展名：用小写字母创建文件的扩展名。

3.1.5 关闭图像文件

当图像编辑完成后，首先需要将文件进行保

存，然后关闭文件。

（1）文件保存后，执行"文件"Ⅰ"关闭"命令，就可以关闭当前的图像文件，如图3-8所示。

图3-8 关闭当前文件

（2）如需关闭打开的全部文件，可执行"文件"Ⅰ"全部关闭"命令，即可关闭全部文件，如图3-9所示。

图3-9 关闭全部文件

（3）单击标题栏的"关闭"按钮，也可关闭图像文件，如图3-10所示。

图3-10 关闭当前文件

3.2 图像裁剪工具

当我们对效果的构图不满意的时候，可以利用裁剪工具，裁剪满意的构图。在Photoshop 中，对图像进行裁剪的工具有"透视裁剪工具" 、"裁剪工具" 和"切片工具" 。其中，切片工具在制作网页时用得比较多，在建筑效果后期处理时几乎不用，本节只介绍透视裁剪工具和裁剪工具的使用方法以及适用范围。

3.2.1 透视裁剪工具

"透视裁剪工具"一般在效果图中需要将部分素材单独选取出来时用得比较多，比如：材质贴图。

步骤01 启动Photoshop 软件后，执行"文件"|"打开"命令，弹出"打开"对话框，选择本书配套光盘中的"第3章\透视裁剪素材.jpg"文件，单击"打开"按钮，如图3-11所示。

图3-11 打开文件

步骤02 单击工具箱中的"透视裁剪工具"按钮 ，绘制定界框，并调整定界框上的控制点，使其进行透视调整，如图3-12所示。

图3-12 选择裁剪区域

步骤03 素材透视调整完成以后，按Enter键确定裁剪，裁剪效果如图3-13所示。

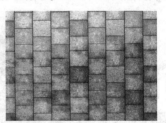

图3-13 裁剪结果

3.2.2 裁剪工具

"裁剪工具"在建筑效果图后期处理中经常结合构图使用，它的作用是裁剪掉画面多余的部分，以达到更美观的画面效果。

步骤01 启动Photoshop 软件后，执行"文件"|"打开"命令，弹出"打开"对话框，选择本书配套光盘中的"第3章\裁剪素材.jpg"文件，单击"打开"按钮，如图3-14所示。

图3-14 打开文件

步骤02 单击工具箱中"裁剪工具"按钮 ，调整到合适的位置，对构图进行调整，如图3-15所示。

图3-15 选择裁剪区域

步骤03 裁剪范围确定后，在裁剪定界框中双击鼠标或按Enter键，确定裁剪，效果如图3-16所示。

图3-16 最终效果

3.3 视图的基本管理

视图就是位于界面中间的图像，在Photoshop中，系统提供了切换屏幕模式的命令，以及缩放工具、抓手工具和导航器面板等工具，以便于更好地观察和处理图像，进行视图的基本操作。视图的基本操作主要有更改屏幕模式、调整窗口比例、移动画面、旋转画面和使用导航器面板查看图像等多种查看视图的模式。

3.3.1 更改屏幕模式

在Photoshop 菜单栏中执行"视图"|"屏幕模式"命令，会弹出一组用于切换屏幕模式的命令，包括"标准屏幕模式""带有菜单栏的全屏模式"和"全屏模式"命令。

步骤01 启动Photoshop 软件后，执行"文件"|"打开"命令，弹出"打开"对话框，选择本书配套光盘中的"第3章\亭子.jpg"文件，单击"打开"按钮，系统默认的屏幕显示为标准屏幕模式，如图3-17所示。

图3-17 标准屏幕模式

步骤02 单击工具箱中底部的"屏幕模式"按钮，可以显示一组用于切换屏幕模式的按钮，选择"带有菜单栏的全屏模式"按钮时，将显示带有菜单和50%灰色背景、无标题栏和滚动条的全屏窗口，如图3-18所示。

图3-18 带有菜单栏的全屏模式

步骤03 选择"全屏模式"按钮，在弹出的"信息"对话框中，单击"全屏"按钮，如图3-19所示。

图3-19 "信息"对话框

步骤04 效果如图3-20所示，同样可以通过F键在这3种屏幕模式中进行切换。按Shift+Tab组合键或按Tab键可显示或隐藏除图像窗口之外的所有组件。

图3-20 全屏模式

步骤05 当打开多个文件时，可以执行"窗口"|"排列"|"三联堆积"命令，如图3-21所示。

单介绍"缩放工具"的使用方法。

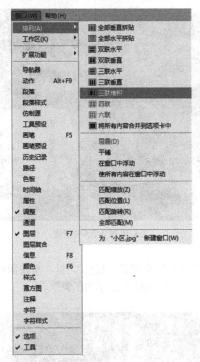

图3-21 文档排列方式列表

步骤06 效果如图3-22所示，图像以三联垂直的方式排列，这种排列方式方便进行图像对比。

图3-22 三联垂直方式排列效果

3.3.2 使用缩放工具调整窗口比例

缩放工具又称放大镜工具，可以对图像进行放大和缩小，方便文件的查看，在放大或缩小时不会影响和改变图像的打印尺寸、像素和分辨率。与放大或缩小画布不同的是，放大或缩小画布的功能主要用于制作精细的图像，而缩放工具可以自由调节画面的显示部分。选择缩放工具时，选项栏会切换到缩放工具的选项栏，单击"缩放工具"按钮，在画面上单击或拖动，可以实现缩放画面，下面简

步骤01 启动Photoshop 软件后，执行"文件"|"打开"命令，弹出"打开"对话框，选择本书配套光盘中的"第3章\小区.jpg"文件，单击"打开"按钮，如图3-23所示。

图3-23 打开文件

步骤02 单击"缩放"工具按钮，移动光标到图像窗口（光标变为状态），单击鼠标可放大窗口的显示比例，如图3-24所示。

图3-24 放大图像

步骤03 按住Alt键（光标变为状态），单击鼠标可缩小窗口的显示比例，如图3-25所示。

图3-25 缩小图像

步骤 04 在需要放大的区域拖动光标，就可将指定区域放大至整个图像窗口，如图3-26所示。

图3-26 放大指定图像

步骤 05 通过选择工具选项栏中的一系列选项同样可以调整窗口的比例，如图3-27所示。

图3-27 工具选项栏

3.3.3 使用抓手工具移动画面

当图像超出图像窗口显示范围时，可以使用 Photoshop 的抓手工具来移动图像的显示区域，改变图像在窗口的显示位置，下面来讲解具体的操作方法。

步骤 01 单击工具箱中的"抓手"工具按钮，将图像放大至200%，如图3-28所示。

图3-28 放大200%图像

步骤 02 将光标移至窗口，按住Alt键，单击鼠标左键可以缩小窗口，得到图3-29所示的图像效果。

图3-29 缩小图像

步骤 03 将光标移至窗口，按住Ctrl键单击鼠标左键可以放大窗口，如图3-30所示。

图3-30 放大窗口

步骤04 放大窗口后，松开Ctrl键，按住鼠标左键并拖动便可移动画面，如图3-31所示。

图3-31 移动图像

① 提示

按住Alt键或Ctrl键和鼠标左键不放，则能够以较慢的速度平滑地、逐渐地缩放窗口。此外，按住Alt键或Ctrl键及鼠标左键，然后向左或向右移动鼠标，能够以较快的速度平滑地、逐渐地缩放窗口。

3.3.4 使用导航器面板查看图像

执行"窗口"|"导航器"命令，就会显示"导航器"模式，导航器面板中包含图像的缩览图和各种窗口的缩放工具，通过单击或拖动相关的缩放按钮，可以迅速地缩放图像，或者在图像预览区域移动图像的显示内容。

步骤01 启动Photoshop 软件后，执行"文件"|"打开"命令，弹出"打开"对话框，选择本书配套光盘中的"第3章\日景.jpg"文件，单击"打开"按钮，执行"窗口"|"导航器"命令，显示"导航器"对话框，如图3-32所示。

图3-32 "导航器"对话框

步骤02 在缩放文本框中输入200%，或通过向右推动缩放滑块放大对象，如图3-33所示。

图3-33 数值缩放窗口

步骤03 将光标移动到代理预览区域，光标会变化为抓手状态，单击并移动鼠标可以移动画面，如图3-34所示。

图3-34 移动画面

步骤04 缩放文本框中显示了窗口的比例，可以单击放大按钮，放大显示图像；单击缩小按钮，缩小显示图像，如图3-35所示。

图3-35 用按钮缩放图像

3.4 图层的基本操作

对于每个学习Photoshop CC软件的学员来说，图层是必须掌握的知识点，对于一个分层的图像，可以通过设置图层的相关选项来更改图层的操作。

3.4.1 将背景图层转换为普通图层

背景图层是一个特殊的图层，它的后面都有一个"锁定"的图标，它永远在图层的最底部，不能调整堆叠顺序，并且不能设置不透明度、混合模式，也不能添加效果，如想对背景图层进行效果制作，需要将背景图层转换为普通图层。

步骤01 启动Photoshop 软件后，执行"文件"|"打开"命令，弹出"打开"对话框，选择本书配套光盘中的"第3章\图层练习.jpg"文件，单击"打开"按钮，此时可以看到图层是以背景图层显示的，如图3-36所示。

图3-36 打开文件

步骤02 双击背景图层，弹出"新建图层"对话框，保持默认值，单击"确定"按钮，将背景图层转换为普通图层，如图3-37所示。

图3-37 转换图层

3.4.2 新建图层

步骤01 按Ctrl+O组合键，执行"打开"命令，弹出"打开"对话框，选择本书配套光盘中的"第3章\图层练习.psd"文件，单击"打开"按钮，如图3-38所示。

图3-38 打开文件

步骤02 单击图层面板底部的"新建图层"按钮，新建图层，将该图层命名为"天空"，置于图层最底层，如图3-39所示。

图3-39 新建图层

步骤03 设置前景色为白色，按Alt+Delete组合键，填充前景色，单击工具箱中的"渐变"工具，设置前景色为蓝色，从上而下拉伸渐变，效果如图3-40所示。

图3-40 填充背景

步骤 04 如果想要创建图层并设置图层的属性,执行"图层"|"新建"|"图层"命令,或按Alt键并单击"创建新图层"按钮 ，弹出"新建图层"对话框,在对话框设置相应的属性,如图3-41所示。

图3-41 用"新建"命令创建图层

3.4.3 复制图层

当我们需要复制同一图层的内容时,可以通过复制图层命令完成,也可通过命令或快捷键Ctrl+J两种方法来实现,接下来通过实例进行讲解。

步骤 01 在树木上单击鼠标右键,在弹出的快捷菜单上选择本图层,如图3-42所示。

图3-42 选择图层

步骤 02 单击图层面板选择"图层20",拖动到图层面板底部的"创建新图层"按钮 上（或按Ctrl+组合键),即可复制图层,如图3-43所示。

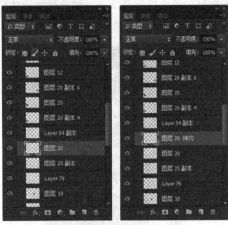

图3-43 复制图层

步骤 03 单击工具箱中的"移动"工具按钮 ，将复制的树木移动到合适的位置上,按Ctrl+T组合键进入"自由变换"模式,将其缩放到合适的大小,放置到合适的位置,效果如图3-44所示。

图3-44 移动复制的图像

技巧

除上述介绍的复制方法外,按Ctrl+J组合键可复制当前图层,还可通过执行"图层"|"复制图层"命令来复制图层。

3.4.4 设置图层为当前图层

在对图层编辑之前,必须先设置该图层为当前图层,这样编辑的内容才会显示在该图层上。在Photoshop中,既可以选择单个图层,也可以选择多个连续的图层或多个非连续的图层。

步骤 01 单击图层面板中的一个图层即可选择该图层，如需要选中该图层中的植物，单击植物图层，当选中的图层呈现蓝色的底纹时，就是被选中状态，如图3-45所示。

图3-45 选中单一图层

步骤 02 如需要选择多个相邻的图层，首先单击第一个图层，然后按住Shift键再单击最后一个图层，即可选中多个相邻的图层，如图3-46所示。

图3-46 选中多个相邻图层

步骤 03 如需选择多个不相邻的图层时，可按住Ctrl键并单击需要选中的图层，如图3-47所示。按Ctrl+E组合键可合并多个不相邻图层为一个图层。

图3-47 选中多个不相邻图层

3.4.5 修改图层的名称和颜色

当图层数量较多时，为了更方便查找图层，可以为一些重要的图层输入容易识别的名称以及颜色。

步骤 01 选中树木"图层15"，执行"图层"|"重命名图层"命令，或者直接双击图层的名称，如图3-48所示。

步骤 02 在显示的文本框中输入新名称即可，如图3-49所示。

图3-48 打开文件　　　　　图3-49 重命名文件

步骤 03 单击图层面板，在图层眼睛图标处单击鼠标右键，在弹出的快捷菜单中选择"红色"选项，可以改变图层左侧显示按钮的颜色，如图3-50所示。

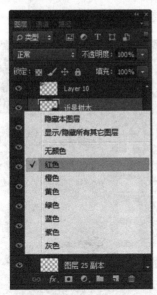

图3-50 改变图层颜色

图3-52 输入查找名称

3.4.6 查找图层

当图层数量较多时，如果想要查找某个图层，可以执行"选择" | "查找图层"命令来快速查找图层。

步骤01 如需选择"树木"图层，执行"选择" | "查找图层"命令，在图层面板顶部的名称旁出现一个文本框，如图3-51所示。

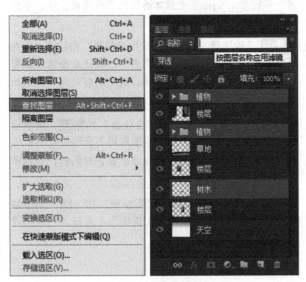

图3-51 查找图层

步骤02 输入"树木"，面板中便会显示该图层，如图3-52所示。

> **提示**
>
> 除了可查找图层的名称外，还可查找图层的效果、模式、属性和颜色，在类型下拉列表中选择需要的类型即可。

3.4.7 显示与隐藏图层

显示与隐藏图层的操作方法非常简单，图层缩略图前面的眼睛图标是用来控制图层可见性的，有该图标的图层为可见图层，无该图标的图层是隐藏的图层。

步骤01 单击图层面板，选择所有的"植物"组，如图3-53所示。

图3-53 选择"植物"组

步骤 02 将光标放在一个图层的眼睛图标上，单击眼睛图标，即可隐藏图层内容，如图3-54所示。再次单击眼睛图标即可显示图层内容。

图3-54 隐藏植物

ℹ 提示

将光标放在眼睛图标上单击鼠标左键并拖动，可以快速隐藏（或显示）多个相邻的图层。

3.4.8 删除图层

删除图层的方法非常简单，可直接按Delete键进行删除，还可将图层拖到图层面板底部的"垃圾箱"按钮 🗑 上，下面通过具体的操作进行讲解。

步骤 01 选中"天空"图层，按鼠标左键拖动至图层面板底部的"垃圾箱"按钮 🗑 上，如图3-55所示。

图3-55 拖动图标

步骤 02 删除图像，效果如图3-56所示。

图3-56 删除图层

3.4.9 锁定图层

有时候在处理图像时，不小心动了不该动的图层，这里可以将图层进行锁定，图层锁定后，就可放心操作了。

步骤 01 单击图层面板，选择图层，单击"锁定透明像素"按钮 ▨，则图层上原本透明的部分将被锁住，不允许编辑，受到保护。

步骤 02 选取图像，单击"锁定图像像素"按钮 🖊，则图层的图像像素被锁定，不管是透明区域还是图像区域都不允许填色或者进行色彩编辑。这个功能对背景层是无效的。

步骤 03 选取图像，单击"锁定位置"按钮 ✛，则图层的位置编辑被锁定，图层上的图形将不允许进行移动编辑；如果使用移动工具，将会弹出警告对话框，提示该命令不可用，如图3-57所示。

步骤 04 选取图像，单击"锁定全部"按钮 🔒，则图层的所有编辑将被锁定，图层上的图形不允许进行任何操作，如图3-58所示。

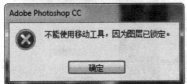

图3-57 锁定图层

变换或创建剪贴蒙版等操作，可将这些图层链接在一起再进行操作，这样更加方便、快捷。

步骤 01 打开一个分层文件，在图层面板中选择多个图层，如图3-59所示。

图3-59 选择多个图层

步骤 02 单击图层面板底部的"链接图层"按钮 ，或执行"图层"|"链接图层"命令，即可将它们链接在一起，如图3-60所示。这时可以将它们整体移动、缩放或旋转，不需要链接时只要按住Ctrl键并在要解除链接的图层上单击鼠标左键即可解除链接。

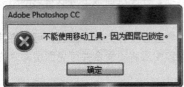

图3-58 锁定全部图层

3.4.10 链接图层

如果要处理多个图层中的图像，如移动，应用

图3-60 链接图层

3.4.11 排列图层顺序

图层是按照创建的先后顺序堆叠排列的，在不影响图像的前提下，可以重新调整图层的堆叠顺序。

步骤 01 选中"草地"图层，如图3-61所示。

图3-61 选中图层

步骤 02 将图层移动到"楼层"的下面，如图3-62所示。

图3-62 调整图层顺序

3.4.12 图层的合并与盖印

在Photoshop 中处理完一张图片时，往往都是由一个个图层组成的，少的几个图层，大的由上百个图层组成，这时合理地管理图层就非常重要了。

将一些同类的图层或是一些影响不大的图层合并在一起，可以减少磁盘的使用空间。一般图层的合并有3种形式。

步骤 01 向下合并

选择要合并的图层，单击鼠标右键或按Ctrl+E组合键，选择"向下合并"选项所选择的图层就会与其下面的图层进行合并，而且不会影响其他的图层，如图3-63所示。

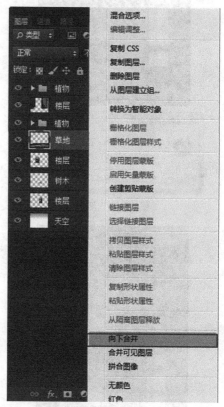

图3-63 向下合并图层

步骤 02 合并可见图层

选择要合并的图层，单击鼠标右键后选择"合并可见图层"选项，在图层面板上可以看见的图层就会被合并，所有显示眼睛图标的图层被合并为一个图层，如果某一图层不希望被合并为一个图层，可以将其眼睛图标隐藏，这时该图层将不受合并可见图层命令的影响，如图3-64所示。

步骤 03 拼合图像

在Photoshop 中选择要合并的图层，单击鼠标右键，选择"拼合图像"选项后，所有的图层将拼合为一个背景图层，如图3-65所示。

图3-64 合并可见图层

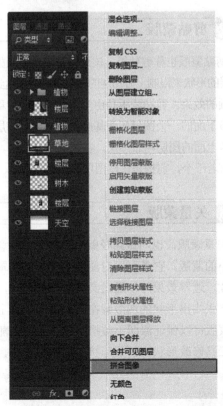

图3-65 拼合图像

步骤04 最终的合并效果如图3-66所示。

图3-66 合并图层

3.5 蒙版的使用

通过编辑形成的复杂选区，选取区域是指定一个透明无色的虚框，蒙版是以灰度图像出现在通道面板中的，两者可以相互转换。将选区作为蒙版来编辑的优点是几乎可以使用任何 Photoshop 工具或滤镜修改蒙版。蒙版有图层蒙版、剪贴蒙版和矢量蒙版3种不同的类型，在后期处理中也常用到快速蒙版来协助效果图的制作，这里将逐一介绍这几种蒙版的使用方法。

3.5.1 图层蒙版

图层蒙版是一种特殊的选区，但它的目的并不是对选区进行操作，而是要保护选区不被操作。同时，不处于蒙版范围的地方则可以进行编辑与处理。蒙版虽然是一种选区，但它跟常规的选区颇为不同。常规的选区表现了一种操作趋向，即将对所选区域进行处理；而蒙版却相反，它是对所选区域进行保护，让其免于被操作，而对非掩盖的地方应用操作。图层蒙版只以灰度显示，其中，白色部分对应的该图层图像内容完全显示，黑色部分对应该图层图像内容完全隐藏，中间灰度对应的该图层图像的背景层是不可以加入图层蒙版的。通过更改图层蒙版，可以将大量特殊效果应用到图层，而又不影响该图层上的像素，所有图层蒙版都可以与多图层文档一起存储。

步骤 01 启动Photoshop 软件后，执行"文件"|"打开"命令，弹出"打开"对话框，选择本书配套光盘中"第3章\图层蒙版练习.jpg"文件，单击"打开"按钮，如图3-67所示。

图3-67 打开文件

步骤 02 继续打开，选择本书配套光盘中的"第3章\图层蒙版素材.jpg"文件，单击"打开"按钮，如图3-68所示。

图3-68 打开素材

步骤 03 将素材添加到当前操作窗口，放在合适的位置，将图层命名为"天鹅"，如图3-69所示。

图3-69 添加素材

步骤 04 单击图层底部的"添加图层蒙版"按钮 ，为"天鹅"图层添加图层蒙版，按D键默认前景色为黑白色，单击工具箱中的"画笔"工具按钮 ，在蒙版上涂抹天鹅以外的背景区域，并将其隐藏，如图3-70所示。

图3-70 最终效果

蒙版一些其他类型的用法如下。

▼ 停用图层蒙版：可以暂时取消蒙版应用效果。

▼ 应用蒙版图层：可以应用图层蒙版，并将蒙版去掉。

▼ 添加蒙版到选区：如果原图像存在选区，那么由图层蒙版转换的选区将与原选区相加。

▼ 从选区中减去蒙版：如果原图像存在选区，那么由图层蒙版转换的选区将与原选区相减。

▼ 蒙版与选区交叉：如果原图像存在选区，那么由图层蒙版转换的选区将与原选区相交。

▼ 蒙版选区：用来设置图层蒙版的颜色和不透明度。

3.5.2 剪贴蒙版

剪贴蒙版也称剪贴组，该命令是通过使用处于下方图层的形状来限制上方图层的显示状态，以达到一种剪贴画的效果。剪贴蒙版是由多个图层组成的群体组织，最下面的一个图层叫做基底图层（简称基层），位于其上面的图层叫做顶层。基层只能有一个，顶层可以有若干个，前提是这些图层必须是相邻的。

3.5.3 矢量蒙版

矢量蒙版，也叫做路径蒙版，是可以任意放大或缩小的蒙版。它是可以对图像实现部分遮罩的一种图片，遮罩效果可以通过具体的软件设定，相当于用一张掏出形状的图版蒙在被遮罩的图片上面。矢量蒙版可以保证原图不被损坏，并且可以随时用钢笔工具修改形状，而且形状无论拉大多少，都不会失真。

图3-72 通道中的蒙版

3.5.4 快速蒙版

运用快速蒙版形成的临时通道，可进行通道编辑，在退出快速蒙版模式时，原蒙版里原图像显现的部分便成为选区，蒙版会自动消失。快速蒙版模式的优点是可以将任何选区作为蒙版进行编辑，而无需使用"通道"调板，在查看图像时也可如此。将选区作为蒙版来编辑的优点是几乎可以使用任何 Photoshop 工具或滤镜修改蒙版。例如，如果用选框工具创建了一个矩形选区，可以进入快速蒙版模式并使用画笔扩展或收缩选区，也可以使用滤镜扭曲选区边缘。也可以使用选区工具，因为快速蒙版不是选区。

从选中区域开始，使用快速蒙版模式在该区域中添加或减去以创建蒙版。另外，也可完全在快速蒙版模式中创建蒙版。受保护区域和未受保护区域以不同颜色进行区分。当退出快速蒙版模式时，未受保护区域成为选区。当在快速蒙版模式中工作时，"通道"调板中出现一个临时快速蒙版通道。

步骤 01 启动Photoshop软件后，执行"文件"|"打开"命令，弹出"打开"对话框，选择本书配套光盘中的"第3章\快速蒙版练习.jpg"文件，单击"打开"按钮，如图3-71所示。

图3-71 打开文件

步骤 02 单击工具箱中的"以快速蒙版模式编辑"按钮 或按Q键，弹出的"快速蒙版选项"对话框，可以在此对话框中设置快速蒙版的选项。单击"确定"按钮，得到编辑后的蒙版效果。在当前的快速蒙版状态下，"通道"面板中也会出现一个临时蒙版，如图3-72所示。

步骤 03 单击工具箱中的"渐变"工具按钮 ，从右下角向左上角拖动鼠标，得到图3-73所示效果。

图3-73 快速蒙版效果

步骤 04 单击工具箱中的"以快速蒙版模式编辑"按钮 ，可将蒙版中未被选取的部分转换为选区，同时通道面板中"快速蒙版"通道也会消失，如图3-74所示。

图3-74 蒙版选区

基本技法篇

- 第4章　配景素材的抠图技法
- 第5章　建筑效果图的调色技法
- 第6章　建筑效果图编辑与修复技法
- 第7章　建筑效果图后期处理技法

第4章　配景素材的抠图技法

在建筑效果图当中，建筑配景相当于配角，是用来衬托建筑的。常见的配景有：树木丛林、人物车辆、道路地面、花圃草坪和天空水面等。这些都是为了创造一个逼真的环境，增强画面的气氛，调整建筑物的平衡，起到引导视线的作用，把观察者的视线引向画面的重点部位。利用配景本身的透视变化及配景的虚实、冷暖可以加强画面的层次感、纵深感和真实感，有助于空间效果的表现。

4.1　分析图像，选择最佳的抠图技法

在建筑效果图后期制作时，需要添加各式各样的配景，当已有的素材库不能满足我们对素材的需求时，这就要求我们要有就地取材的本领。那么，在抠取配景素材前，首先要对素材进行分析，选择最佳的抠图工具。分析素材用什么抠图工具从4个方面确定：对象的形状特征、对象的色彩差异、对象的色调差异和对象复杂边缘的复杂程度。

4.1.1　分析对象的形状特征

分析对象的特征，首先看到的就是配景素材的形状特征。形状特征分为规则形状、不规则形状和圆滑曲线。

1. 规则形状配景素材

规则形状指的是形状特征是矩形或者圆形，矩形如方形桌凳等，圆形如圆碟、圆形的雕塑等，如图4-1所示。常用的工具是选框工具。选框工具分为两种：矩形选框工具和圆形选框工具。若素材需抠取的区域较方正，可以选用矩形选框工具；若素材需抠取的区域较圆，可以选用圆形选框工具。

图4-1 抠取圆形建筑

2. 不规则形状配景素材

不规则形状配景素材分为两种：多边形配景素材和复杂边缘配景素材。多边形配景素材如建筑物，雕塑等，抠取工具：多变形套索工具，该工具方便快捷。复杂边缘配景素材如人物、自行车和假山等，抠取工具：魔棒工具、快速选择和磁性套索等。素材里的建筑所呈现的是不规则形状，采用多边形套索工具来抠取图形，如图4-2所示。

图4-2 抠取不规则图形

3. 圆滑曲线配景素材

圆滑曲线配景素材如雕塑、汽车等，可选用的抠图工具是钢笔工具。它的优点是如果创建的路径不符合要求时，可以对路径进行随意调整，直到满足为止。素材给出的是一尊雕塑，雕塑的外轮廓由一些圆滑的曲线构成。采用的抠图方法是用钢笔工具来绘制路径，如图4-3所示。

图4-3 抠取圆滑曲线雕塑

4.1.2 分析对象的色彩差异

抠图时不仅可以根据形状来选择抠图工具，还可以根据颜色的差异来选择抠图工具。色彩差异明显的配景素材分为边缘光滑清晰且分布规律的素材和边缘复杂且分布无规律的素材。

1. 边缘光滑清晰且分布规律的素材

配景素材需抠取的图像边缘光滑清晰且分布规律，抠取的工具有魔棒工具、快速选择工具和磁性套索工具等。魔棒工具可设置容差。容差值设置越大，使用的魔棒范围就越大。快速选择工具是通过控制画笔的大小智能控制选取的大小，可选择多个颜色范围的区域。磁性套索工具针对的是边界清晰色彩对比明显的配景素材，它可以根据颜色对比度自动判断选区的轮廓，自动捕捉图像的边界，精确定位选择的区域。图4-4所示的建筑物的轮廓较清

图4-4 抠取建筑背景

晰，采用的方法是选用快速选择工具进行抠图，最终效果如图4-5所示。

图4-5 最终效果

2. 边缘复杂且分布无规律的素材

配景素材需抠取的图像边缘复杂且分布无规律，色彩对比明显，可以使用魔棒工具，但它不够灵活，不算是最有优势的。色彩范围命令可以弥补这个缺陷，它可以选择已有选区或整个图像内指定的颜色或颜色子集，创建相应的选区。在执行该命令的时候，可以一边调整一边预览效果。图4-6给出的素材是一棵边缘较复杂的树，采用的方法是选用颜色范围命令进行抠图，效果如图4-7所示。

图4-6 抠取树木

图4-7 最终效果

4.1.3 分析对象的色调差异

抠取配景素材不仅可以对形状、颜色进行分析选用抠图工具，还能在色调上分析适合用什么抠图工具，色调差异比较大的图像可以使用通道工具进行抠图。

4.1.4 复杂边缘对象的抠图

当配景素材在形状、颜色及色调上都没有突出的特征时，之前介绍的工具无法按所需的配景素材抠取出来，那么，就要使用通道工具和蒙版工具来进行抠图。蒙版抠图有两种方式：以标准式编辑和以快速蒙版模式编辑。图4-8所示素材的天空背景较复杂，可以用添加蒙版的方式来进行抠图，效果如图4-9所示。

图4-8 打开文件

图4-9 最终效果

4.2 草地素材的抠取技巧

草地是建筑效果图的重要角色之一，不仅是为了美化城市，也为了提高人们生活质量，并能让人们走进自然，亲近自然，更好地了解自然。

分析素材：本案例学习的是草地素材的抠取，案例给出的素材是院子里的草地，那么在效果图中用得上的只有前面的草地了，可以直接用多边形套索工具来抠取，因为该工具方便、快捷。

步骤01 启动Photoshop 软件后，执行"文件" | "打开"命令，弹出"打开"对话框，选择本书配套光盘中的"第4章\4.2\草地.jpg"文件，单击"打开"按钮，如图4-10所示。

图4-10 打开文件

步骤02 单击图层面板，双击"背景"图层，弹出"新建图层"对话框，单击"确定"按钮，将"背景"图层转换为普通图层，如图4-11所示。

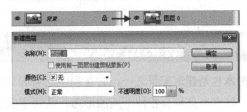

图4-11 转换图层

ℹ️ 提示

要想得到透明背景，必须转换背景图层为普通图层。

步骤03 单击工具箱中的"多边形套索工具" ，把可以用到的草地抠取出来，如图4-12所示。

图4-12 抠取草地

步骤04 按Ctrl+Shift+I组合键，将选区反选，按Delete键删除背景，按Ctrl+D组合键，取消选择，抠图完成，如图4-13所示。

图4-13 最终效果

❶ 提示

为方便调用，抠取的图像存储为PSD格式，以后可用于建筑后期合成。

4.3 树木素材的抠取技巧

　　树木也是建筑配景之一，它在当中起着绿化的作用，树木本身具有各种不同的形态，从而丰富了人们的视野，给人以美的感觉。在建筑效果图空间中，在树木种类的选择，数量的确定，位置的安排和方式的采取上都应强调主体，做到主次分明，以衬托建筑的特色和风格。

　　分析素材：本案例学习的是抠取树木，首先分析案例给出的素材，树木的背景颜色比较单一，可以考虑魔棒工具，它是根据颜色色差来选择对象的。

步骤01 启动Photoshop软件后，执行"文件"|"打开"命

令，弹出"打开"对话框，选择本书配套光盘中的"第4章\4.3\树木.jpg"文件，单击"打开"按钮，如图4-14所示。

图4-14 打开文件

步骤02 单击图层面板，双击"背景"图层，弹出"新建图层"对话框，单击"确定"按钮，将"背景"图层转换为普通图层，如图4-15所示。

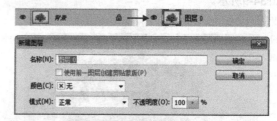

图4-15 转换图层

步骤03 单击工具箱中的"魔棒工具"按钮，设置工具选项栏容差为30，勾选消除锯齿选项栏，如图4-16所示。

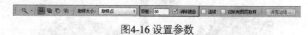

图4-16 设置参数

步骤04 用"魔棒工具"单击蓝色背景，单击工具选项栏"添加到选区"按钮，单击草地后面的山将其加选到选区，单击鼠标右键弹出快捷菜单，选择"选取相似"选项，如图4-17所示。

图4-17 魔棒选区

步骤05 按Delete键清除背景，按Ctrl+D组合键，取消选择，得到效果如图4-18所示。

图4-18 删除背景

步骤06 单击工具箱中的"多边形套索工具"按钮，对草地进行抠取，创建选区如图4-19所示。

图4-19 抠取草地

步骤07 按Delete键清除草地，按Ctrl+D组合键取消选择，抠图完成，最终效果如图4-20所示。

图4-20 删除背景

步骤08 单击图层面板底部的"新建新图层"按钮，新建一个图层，将该图层置于普通图层下方，或按

Ctrl+Shift+[组合键将新建图层置为底层，将前景色设置为蓝色，按Alt+Delete组合键填充前景色，以便观察抠取的图像背景是否清除干净，如图4-21所示。

图4-21 最终效果

4.4 人物素材的抠取技巧

人物是建筑效果中很重要的配景之一，它可以活跃画面气氛，增强画面的真实感。

分析素材：本案例学习的是抠取人物，在抠取人物的时候首先要对素材进行分析。本案例给出的素材是草地上的人物。人物衣着颜色多样，可以考虑使用快速选择工具，它能够快速选择多个颜色相似的区域；人物暗部和投影区分不明显，可以用多边形套索工具，它可以自由绘制不规则的区域。

步骤01 启动Photoshop 软件后，执行"文件"│"打开"命令，弹出"打开"对话框，选择本书配套光盘中的"第4章\4.4\人物.jpg"文件，单击"打开"按钮，如图4-22所示。

图4-22 打开文件

步骤 02 单击工具箱中的"快速选择工具" ，设置画笔大小为30像素，单击鼠标左键在人物上进行拖动，如图4-23所示。

图4-23 设置参数

💡 技巧

> 按"["或"]"键，调整画笔大小。拖动过程中，如果有多选或是少选的现象，可以单击工具选项栏中的"添加到选区"按钮 ✔ 或是"从选区减去"按钮 ✔，或者是利用Shift键和Alt键进行加减选区，相应的区域适当的拖动进行调整。

步骤 03 在创建选区的时候，人物暗部和投影区分不开，如图4-24所示。

图4-24 图像效果

步骤 04 单击工具箱中的"多边形套索工具" ，单击工具选项栏中"添加到选区"按钮 🔲，对人物暗部进行抠取，如图4-25所示。如有其他部分细节抠取不完整，可继续用多边形套索工具进行调整。

图4-25 抠取暗部

步骤 05 执行"选择"|"修改"|"收缩"命令，弹出"收缩选区"对话框，设置收缩量为1像素，单击"确定"按钮，关闭对话框，如图4-26所示。效果如图4-27所示。

图4-26 设置收缩量

图4-27 载入选区

ℹ 提示

> "收缩"可将选区向内收缩相应的像素数。

步骤 06 单击图层面板，双击"背景"图层，弹出"新建图层"对话框，单击"确定"按钮，将"背景"图层转换为普通图层，如图4-28所示。

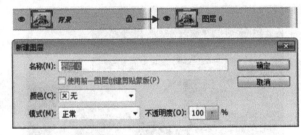

图4-28 图层转换

步骤07 按Ctrl+Shift+I组合键，将选区反选，按Delete键删除背景，如图4-29所示。

图4-29 删除背景

步骤08 单击图层面板底部的"新建图层"按钮，新建一个图层，将该图层置于普通图层下方，或按Ctrl+Shift+[快捷键将新建图层置为底层，将前景色设置为蓝色，按 Alt+Delete组合键填充前景色，以便观察抠取的图像背景是否清除干净，如图4-30所示。

图4-30 最终效果

4.5 雕塑素材的抠取技巧

雕塑与建筑景观有着密切的联系，它在建筑效果图中起到点缀的作用，但它不是作为独立的装饰品而存在。它在居住区环境中扮演着不可忽视的角色，它的形式与位置，以及数量的多少都对整个居住区环境气氛的营造有着重要影响。

分析素材：本案例学习的是抠取雕塑，案例给出的素材是一头大象，可以看出大象的轮廓线是比较有弧度的，可以使用钢笔工具，它的优势是可以转换贝兹点，进行弧度调整，并且可以使用路径工具将钢笔绘制的路径转换为选区。

步骤01 启动Photoshop 软件后，执行"文件"|"打开"命令，弹出"打开"对话框，选择本书配套光盘中的"第4章\4.5\雕塑.jpg"文件，单击"打开"按钮，如图4-31所示。

图4-31 打开文件

步骤02 单击图层面板，双击"背景"图层，弹出"新建图层"对话框，单击"确定"按钮，将"背景"图层转换为普通图层，如图4-32所示。

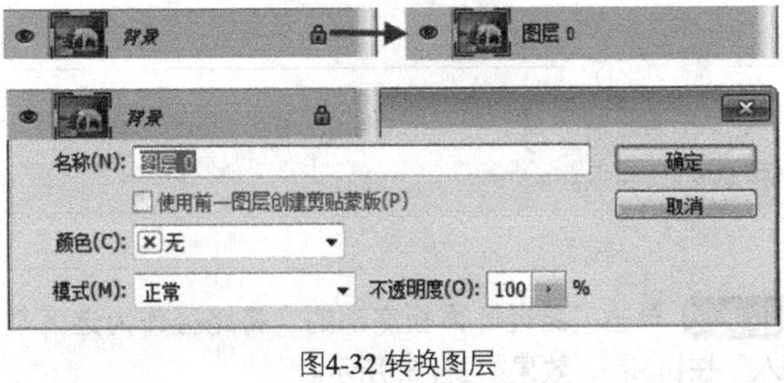

图4-32 转换图层

步骤03 单击工具箱中的"钢笔工具"，按Ctrl++组合键，将图像放大，沿着雕塑大象的边缘单击鼠标添加节点，如图4-33所示。

图4-33 钢笔工具

图4-35 路径作为选区载入

💡 **技巧**

在使用"钢笔"工具 ✐ 时，按Ctrl键，可快速切换为直接选择工具 ▸，按Alt键可切换至转换点工具 ∖，因此在绘制过程中，可边绘制边调整。

💡 **技巧**

按Ctrl+Enter组合键，可直接将当前路径转换为选区。

步骤06 按Ctrl+Shift+I组合键，将选区进行反选，如图4-36所示。

步骤04 单击工具箱中的"转换点"工具 ∖，作适当的调整，得到图4-34所示的图像效果。

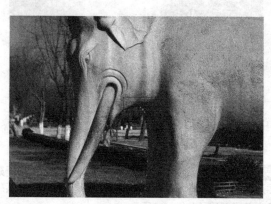

图4-36 将选区反选

步骤07 按Delete键删除背景，按Ctrl+D组合键取消选择，抠图完成，如图4-37所示。

图4-34 调整贝兹点

ℹ️ **提示**

在调整的时候，按Ctrl键可将节点移动，单击节点可转换贝兹点。

步骤05 单击"路径"面板底部的"将路径作为选区载入"按钮 ▦，效果如图4-35所示。

图4-37 删除背景

图4-36 将选区反选

步骤08 单击图层面板底部的"新建图层"按钮 ，新建一个图层，将该图层置于普通图层下方，或按Ctrl+Shift+[组合键将新建图层置为底层，将前景色设置为蓝色，按 Alt+Delete组合键填充前景色，以便观察抠取的图像背景是否清除干净，如图4-38所示。

图4-38 最终效果

4.6 选区的调整和编辑

4.6.1 变换选区的用法

当选区的区域并不理想的时候，那么就要对选区进行调整和编辑。

分析素材：本实例要学习的是变换选区的用法，变换选区就是针对矩形选框和圆形选框进行大小、位置和角度的调整。实例给出的是两条马路，变换选区可以将这种带有角度的选区进行编辑。

步骤01 启动Photoshop 软件后，执行"文件"｜"打开"命令，弹出"打开"对话框，选择本书配套光盘中的"第4章\4.6\马路.jpg"文件，单击"打开"按钮，如图4-39所示。

图4-39 打开文件

步骤02 单击工具箱中的"矩形选框工具" ，拖动鼠标创建选区，如图4-40所示。

图4-40 创建选区

> **提示**
>
> 单击一侧定界框中间的控制点，拖动鼠标可拉长或者压扁选区；拖动边界框边缘控制点可缩放选区（按Shift键可进行等比缩放），按Ctrl键拖动一侧定界框中间的控制点，可将选区进行斜切；按Ctrl键拖动边界框边缘的控制点，可将选区进行扭曲；按Ctrl+Shift+Alt组合键拖动鼠标，可将选区进行透视扭曲。

步骤03 执行"选择"｜"变换选区"命令，按Ctrl键拖动边界框边缘的控制点，将控制点拖动到马路边缘处，如图4-41所示。

图4-41 变换选区

步骤04 按Enter键确定，如图4-42所示。

图4-42 确定选区

--- ⚲ 技巧 ---

　　进行选区变换操作的时候，如对选区不满意可按
Esc键放弃修改，选区将会恢复到变换前的状态。

步骤05 按Ctrl+J组合键，创建选区图层，道路抠图完
成，如图4-43所示。

图4-43 创建选区图层

步骤06 重复上述操作方法，继续抠取左边的道路，如
图4-44所示。

图4-44 最终效果

4.6.2 调整边缘的用法

　　调整边缘就是对选区进行平滑、羽化、扩展和
收缩等处理，还能有效识别透明区域、毛发等
细节。

　　分析素材：本实例要学习的是调整边缘的用
法，给出的素材是两条狗狗，狗狗的毛发比较细，一
般抠图工具是抠不出来的，需要使用调整边缘工具来
进行编辑。调整边缘工具能将这种细的毛发识别。

步骤01 启动Photoshop 软件后，执行"文件"|"打
开"命令，弹出"打开"对话框，选择本书配套光盘
中的"第4章\4.6\狗狗.jpg"文件，单击"打开"按
钮，如图4-45所示。

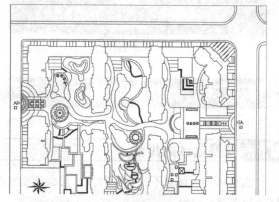

图4-45 打开文件

步骤02 单击工具箱中的"快速选择工具" 🖌️，在狗狗
身上拖动鼠标，如图4-46所示。

图4-46 载入选区

步骤03 执行"选择"|"调整边缘"命令，弹出调整边缘
对话框，如图4-47所示。

步骤04 单击"调整边缘"面板，单击"视图模式"，在
视图下拉菜单中，选择"黑底"，如图4-48所示。

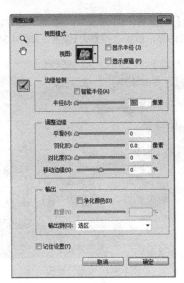

图4-47 "调整边缘"面板

图4-49 调整半径

步骤06 涂抹完毕后，单击"调整边缘"面板里的"输出到"选项，并将其设置为"新建图层"，如图4-50所示。

图4-50 设置输出选项

图4-48 切换"视图模式"

步骤07 单击"确定"按钮，单击"背景"图层，单击图层面板底部的"新建图层"按钮 ⬛，新建一个图层，将前景色设置为蓝色，按Alt+Delete组合键填充前景色，以便观察抠取的图像背景是否清除干净，效果如图4-51所示。

─── ⓘ 提示 ───

　　视图模式总共有7种模式：闪烁虚线、叠加、黑底、白底、黑白、背景图层和显示图层。闪烁虚线：具有闪烁边界的标准选区，在羽化的边缘选区上，边界将会围绕被选中50%以上的像素；叠加：可在快速蒙版状态下查看选区；黑底：可在黑色背景状态下查看选区；白底：可在白色背景状态下查看选区；黑白：可预览用于定义选区的通道图像；背景图层：可将选区放在"背景"图层上观察；显示图层：可查看整个图层，但不显示选区。按F键循环切换视图，按X键暂时停用所有视图。

步骤05 单击"调整半径工具" ✐，在狗狗的边缘进行涂抹，如图4-49所示。

图4-51 最终效果

4.7 处理杂边

抠图完成后一般都会遇到一些杂边问题。有杂边问题的图像运用在效果图中，会显得画面非常的不真实，那么就要对杂边进行处理，可执行修边去边、移去黑色杂边和移去白色杂边命令来解决杂边问题。

分析素材：本实例要学习的是杂边的去除，实例给出的素材是自行车。自行车的颜色多样，首先可以用快速选择工具把自行车抠取出来，快速选择工具能够快速选择多个颜色相似的区域。然后就是对边缘的白边进行去边处理。

步骤01 启动Photoshop 软件后，执行"文件"|"打开"命令，弹出"打开"对话框，选择本书配套光盘中的"第4章\4.7\单车.jpg"文件，单击"打开"按钮，如图4-52所示。

图4-52 打开文件

步骤02 单击工具箱中的"快速选择工具"按钮 ，将自行车载入选区，如图4-53所示。

图4-53 载入选区

步骤03 执行"选择"|"修改"|"收缩"命令，弹出"收缩选区"对话框，设置收缩量为1像素，如图4-54所示。

图4-54 "收缩"面板

步骤04 单击"确定"按钮，关闭对话框，按Ctrl+J组合键，复制选区图层，关闭原图层，效果如图4-55所示。

图4-55 图像效果

步骤05 单击"背景"图层，单击图层面板底部的"新建图层"按钮，新建一个图层，将前景色设置为较深的蓝色，按Alt+Delete快捷键填充前景色，以便观察抠取的图像背景是否清除干净，如图4-56所示。

图4-56 填充背景

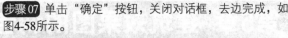

步骤06 从图像中可以看出还有很多杂边，执行"图层"|"修边"|"去边"命令，弹出"修边"对话框，设置宽度为1像素，如图4-57所示。

步骤07 单击"确定"按钮，关闭对话框，去边完成，如图4-58所示。

图4-57 去边

图4-58 最终效果

第5章 建筑效果图的调色技法

在建筑效果图后期处理过程中，配景素材和建筑不可能每次都刚好符合场景氛围，所以，控制整个画面的色彩是很重要的，要使配景素材和建筑更加融入场景中。不同的明暗程度、色调冷暖和颜色纯度给人的感受都是不一样的，烘托出的氛围也是不一样的。为了让画面更加协调需要进行颜色调整，也就是运用Photoshop中的图像调整命令来对图像进行颜色调整。

制作效果图时，色彩的运用原则如下。

首先，确定效果图的主色调，这就像音乐的主旋律一样，主导整个作品的艺术氛围。其次，处理好统一与变化的关系。主色调强调了色彩风格的统一，但是通篇都使用一种颜色，就使作品失去了活力，表现出的情感也过于单一、死板。所以要在统一的基础上求变，力求表现出建筑的韵律感、节奏感。最后，处理好色彩与空间的关系。由于色彩能够影响物体的大小、远近等物理属性的视觉感观，因此，利用这种特性可以在一定程度上改变建筑空间的大小、比例和透视等视觉效果。

5.1 色阶命令的使用

可以使用"色阶"命令调整图像的阴影、中间调和高光的强度级别，调整图像的色彩范围和色彩平衡，从而校正图像的色调范围和色彩平衡。"色阶"直方图用作调整图像基本色调的直观参考，在进行调整时，色阶命令可以对整个图像或者图像的某一区域、某一图层以及单个色彩通道进行调整。在建筑效果图后期处理中，当画面有明暗问题时，便可用该命令进行调整。

分析素材：本案例学习的是色阶调整在建筑效果图中的运用，案例给出的素材是客厅效果图。从素材中可以看出效果图显得很暗，对比度不够，接下来讲解如何运用色阶命令来进行调整。

步骤01 启动Photoshop软件后，执行"文件"|"打开"命令，弹出"打开"对话框，选择本书配套光盘中的"第5章\5.1\客厅效果.jpg"文件，单击"打开"按钮，如图5-1所示。

图5-1 打开文件

步骤02 执行"图像"|"调整"|"色阶"命令，弹出"色阶"对话框，如图5-2所示。

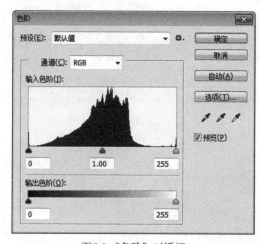
图5-2 "色阶"对话框

—— 技巧 ——

按Ctrl+L组合键，打开"色阶"对话框，调整色阶，可以通过滑块向两侧移动，或直接在对话框里设置参数。

步骤03 单击"色阶"对话框，使用鼠标将阴影滑块向右侧移动，将高光滑块向左侧移动，增加对比度，效果如图5-3所示。

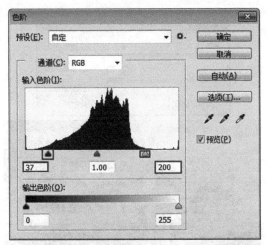

图5-3 色阶调整

步骤04 单击"色阶"对话框，使用鼠标将中间调滑块向左侧移动，增加亮度，效果如图5-4所示。

ℹ 提示

输入色阶是通过把图像中最暗的像素变得更暗、把最亮的像素变得更亮的方法来修改图像的对比度。输出色阶是指缩小图像高密度的范围，方法是使最暗的像素变亮，使最亮的像素变暗。色阶命令其实是对图像的高光色调、中间色调和阴影色调所占比例的调整来调整图像的整体效果。还可以调整图像的高光色调和阴影色调。

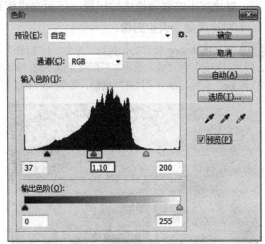

图5-4 最终效果

5.2 亮度/对比度命令的使用

使用亮度/对比度命令，可以对图像的色调范围进行简单的调整。将亮度滑块向右移动会增加色调值并扩展图像高光，而将亮度滑块向左移动会减少数值并扩展阴影。对比度滑块可扩展或收缩图像中色调值的总体范围。它不能对单一通道作调整，也不能像色阶命令一样对图像细部进行调整，只能很简单，直观地对图像作较粗略的调整，特别是对亮度和对比度差异相对悬殊的图像，使用起来比较方便，在建筑效果图中可以使用它来调整整体的亮度以及对比度。

分析素材：本案例学习的是亮度/对比度命令在建筑效果图当中的运用，案例给出的素材是建筑夜景的效果图。从素材中可以看出来效果图比较暗，亮度、对比度不够强，衬托不出来建筑的立体感，没有体现出夜景的灯光效果，这是典型的由于亮度、对比度不够强而造成的问题，下面来讲解运用亮度/对比度命令调整图像。

步骤01 启动Photoshop软件后，执行"文件"|"打开"命令，弹出"打开"对话框，选择本书配套光盘中的"第5章\5.2\夜景.jpg"文件，单击"打开"按钮，如图5-5所示。

图5-5 打开文件

步骤02 执行"图像"|"调整"|"亮度/对比度"命令，弹出"亮度/对比度"对话框，如图5-6所示。

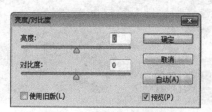

图5-6 "亮度/对比度"对话框

步骤03 单击"亮度/对比度"对话框，用鼠标将亮度滑块向右侧移动或者直接输入参数，增加亮度，单击"确定"按钮，效果如图5-7所示。

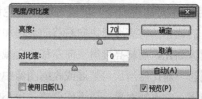

图5-7 增加亮度

步骤04 单击"亮度/对比度"对话框，将对比度滑块向右侧移动，增加对比度，单击"确定"按钮，效果如图5-8所示。

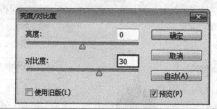

图5-8 增加对比度

ℹ 提示

在调整"亮度/对比度"的时候，当参数为负值时，就是减少亮度或对比度，当参数为正值时，就是增加亮度或对比度。

5.3 色彩平衡命令的使用

色彩平衡是图像处理软件Photoshop中一个重要的功能。通过对图像的色彩平衡处理，可以校正图像色偏、过饱或饱和度不足的情况，也可以根据自己的喜好和制作需要，调制需要的色彩，更好地完成画面效果。色彩平衡命令可以用来控制图像的颜色分布，使图像达到色彩平衡的效果。要减少某个颜色，就增加这种颜色的补色。色彩平衡命令计算速度快，适合调整较大的图像文件。

分析素材：本案例学习的是色彩平衡命令在建筑效果图中的运用，案例给出的素材图像显得青色过重，色彩非常不协调，此时可以使用色彩平衡命令来去掉画面的青色以及调整整体画面的色调，达到一种看上去很舒服的感觉。

步骤01 启动Photoshop 软件后，执行"文件"|"打开"命令，弹出"打开"对话框，选择本书配套光盘中"第5章\5.3\度假山庄.jpg"文件，单击"打开"按钮，如图5-9所示。

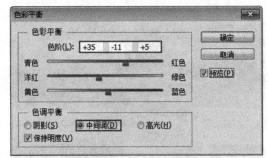

图5-9 打开图像

步骤02 执行"图像"|"调整"|"色彩平衡"命令，弹出"色彩平衡"对话框，如图5-10所示。

图5-11 色彩平衡

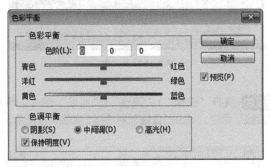

图5-10 "色彩平衡"对话框

> **技巧**
>
> 按Ctrl+B组合键，打开"色彩平衡"对话框。

步骤03 单击"色彩平衡"对话框，选择"中间调"按钮，设置相应的参数，单击"确定"按钮，效果如图5-11所示。

步骤04 按Ctrl+B组合键，执行"色彩平衡"命令，打开"色彩平衡"对话框，选择"高光"按钮，设置相应参数，单击"确定"按钮，效果如图5-12所示。

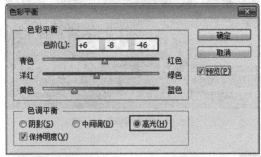

图5-12 色彩平衡

步骤05 单击工具箱中的"多边形套索工具"按钮 ，将树木的受光区域进行抠取，按Shift+F6组合键，执行羽化命令，设置羽化半径为10像素，如图5-13所示。

图5-13 羽化选区

整，同样可以调整图像的整个色彩范围，是一个常用的色调调整命令，其功能与色阶命令相似，但最大的区别是曲线命令调整更为精确、细致。在建筑效果图中有细节需要处理，可用该命令来进行调整。

分析素材：本案例学习的是曲线命令在建筑效果图中的运用，案例给出的素材是客厅效果图，从素材中可以看到图像整体对比度不够，下面来讲解利用曲线来调整整个画面的对比度。

步骤01 启动Photoshop 软件后，执行"文件"|"打开"命令，弹出"打开"对话框，选择本书配套光盘中"第5章\5.4\客厅.jpg"文件，单击"打开"按钮，如图5-16所示。

步骤06 单击"确定"按钮，执行"图像"|"调整"|"色彩平衡"命令，执行"色彩平衡"命令，弹出"色彩平衡"对话框，设置相应参数，如图5-14所示。

图5-14 "色彩平衡"对话框

图5-16 打开文件

步骤02 执行"图像"|"调整"|"曲线"命令，执行"曲线"命令，弹出"曲线"对话框，如图5-17所示。

步骤07 单击"确定"按钮，最终效果如图5-15所示。

图5-15 最终效果

5.4 曲线命令的使用

曲线是在忠于原图的基础上对图像做一些调

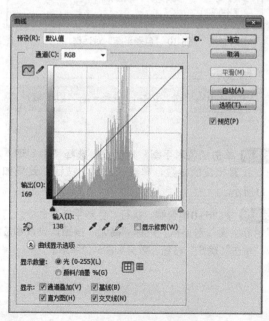

图5-17 "曲线"对话框

— 💡 技巧 —

按Ctrl+M组合键,打开"曲线"对话框,曲线调整就是通过调整曲线的形状来调整图像的亮度、对比度和色彩等。调整曲线时,首先在曲线上单击,然后拖动便可改变曲线的状态。当曲线向左上角弯曲时,图像变亮;当曲线向右上角弯曲时,图像变暗。

步骤03 在弹出的"曲线"对话框中,拖曳改变曲线的形状,增加对比度,效果如图5-18所示。

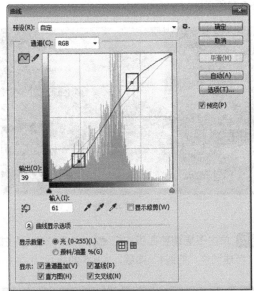

图5-18 "曲线"调整图层

— 💡 技巧 —

若在节点上按住鼠标,即可移动曲线;如果单击曲线后释放鼠标,则该点就被锁定,这时在曲线其他部分移动曲线时,该点是不会动的;要同时选中多个节点,按住Shift键分别单击所需节点;如果删除节点,可以在选择节点后将节点拖至坐标区域外,或按住Ctrl键后单击要删除的节点;要移动节点的位置,可在选中节点后用鼠标或4个方向键进行拖动。

5.5 色相/饱和度的调整

色相/饱和度命令主要用于改变图像像素的色相、饱和度和亮度,还可以通过定义像素的色相及饱和度,实现灰度图像上色的功能,或制作单色调效果。在建筑效果图后期制作中,当遇到有色相和饱和度问题时,可以使用该命令进行调整。

分析素材:本案例学习的是色相/饱和度命令在建筑效果图中的运用,案例给出的素材是居民小区的效果图。从效果图中可以看出整个图像色彩偏向不明确,色彩饱和度不够,此时可以利用色相/饱和度命令来解决这两大问题。

步骤01 启动Photoshop 软件后,执行"文件"｜"打开"命令,弹出"打开"对话框,选择本书配套光盘中的"第5章\5.5\居民小区.jpg"文件,单击"打开"按钮,如图5-19所示。

图5-19 打开文件

步骤02 执行"图像"｜"调整"｜"色相/饱和度"命令,弹出"色相/饱和度"对话框,如图5-20所示。

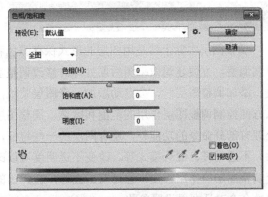

图5-20 "色相/饱和度"对话框

步骤 03 单击"色相/饱和度"对话框，将色相滑块向左侧移动，降低色相，将饱和度滑块向右侧移动，增加饱和度，单击"确定"按钮，图像效果如图5-21所示。

图5-21 最终效果

5.6 调整图层的使用

调整图层实际上就是用图层的形式保存颜色和色调调整，方便建筑效果图后期处理时修改调整参数。添加调整图层时，会自动添加一个图层蒙版，以方便控制调整图层作用的范围和区域。调整图层处理有部分命令的功能外，还有图层的一些特征，如：不透明度、混合模式等。改变不透明度可以改变调整图层的作用程度，也可双击图标，在弹出的调整命令对话框里设置参数。

分析素材：本案例学习的是调整图层在建筑效果图中的运用，案例给出的素材是住宅小区的效果图。从效果图中可以看出画面整体效果偏暗，色调不明确，此时可以执行曲线和亮度/对比度命令来增强画面的明暗对比度，执行色相/饱和度命令来增强画面的色调，执行色彩平衡命令做最后的调整。

步骤 01 启动Photoshop 软件后，执行"文件"|"打开"命令，弹出"打开"对话框，选择本书配套光盘中的"第5章\5.6\藕池佳苑.jpg"文件，单击"打开"按钮，如图5-22所示。

图5-22 打开文件

步骤 02 单击图层调整面板按钮 ◉，单击"曲线"按钮 📈，新建调整"曲线1"图层，如图5-23所示。

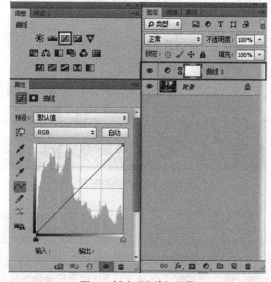

图5-23 新建"曲线"图层

步骤03 单击"曲线"对话框，在曲线上选择一个控制点并向上拖动鼠标，增加图像的亮度，效果如图5-24所示。

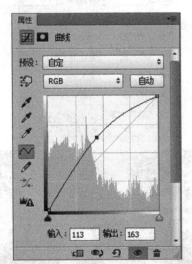

图5-24 调整"曲线"

步骤04 单击"亮度/对比度"按钮，新建调整"亮度/对比度1"图层，如图5-25所示。

图5-25 新建"亮度/对比度"图层

步骤05 单击"亮度/对比度"对话框，将亮度滑块向右侧移动，增加亮度，将对比度滑块向右侧移动，增加对比度，效果如图5-26所示。

图5-26 增强亮度/对比度

步骤06 单击"色相/饱和度"按钮，新建调整"色相/饱和度1"图层，如图5-27所示。

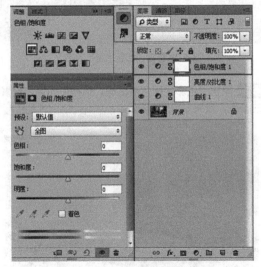

图5-27 新建"色相/饱和度"图层

步骤07 单击"色相/饱和度"对话框，将色相滑块向右侧移动，将饱和度滑块像左侧移动，降低饱和度，效果如图5-28所示。

图5-28 设置"色相/饱和度"

步骤08 单击"色彩平衡"按钮🎨，新建调整"色彩平衡1"图层，如图5-29所示。

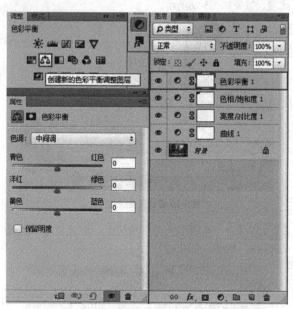

图5-29 新建"色彩平衡"图层

步骤09 单击"色彩平衡"对话框，选择中间调，设置相应的参数，效果如图5-30所示。

图5-30 设置"色彩平衡"

步骤10 单击图层面板，更改"混合模式"为"颜色"，"不透明度"为86%，效果如图5-31所示。

> **ℹ 提示**
>
> 使用调整图层来调整图像颜色和色调，不会破坏原图像，并且可以随时根据需要修改调整参数和作用范围，控制方便且灵活。

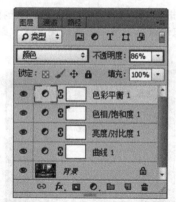

图5-31 最终效果

5.7 其他调整工具和命令

在建筑效果图后期处理中，除了有常用的调整工具：色阶、亮度/对比度、色彩平衡、曲线调整、色相/饱和度之外，还有一些偶尔用到的工具，如照片滤镜、自然饱和度和可选颜色等。

1. 照片滤镜的使用

照片滤镜命令是通过颜色的冷、暖色调来调整图像的，使用该命令可以选择预设的颜色，从而快速地进行色相调整，还可以通过"颜色"选项后的色块来指定颜色。

分析素材：本案例学习的是照片滤镜在建筑效果图中的运用，案例给出的素材是湖边的夜景。从效果图中可以看出整个图像偏冷色，需要增加一些暖色使画面冷暖协调，照片滤镜可以进行指定颜色的暖色调整。

步骤01 启动Photoshop 软件后，执行"文件"|"打开"命令，弹出"打开"对话框，选择本书配套光盘中的"第5章\5.7\湖边夜景.jpg"文件，单击"打开"按钮，如图5-32所示。

图5-32 打开文件

步骤02 执行"图像"|"调整"|"照片滤镜"命令，弹出"照片滤镜"对话框，如图5-33所示。

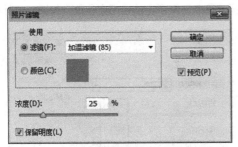

图5-33 "照片滤镜"对话框

步骤03 单击滤镜下拉菜单选择黄色选项，设置浓度为59%，单击"确定"按钮，效果如图5-34所示。

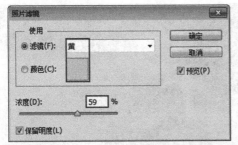

图5-34 最终效果

2. 自然饱和度

使用自然饱和度命令可以调整出图像自然的颜色饱和度，保证原有饱和度的总体基调不变，并在此基础上最大限度调整照片的色调，并且还可以在增加图像饱和度的同时有效控制颜色过于饱和而出现的溢色现象。

分析素材：本案例学习的是自然饱和度在建筑效果图中的运用，案例给出的素材是高档公寓住宅夜景效果图。图像中的建筑色相饱和度不够，使得建筑偏灰色，需要用自然饱和度来微调。

步骤01 启动Photoshop软件后，执行"文件"|"打开"命令，弹出"打开"对话框，选择本书配套光盘中的"第5章\5.7\都市华庭.jpg"文件，单击"打开"按钮，如图5-35所示。

图5-35 打开文件

步骤02 执行"图像"|"调整"|"自然饱和度"命令，弹出"自然饱和度"对话框，如图5-36所示。

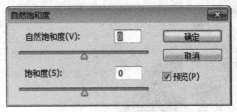

图5-36 "自然饱和度"对话框

步骤03 单击"自然饱和度"对话框，设置自然饱和度为68，饱和度37，效果如图5-37所示。

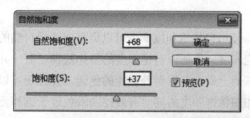

图5-37 最终效果

3. 可选颜色的使用

可选颜色命令可以有选择性地修改图像中所选颜色的浓度，而不会影响主要颜色，但是该命令不能对单个通道的图像进行调整。

分析素材：本案例学习的是可选颜色在建筑效果图中的运用，案例给出的素材是一座桥的夜景。从素材中可以看出天空不够蓝，而可选颜色命令就是针对某一个颜色进行调整，因此可以用可选颜色来调整天空的颜色。

步骤01 启动Photoshop 软件后，执行"文件"I"打开"命令，弹出"打开"对话框，选择本书配套光盘中的"第5章\5.7桥.jpg"文件，单击"打开"按钮，如图5-38所示。

图5-38 打开文件

步骤02 执行"图像"I"调整"I"可选颜色"命令，弹出"可选颜色"对话框，如图5-39所示。

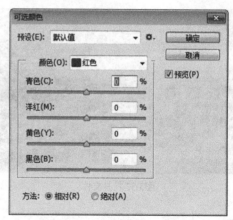

图5-39 "可选颜色"对话框

步骤03 单击"可选颜色"对话框，在"颜色"下拉列表中选择"蓝色"选项，设置相应参数，如图5-40所示。

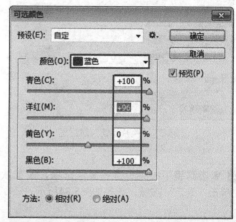

图5-40 最终效果

❶ 提示

"可选颜色"对话框里的颜色下拉列表中有红色、黄色、绿色、青色、蓝色、洋红、白色、中性色和黑色九个颜色，这九个颜色包含了每张图像中的所有颜色，所以，图像中的每个颜色都可以在颜色下拉列表中找到并进行调整。

第6章 建筑效果图编辑与修复技法

在建筑效果图后期处理过程中，还会用到Photoshop 中的各种工具，如橡皮擦工具、加深工具、减淡工具、图章工具和修复工具等，通过这些工具对效果图进行一些细节上的编辑和修复。

6.1 完善建筑效果图

在建筑效果图后期处理的时候，不管是建筑本身还是配景，都需要进行完善，使之协调，包括使用各种工具、景观建筑，用写实的手法，通过图形的方式进行传递等方式。所谓效果图就是在建筑、装饰施工之前，通过施工图纸，把施工后的实际效果用逼真和直观的视图表现出来，让大家能够一目了然地看到施工后的效果。

图6-1 打开文件

6.1.1 橡皮擦工具的使用

橡皮擦工具又称为"橡皮工具"，它的主要作用是可以设置不透明度来擦除当前图层的图像。效果图后期处理添加配景时，加入的配景如果边界太过清楚，配景与效果图的衔接就会显得生硬，这里可以用橡皮擦工具对配景的边缘进行修饰，使配景的边缘和其他配景衔接的更自然些。

1. 橡皮擦工具

分析素材：本案例学习的是橡皮擦工具在建筑效果图中的运用，案例给出的素材是公园的效果图。效果图中公园背景处的山体与天空的衔接没有虚实关系，画面需要讲究"近实远虚"的原则，所以，需要用橡皮擦工具来将后面那座山体与天空衔接自然。

步骤01 启动Photoshop 软件后，执行"文件"|"打开"命令，弹出"打开"对话框，选择本书配套光盘中的"第6章\6.1\6.1.1\公园.jpg"文件，单击"打开"按钮，如图6-1所示。

步骤02 单击工具箱中的"橡皮擦工具"按钮，单击鼠标右键，弹出"画笔预设"面板，设置画笔的大小，如图6-2所示。

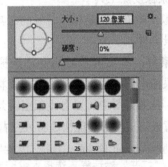

图6-2 设置画笔大小

步骤03 单击工具选项栏，设置模式为画笔，设置不透明度为10%，在配景山体边界位置进行擦除，如图6-3所示。

图6-3 擦除边界

步骤04 反复擦除配景边界，将远景的山体做出模糊效果，如图6-4所示。

图6-4 最终效果

💡 技巧

设置画笔的大小，可以按1键，来设置画笔的不透明度为10%。

2. 背景橡皮擦工具

背景橡皮擦工具就是擦除背景的工具，可以用来抠取配景素材。

分析素材： 本案例学习的是背景橡皮擦工具在建筑效果图中的运用，案例给出的素材是办公楼的效果图。从效果图中可以看出天空背景为蓝色渐变，利用背景橡皮擦工具能快速将天空背景去掉。

步骤01 启动**Photoshop** 软件后，执行"文件"|"打开"命令，弹出"打开"对话框，选择本书配套光盘中的"第6章\6.1\6.1.1\办公楼.jpg"文件，单击"打开"按钮，如图6-5所示。

步骤02 单击工具箱中的"背景橡皮擦工具"按钮，单击鼠标右键，弹出"笔刷"面板，设置间距为10%，如图6-6所示。

图6-5 打开文件

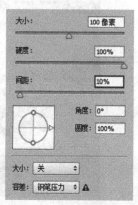

图6-6 设置"间距"

步骤03 单击工具箱选项栏，设置限制为查找边缘，容差为50%，单击左键沿着建筑的外轮廓拖动鼠标，如图6-7所示。

步骤04 沿着建筑边缘拖动完毕后，如图6-8所示。

图6-7 沿轮廓拖动鼠标　　　　　图6-8 拖动完毕

步骤05 单击工具箱中"多边形套索工具"，将建筑的轮廓圈起来，单击鼠标右键，在弹出的快捷菜单中选择"通过剪切的图层"选项，或者按Ctrl+J组合键，复制图层，如图6-9所示。

步骤06 按Ctrl+Shift+N组合键，新建图层，填充一个白色的背景色，最终效果如图6-10所示。

图6-9 "通过剪切的图层"　　　　图6-10 最终效果

6.1.2 加深和减淡工具

加深工具和减淡工具可以轻松的调整图像局部的明暗，加深工具可以降低图像的亮度，通过加暗来校正图像的曝光度，减淡工具通过提高图像的亮度来校正曝光度。

分析素材： 本案例学习的是加深工具和减淡工具在建筑效果图中的运用，案例给出的素材是街道夜景的效果图。图中的天空过于亮，街道过于暗，需要加深工具将天空加深、减淡工具将街道减淡。

该工具针对局部调整较方便快捷。

步骤01 启动Photoshop 软件后，执行"文件"|"打开"命令，弹出"打开"对话框，选择本书配套光盘中"第6章\6.1\6.1.2\树木素材.jpg"文件，单击"打开"按钮，如图6-11所示。

图6-11 打开文件

步骤02 单击工具箱中的"加深工具"按钮，单击工具选项栏，设置相应的参数，将树木暗面进行涂抹，加深树木的暗面区域，效果如图6-12所示。

图6-12 加深暗面

步骤03 单击工具箱中的"减淡工具"按钮，单击工具选项栏，设置相应的参数，对树木的受光区域进行涂抹，增加树木的体积感，效果如图6-13所示。

图6-13 提亮受光面

6.1.3 修复工具的使用

修复工具包括修复画笔工具、修补工具和污点修复画笔工具，与仿制图章工具的区别在于修复工具除了复制图像外，还会自动调整原图像的颜色和明度，同时虚化边界，使复制图像和原图像无缝融合，不留痕迹。修复画笔工具和仿制图章工具用法基本相同，本节重点学习修补工具的用法。

分析素材：本案例学习的是修补工具在建筑效果图中的运用，案例给出的素材是海上的风景。若需要将图中海上的船只去掉或复制，可以利用修补工具来解决，它复制的图像与原图能自然融合。

步骤01 启动Photoshop 软件后，执行"文件"|"打开"命令，弹出"打开"对话框，选择本书配套光盘中的"第6章\6.1\6.1.3\海上风景.jpg"文件，单击"打开"按钮，如图6-14所示。

图6-14 打开文件

步骤02 单击工具箱中的"修补工具"按钮，单击工具箱选项栏，设置为源，按住鼠标左键，在船的周围拖动，如图6-15所示。

图6-15 圈选船只

步骤03 按住鼠标左键将选区拖动，拖动到没有船的水面上，效果如图6-16所示。

图6-16 移动选区

步骤04 松开鼠标左键，按Ctrl+D组合键，取消选择，如图6-17所示。

图6-17 最终效果

步骤05 单击工具选项栏，将源区域设置为目标区域，将选区拖动到没有船的水面上，如图6-18所示。

图6-18 移动选区

步骤06 松开鼠标左键，按Ctrl+D组合键,取消选择，如图6-19所示。

图6-19 最终效果

6.1.4 图章工具的使用

图章工具是常用的修饰工具之一，主要用于复制图像，以修补局部图像的不足，图章工具包括仿制图章工具和图案图章工具两种，在建筑表现中使用的较多的是仿制图章工具。

分析素材：本案例学习的是图章工具在建筑效果图中的运用，案例给出的素材是高尔夫球场，需要把人物去掉，人物所在的是一块草地，可以利用图章工具取样人物旁边的草地，用草地遮盖住人物。

步骤01 启动Photoshop 软件后，执行"文件"|"打开"命令，弹出"打开"对话框，选择本书配套光盘中的"第6章\6.1\6.1.4\高尔夫球场.jpg"文件，单击"打开"按钮，如图6-20所示。

图6-20 打开文件

步骤02 单击工具箱中的"仿制图章工具"按钮，单击鼠标右键，弹出"画笔预设"面板，设置大小为70像素，如图6-21所示。

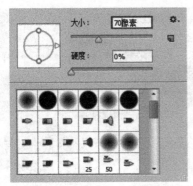

图6-21 "画笔预设"面板

步骤03 按Alt键在人物周围的草地上单击取样，然后移动光标至人物的图像上拖动鼠标，取样图像会被复制到当前位置，如图6-22所示。

图6-22 修复图像

步骤04 最终效果如图6-23所示。

图6-23 最终效果

ℹ 提示

在拖动鼠标的过程中，取样点以"+"形状进行标记，也会发生移动，但取样点和复制图像位置的相对距离始终保持不变。

6.2 修复建筑效果图的缺陷

在制作效果图前期，也就是在3ds Max中感觉效果图场景的造型、材质和灯光等都已经很完美了，但是，当输出效果图后会发现有很多缺陷，如：效果图的模型有缺陷、材质有错误、光照不够理想和构图不合理等，这些错误如果再返回3ds Max中去修改重新渲染，那么又费时间又费精力，此时就可以使用Photoshop 快速的解决这些问题。本章将对效果图处理过程中缺陷的补救方法进行详细讲解。

6.2.1 模型缺陷修复技法

有时在3ds Max中处理场景觉得已经完美无缺了，但是，当效果图渲染输出之后，在后期的过程中才发现有的地方建模时没有对齐或没有放置正确的位置，导致渲染图有的地方不正确，大的问题需要回到3ds Max中进行调整后再重新输出，而有些不是很严重的建模错误可以直接用Photoshop 进行修改。

分析素材：本案例学习的是修补效果图的模型缺陷，案例给出的素材是客厅效果图。从效果图中可以发现图中有两处模型错误，第一处是书架上的书是属于悬空，不符合实际；第二个错误是建模时点没有对齐，渲染输出的时候就会出现这种黑斑，下面讲解这两种模型错误的修复方案。

步骤01 启动Photoshop CC软件后，执行"文件"|"打开"命令，弹出"打开"对话框，选择本书配套光盘中的"第6章\6.2\6.2.1\模型错误.jpg"文件，单击"打开"按钮，如图6-24所示。

图6-24 打开文件

步骤 02 处理模型位置错误。单击工具箱中的"多边形套索工具"按钮 ，抠取悬空的书本区域，将书本载入选区，如图6-25所示。

图6-25 创建选区

步骤 03 按Ctrl+T组合键，进入"自由变换"模式，调整合适的大小，使书本合理的放置于书架上面，如图6-26所示。

图6-26 自由变换

步骤 04 按Ctrl+D组合键，取消选区，效果如图6-27所示。

图6-27 调整模型

步骤 05 处理建模错误。单击工具箱中的"多边形套索工具"按钮 ，抠取没有损坏的书柜侧面区域，如图6-28所示。

图6-28 创建选区

步骤 06 按Ctrl+J组合键，复制图层，按V键切换"移动工具"按钮 ，将其移动至损坏的区域，进行修补，按Ctrl+T组合键，进入"自由变换"模式，调整合适的大小和位置，效果如图6-29所示。

图6-29 移动选区

步骤 07 执行"图像"|"调整"|"色阶"命令，弹出"色阶"对话框，设置相应参数，如图6-30所示。

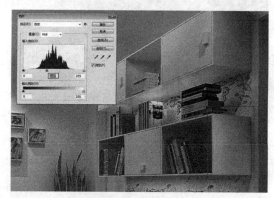

图6-30 "色阶"调整

步骤 08 单击"确定"按钮，模型错误修复完成，效果如图6-31所示。

图6-31 最终效果

6.2.2 材质缺陷修复技法

在3ds Max中制作效果图的时候，除了处理建模、灯光设置外，还有一个很重要的环节，那就是材质的调配。材质的调配是一个非常繁杂的过程，只有为建筑模型调配好最理想的材质，才能使建筑的质感更加真实，也才能逼真地表现出建筑本身所持有的肌理效果。当前期制作出现材质错误的时候，可以通过Photoshop软件进行后期处理，但是，假如出现较大面积的材质错误，在后期处理没有办法修复的情况在下，那么，只能返回3ds Max去修改了。

分析素材：本案例学习的是修补效果图的材质缺陷，案例给出的素材是会议室效果图。从效果图中可以看出壁画的风格和会议室整体风格不协调，画中的内容是属于家装素材的，而会议室属于工装。

步骤01 启动Photoshop 软件后，执行"文件"Ⅰ"打开"命令，弹出"打开"对话框，选择本书配套光盘中的"第6章\6.2\6.2.2材质缺陷.jpg"文件，单击"打开"按钮，如图6-32 所示。

图6-32 打开文件

步骤02 按Ctrl+O组合键，打开"修复材质.jpg"素材图像，如图6-33所示。

图6-33 修复材质

步骤03 将修复素材移动至当前操作窗口，按Ctrl+T组合键，进入"自由变换"模式，如图6-34所示。

图6-34 添加材质

步骤04 按住Ctrl键，单击控制点移动进行透视变形，效果如图6-35所示。

图6-35 透视变形

步骤05 按Enter键确定，进行处理细节，单击工具箱中的"多边形套索工具"按钮，将遮挡盆栽的壁画区域进行抠取，然后按Delete键，进行删除，效果如图6-36所示。

步骤06 单击图层面板底部的"新建新图层"按钮，新建图层，设置前景色为"#f9c988"，单击工具箱中的"矩形选框工具"按钮，单击工具箱中的"渐变工具"按钮，按住Shift键在矩形选框中从上而下进行短距拉伸渐变，效果如图6-37所示。

图6-36 删除多余区域

图6-39 更改"混合模式"

图6-37 制作光线

图6-40 "色彩平衡"调整

步骤07 按Ctrl+T组合键，进入"自由变换"模式，进行透视变形，效果如图6-38所示。

步骤10 单击"确定"按钮，最终效果如图6-41所示。

图6-38 调整光线

图6-41 最终效果

步骤08 更改"混合模式"为"滤色"，"不透明度"为70%，效果如图6-39所示。

步骤09 使用同样的方法制作下面的光线，更改"不透明度"为35%，选择光线和壁画素材图层，按Ctrl+E组合键，合并图层，按Ctrl+B组合键，执行"色彩平衡"命令，弹出"色彩平衡"对话框，设置相应参数，如图6-40所示。

6.2.3 灯光缺陷修复技法

在3ds Max中制作效果图的时候，灯光的创建和处理也很重要，场景中的任何造型都需要光照才能体现其体积感和质感，所以，灯光在一幅成功的效果图中占了很重要地位，因为，它直接影响效果图的最终效果。所以，对于效果图来说，最佳的灯光效果不仅可以为效果图中各种造型、质感的场景的体现起到推动作用，还可以恰当地营造出场景环境氛围。

分析素材：本案例学习的是修补效果图的灯光缺陷，案例给出的素材是酒店包厢。从效果图可以看出，在吊顶处有两处灯光遗漏，还有就是电视背景墙也有一处遗漏，下面讲解一下补救方法。

步骤01 启动Photoshop软件后，执行"文件"|"打开"命令，弹出"打开"对话框，选择本书配套光盘中的"第6章\6.2\6.2.3\灯光缺陷.jpg"文件，单击"打开"按钮，如图6-42所示。

图6-42 打开文件

步骤02 单击图层面板底部的"新建新图层"按钮 ，新建图层，将其命名为"灯光"，单击工具箱中的"矩形选框工具"按钮 ，单击工具箱中的"渐变工具"按钮 ，设置前景色为"#f6e7a0"，按住Shift键在矩形选框中从下而上进行短距拉伸渐变，如图6-43所示。

图6-43 制作渐变

步骤03 按Ctrl+T组合键，进入"自由变换"模式，按住Ctrl键进行透视变形，效果如图6-44所示。

图6-44 透视变形

步骤04 设置"材质通道"为当前图层，单击工具箱中的"魔棒工具"按钮 ，选取吊灯区域，如图6-45所示。

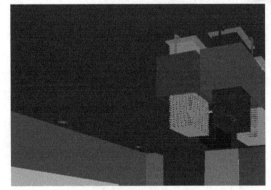

图6-45 材质通道

步骤05 按Ctrl+Shift+I组合键，进行反选，切换至"灯光"图层，单击图层面板底部的"添加图层蒙版"按钮 ，添加图层蒙版，效果如图6-46所示。

图6-46 添加图层蒙版

步骤06 使用同样的方法继续添加吊灯上所缺的灯光，添加完成后，效果如图6-47所示。

图6-48 制作灯光

图6-47 制作灯光

步骤07 使用同样的方法添加电视背景墙上所缺的灯光，如图6-48所示。

步骤08 最终效果如图6-49所示。

图6-49 最终效果

第7章 建筑效果图后期处理技法

在3ds Max软件中渲染输出的效果图一般只有建筑本身或带一点场景,需要经过Photoshop在后期添加一些建筑配景,才能使之完美。那么,要使表现的场景具有真实效果,就不能忽视影子、树木、草地、倒影和人物等配景的作用,这些配景虽然不是主体部分,但是可以给场景效果起到一个很好地协调作用,配景搭配的好坏,直接影响整个效果图的最终效果。

7.1 天空背景的制作技巧

一幅漂亮的效果图必然有着自然的天空和背景衬托,在添加这些内容的时候,一般要遵循的原则就是素材要贴近大自然,无论是色调还是明暗,都要与主题建筑一致,这样创建出的效果图才会更加逼真。在添加天空素材的时候,首先要考虑场景是属于复杂还是简单,简单的天空背景适用于场景较复杂的情况,复杂的天空背景适用于场景较简单的情况,这样才能保持画面的协调。

图7-1 打开文件

7.1.1 使用渐变制作天空背景

使用渐变工具制作天空背景有两种方法,下面来讲解一下操作方法。

1.方法一

案例中的场景较为复杂,可以使用渐变工具进行天空背景的制作。渐变工具制作出来的天空背景,看起来宁静、高远,干净得没有一丝杂质。

步骤01 启动Photoshop 软件后,执行"文件"|"打开"命令,弹出"打开"对话框,选择本书配套光盘中的"第7章\7.1\7.1.1\渐变天空练习.psd"文件,单击"打开"按钮,如图7-1所示。

步骤02 单击工具箱中的前景色色块,弹出"拾色器"对话框,将前景色设置为白色,天空最浅的颜色,单击背景色色块,将背景色设置为蓝色,天空最深的颜色,RGB值为R:103;G:147;B:231。

步骤03 单击工具箱中"渐变工具"按钮█,在工具选项栏中单击渐变,弹出"渐变编辑器"对话框,在色标里选择颜色,弹出"拾色器"对话框,在色标中间添加一个色标,设置 RGB值为R:162;G:198;B:250,如图7-2所示。

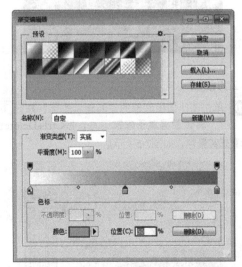

图7-2 设置"渐变"

步骤04 单击"确定"按钮,关闭"渐变编辑器"对话框,单击图层面板底部的"新建图层"按钮█,新建图层,将该图层置于建筑下方,单击工具选项栏中的"线性渐变"按钮█,拖动鼠标从左下角至右上角填充渐变,如图7-3所示。

图7-3 填充渐变

步骤05 填充渐变完成，最终效果如图7-4所示。

图7-4 最终效果

2.方法二

步骤01 单击图层面板底部的"新建新图层"按钮 ，新建图层，将该图层置于建筑下方，按**Ctrl+Delete**组合键，填充背景色，如图7-5所示。

图7-5 填充背景色

步骤02 按**D**键，恢复前/背景色默认的黑白色，单击工具箱中的"快速蒙版"按钮 ，单击工具箱中的"渐变工具"按钮 ，拖动鼠标从左下角至右上角，如图7-6所示。

图7-6 快速蒙版

步骤03 再次单击工具箱中的"快速蒙版"按钮 ，退出快速蒙版编辑模式，如图7-7所示。

图7-7 退出快速蒙版

步骤04 按**Ctrl+Shift+I**组合键，将选区进行反选，如图7-8所示。

步骤05 执行"图像"|"调整"|"亮度/对比度"命令，弹出"亮度/对比度"对话框，设置相应的参数，如图7-9所示。

图7-8 反选选区

图7-9 设置"亮度/对比度"

步骤06 单击"确定"按钮，按Ctrl+D组合键，取消选择，最终效果如图7-10所示。

图7-10 最终效果

提示
使用渐变工具制作出来的天空背景给人一种简洁、宁静的感觉，比较适合在主体建筑较复杂的场景中使用。一般光线的来源方向天空会比较亮一点。

7.1.2 合成有云朵的天空背景

合成法就是将两张或两张以上的素材进行合成处理，将其融为一体。使用合成法制作天空背景，会使天空看起来具有丰富的美感，温暖而切合人心，值得注意的是，根据建筑场景表现的季节、时间和天气的不同，选择的天空图片也应该有所不同。夜晚建筑场景，应该选择夜晚天空图片，而若建筑场景表现的是晴空万里的炎炎夏日，则应选择云彩较少的天空图片。

步骤01 启动Photoshop 软件后，执行"文件"I"打开"命令，弹出"打开"对话框，选择本书配套光盘中的"第7章\7.1\7.1.2\云朵合成练习.psd"文件，单击"打开"按钮，如图7-11所示。

图7-11 打开文件

步骤02 按Ctrl+O组合键，继续选择本书配套光盘中的"第7章\7.1\7.1.2\天空素材1.jpg"文件，单击"打开"按钮，如图7-12所示。

图7-12 天空素材1

步骤03 将"天空素材1"移动到当前操作窗口，将天空背景置于图层的底部，按Ctrl+T组合键，进入"自由变换"模式，调整天空的大小和位置，效果如图7-13所示。

图7-13 添加"天空素材1"

步骤 04 按Ctrl+O组合键，继续选择本书配套光盘中"第7章\7. 1\7.1.2\天空素材2.jpg"文件，单击"打开"按钮，如图7-14所示。

图7-14 天空素材2

步骤 05 将"天空素材2"移动到当前操作窗口，按Ctrl+T组合键，进入"自由变换"模式，调整天空大小，如图7-15所示。

图7-15 添加"天空素材2"

步骤 06 单击图层面板底部的"添加图层蒙版"按钮 ◙，给"天空素材2"图层添加图层蒙版，按D键，恢复前/背景色默认的黑白色，单击工具箱中"渐变工具"按钮 ▣，单击工具选项栏中的"线性渐变"按钮 ▣，按Shift键拖动鼠标由下往上拉伸渐变，得到效果如图7-16所示。

图7-16 最终效果

7.1.3 天空背景制作的原则

1. 根据建筑物的用途变换氛围

不同性质的建筑应表现出不同的气氛，例如居住区的建筑就应该表现出亲和、温馨的气氛，商业建筑就要有繁华、热闹、动感的气氛，办公建筑就应该表现出庄重、严肃的气氛。

图7-17所示是商业建筑场景，天空背景为较单一的蓝色渐变，给人一种晴空万里的感觉，衬托出商业街的热闹和繁华的气氛。图7-18所示是居民住宅场景，天空背景使用饱和的蓝色，表现出住宅小区的温馨和亲和。

图7-17 商业建筑

图7-18 居民住宅

2. 选择与建筑物形态匹配的天空素材

作为配景的天空背景，应与建筑物形态相协调，以突出、美化建筑，而不应喧宾夺主，以免分散注意力。若建筑物较简单，天空背景可复杂一些；若建筑物较复杂，天空背景可简单些，这样可以调整画面的协调。

结构、场景复杂的建筑宜选用简单的天空素材作为背景，如图7-19所示。图中的建筑物较复杂，那么天空背景就应该选用简单一些的，这样注意力才会集中在建筑物上面。结构、场景简单的建筑宜选用复杂的天空素材作为背景，如图7-20所示。图中的建筑物较简单，那么天空背景就要选择复杂一点的，这样才能使画面平衡一些。

图7-19 建筑物复杂 天空背景简单

图7-20 建筑物简单 天空背景复杂

3. 调整与建筑物对比的天空颜色

将天空设置为与建筑物构成对比的颜色可以突出强调建筑物，且夜晚和白天的天空背景也有很大的区别，当场景呈现的是夜景，那么采用天空背景必须是夜晚天空素材，反之亦然。图7-21所示为夜晚的天空，建筑物室内的暖色灯光和与夜晚深蓝色天空的对比，形成了强烈的视觉冲击。灰色建筑和青色建筑搭配也形成了色彩上的对比，给人一种古老的感觉，如图7-22所示。

图7-21 夜晚的天空与建筑物灯光的对比

图7-22 建筑与天空的颜色对比

4. 天空自身也要有空间感

天空是场景中最远的背景，在画面中占据着一半或更多的面积，为了表现出场景的纵深感和距离感，天空本身可以通过颜色的差异、云彩的大小和形状来表现，这样可以使整个场景更加真实。如图7-23所示，天空颜色由深到浅，表现出纵深感，云朵由大变小，从而产生距离感。

图7-23 有纵深感的天空

5. 根据照明方向和视觉表现天空

根据颜色的明暗，天空也有照明方向之分，靠近太阳方向的天空，颜色亮且耀眼，远离太阳方向的天空的颜色深而鲜明，如图7-24所示。从建筑的阴影方向和位置可以看出，太阳方向在建筑的左下角，显然这个天空的方向是错的，如图7-25所示，天空的方向和光源方向是一致的。

图7-24 错误的天空方向

图7-25 正确的天空方向

7.2 影子的制作

为配景添加阴影，可以增强物体的立体感，还可以使配景与地面自然融合，否则添加的配景给人一种漂浮在空中的感觉。添加阴影的方法有三种，一种是直接添加，它要求素材符合场景；第二种是使用影子照片合成；第三种是制作单个配景影子。下面来讲解一下操作方法。

7.2.1 直接添加影子素材

若场景能够找到影子纹理较清晰、比例关系协调的影子素材，那么可以直接将它添加到效果图中，稍微进行调整就可以了。

步骤 01 启动Photoshop 软件后，执行"文件"I"打开"命令，弹出"打开"对话框，选择本书配套光盘中的"第7章\7.2\7.2.1\影子练习.jpg"文件，单击"打开"按钮，如图7-26所示。

图7-26 打开文件

步骤 02 按Ctrl+O组合键，继续选择本书配套光盘中的"第7章\7.2\7.2.1\影子素材.psd"文件，单击"打开"按钮，如图7-27所示。

图7-27 影子素材

步骤 03 将影子素材移动到文件操作窗口，置于图像的左下角，如图7-28所示。

图7-28 添加影子素材

步骤 04 按Ctrl+T组合键，进入"自由变换"模式，将影子缩放到合适的大小，移动到合适的位置，如图7-29所示。

图7-29 调整影子素材

图7-32 "动感模糊"对话框

步骤05 单击图层面板，设置不透明度为60%，效果如图7-30所示。

图7-30 设置不透明度参数

图7-33 动感模糊

步骤06 单击工具箱中的"橡皮擦工具"按钮 ，设置相应的参数，对影子边缘进行擦除，效果如图7-31所示。

7.2.2 使用影子照片合成

使用影子照片合成制作影子就是找到与场景相符的影子的照片，然后将影子从照片中抠取出来与场景进行自然的合成，从而表现出空间感和立体感。在制作影子的同时，必须遵循一定的透视空间规律，"近大远小，近实远虚"是配景合成的基本原则。

步骤01 启动Photoshop软件后，执行"文件"｜"打开"命令，弹出"打开"对话框，选择本书配套光盘中的"第7章\7.2\7.2.2\影子练习.jpg"文件，单击"打开"按钮，如图7-34所示。

图7-31 擦除边缘

步骤07 执行"滤镜"｜"模糊"｜"动感模糊"命令，弹出"动感模糊"对话框，设置相应参数，如图7-32所示。

步骤08 单击"确认"按钮，最终效果如图7-33所示。

图7-34 打开文件

步骤 02 按Ctrl+O组合键，继续选择本书配套光盘中的"第7章\7.2\7.2.2\影子素材.jpg"文件，单击"打开"按钮，如图7-35所示。

图7-35 影子素材

步骤 03 单击工具箱中的"多边形套索工具"按钮，将有影子的区域抠取出来，如图7-36所示。

图7-36 抠取影子

步骤 04 将抠取的影子拖动到当前操作窗口，如图7-37所示。

图7-37 添加影子

步骤 05 单击图层面板，更改图层"混合模式"为"正片叠加"，效果如图7-38所示。

步骤 06 单击工具箱中的"橡皮擦工具"按钮，设置相应的参数，擦除影子以外的区域，效果如图7-39所示。

图7-38 更改混合模式

图7-39 擦除多余阴影

步骤 07 单击工具箱中的"橡皮擦工具"按钮，设置相应的参数，对影子边缘进行擦除，最终效果如图7-40所示。

图7-40 最终效果

7.2.3 制作单个配景影子

直接制作影子有一定的局限性，它只限于独立的物体，如一棵树、一个人或者是一辆车，它的优点是和影子主体更加匹配。

步骤 01 启动Photoshop 软件后，执行"文件"|"打开"命令，弹出"打开"对话框，选择本书配套光盘中的"第7章\7.2\7.2.3\影子练习.psd"文件，单击"打开"按钮，如图7-41所示。

图7-41 打开文件

步骤02 单击树木所在的图层，按Ctrl+J组合键，复制树木图层，将该图层移至树木图层的下方，如图7-42所示。

图7-42 复制图层

步骤03 单击树木复制图层，按Ctrl+U组合键，弹出"色相/饱和度"对话框，设置饱和度为-100，明度为-77，单击"确定"按钮，如图7-43所示。

图7-43 "色相/饱和度"对话框

步骤04 按Ctrl+T组合键，进入自由变换模式，单击鼠标右键，在弹出的快捷菜单中选择"旋转90度 逆时针"选择，如图7-44所示。

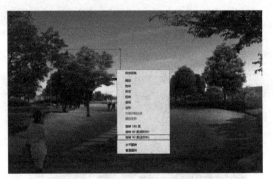

图7-44 自由变换

步骤05 按Ctrl+T组合键，进入"自由变换"模式，调整位置，按住Ctrl键移动边界框上的控制点，调整影子的方向和形状，如图7-45所示。

图7-45 调整树影

步骤06 单击树木复制图层，将"混合模式"改为"正片叠底"，不透明度降到70%，得到效果如图7-46所示。

图7-46 设置"不透明度"

步骤07 执行"滤镜"|"模糊"|"动感模糊"命令，弹出"动感模糊"对话框，设置相应的参数，如图7-47所示。

图7-47 动感模糊

步骤08 单击工具箱中的"橡皮擦"工具按钮 ✐，设置相应的参数，对影子边缘进行擦除，最终效果如图7-48所示。

图7-48 最终效果

7.3 添加树木、草地和矮植的技巧

为效果图添加树木和草地，可以使整个图像看起来更加生动，并且能将建筑物和自然环境融为一体，但前提是所找到的素材必须是符合场景的。作为建筑配景的植物种类有乔木、灌木、花丛和草地等，通过不同高矮层次、不同品种、不同颜色、不同种植方式的植物搭配，可以形成丰富多样、赏心悦目的园林景观效果，从而表现建筑环境的优美和自然。

7.3.1 快速添加树木的方法

树木配景可分近景树、中景树和远景树3种，分层次处理好3种树木的关系，可以增强效果图场景的透视感。在处理时，要特别注意由近到远的透视关系与空间关系。树木的透视关系主要表现为近大远小，空间关系主要表现为色彩明暗和对比度的变化，调整好透视关系和空间关系后，还要为树木制作阴影效果。

步骤01 启动Photoshop 软件后，执行"文件"|"打开"命令，弹出"打开"对话框，选择本书配套光盘中的"第7章\7.3\7.3.1\树木练习.psd"文件，单击"打开"按钮，如图7-49所示。

图7-49 打开文件

步骤02 按Ctrl+O组合键，继续选择本书配套光盘中的"第7章\7.3\7.3.1\远景树木素材.psd"文件，单击"打开"按钮，如图7-50所示。

图7-50 远景树木素材

步骤03 将远景树木素材移动到当前操作窗口，图像效果如图7-51所示。

图7-51 添加树木

步骤04 按Ctrl+O组合键，继续选择本书配套光盘中"第7章\7.3\7.3.1\单个树木.psd"文件，单击"打开"按钮，如图7-52所示。

图7-52 树木素材

步骤05 将树木素材添加到场景中，按Ctrl+T组合键，进入"自由变换"模式，按住Shift键进行等比例缩放，并将其放在场景的合适位置，如图7-53所示。

图7-53 添加树木

步骤06 按Ctrl+O组合键，继续选择本书配套光盘中的"第7章\7.3\7.3.1\树木素材.psd"文件，单击"打开"按钮，如图7-54所示。

图7-54 树木素材

步骤07 将其他的树木素材按照上述方法移动到当前操作窗口，树木添加完成，效果如图7-55所示。

图7-55 添加树木

步骤08 为场景中的树木制作阴影，上节已讲解过阴影的制作，在此不再重复，阴影制作完成最终效果如图7-56所示。

图7-56 最后效果

7.3.2 草地和矮植的添加技巧

添加草地首先要找到合适的草地素材，这样就不需要进行拼接。草地的添加需要遵循透视的原理，离视线近的地方，草地的纹理就会比较清晰，离视线越远草地就越模糊。

步骤01 启动Photoshop软件后，执行"文件"|"打开"命令，弹出"打开"对话框，选择本书配套光盘中的"第7章\7.3\7.3.2\草地练习.psd"文件，单击"打开"按钮，如图7-57所示。

图7-57 打开文件

步骤 02 按Ctrl+O组合键，继续选择本书配套光盘中的"第7章\7.3\7.3.2\草地素材.jpg"文件，单击"打开"按钮，如图7-58所示。

图7-58 草地素材

步骤 03 将草地素材移动至当前操作窗口，调整大小和位置，如图7-59所示。

图7-59 添加草地

步骤 04 单击图层面板，设置通道为当前图层，单击工具箱中的"魔棒"工具按钮 🪄，单击草地区域，如图7-60所示。

图7-60 载入选区

步骤 05 切换至草地图层，效果如图7-61所示。

图7-61 载入选区

步骤 06 单击图层面板底部的"添加图层蒙版"按钮 🔲，添加图层蒙版，将多余的草地进行隐藏，如图7-62所示。

图7-62 添加图层蒙版

步骤 07 按Ctrl+O组合键，继续选择本书配套光盘中的"第7章\7.3\7.3.2\矮植素材.psd"文件，单击"打开"按钮，如图7-63所示。

图7-63 矮植素材

步骤 08 将"矮植素材"当中的素材——添加到场景中，如图7-64所示。

图7-64 添加素材

步骤 09 按Ctrl+Shift+Alt+E组合键盖印图层，执行"图像"|"调整"|"亮度/对比度"命令，弹出"亮度/对比度"对话框，设置"亮度"为25，"对比度"为15，单击"确定"按钮，效果如图7-65所示。

图7-65 调整"亮度/对比度"

步骤10 执行"图像"|"调整"|"色彩平衡"命令，弹出"色彩平衡"对话框，设置相应参数，如图7-66所示。

图7-66 调整"色彩平衡"

步骤11 执行"图像"|"调整"|"色彩平衡"命令，弹出"色彩平衡"对话框，选择阴影，设置黄色为8，单击"确定"按钮，最终效果如图7-67所示。

图7-67 最终效果

7.4 山体制作的技巧

山体的制作就是将山体素材进行拼合和调整，需要注意的是处理好山体的亮面和暗面的关系，还有就是协调好添加的素材和整体颜色的调整。

步骤01 启动Photoshop软件后，执行"文件"|"打开"命令，弹出"打开"对话框，选择本书配套光盘中的

"第7章\7.4\山体练习.psd"文件，单击"打开"按钮，如图7-68所示。

图7-68 打开文件

步骤02 按Ctrl+O组合键，继续选择本书配套光盘中的"第7章\7.4\山体素材.psd"文件，单击"打开"按钮，如图7-69所示。

图7-69 山体素材

步骤03 选取山体素材，将草地素材移动到当前操作窗口，对草地进行一个整体的铺垫，效果如图7-70所示。

图7-70 添加草地

步骤04 单击工具箱中的"套索工具"按钮 ，将山体抠取出来，按Shift+F6组合键，执行"羽化"命令，设置羽化半径为20像素，如图7-71所示。

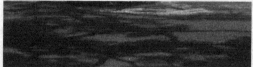

图7-71 载入选区

步骤05 单击"确定"按钮，将抠取的山体移动到当前窗口，将图层命名为"山体"，按Ctrl+T组合键，进入"自由变换"模式，调整至合适的大小和位置，效果如图7-72所示。

图7-72 添加素材

步骤06 单击工具箱中的"橡皮擦工具"按钮，设置相应的参数，将山体边缘进行擦除，如图7-73所示。

图7-73 擦除山体边界

步骤07 执行"图像"|"调整"|"色彩平衡"命令，弹出"色彩平衡"对话框，选择高光，设置相应参数，将山体的色彩调整到接近草地的颜色，如图7-74所示。

图7-74 "色彩平衡"调整

步骤08 单击工具箱中的"套索工具"按钮，在山体左侧面抠取选区，按Shift+F6组合键，执行"羽化"命令，弹出"羽化"对话框，设置羽化半径为40像素，效果如图7-75所示。

图7-75 载入选区

步骤09 单击"确定"按钮，执行"图像"|"调整"|"曲线"命令，弹出"曲线"对话框，在曲线上选择一个控制点后向下拖动鼠标，加强暗部阴影区，如图7-76所示。

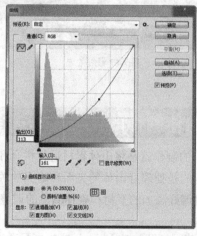

图7-76 "曲线"调整

步骤 10 单击"确定"按钮，按Ctrl+D组合键，取消选择，加强山体的阴影，增强体积感，效果如图7-77所示。

图7-77 远景人物素材

步骤 11 单击工具箱中的"套索工具"按钮 ，将图7-78所示区域进行抠取，设置羽化值为40像素，按住Alt键将选区移动到山体和地面衔接处，使得山体和草地的边界过渡自然。

图7-78 载入选区

步骤 12 重复以上操作，效果如图7-79所示。

图7-79 衔接山体和草地

步骤 13 使用与上述相同的方法添加其他的山体，得到效果如图7-80所示。

图7-80 添加山体

步骤 14 添加乔木和矮植，得到效果如图7-81所示。

图7-81 添加树木

步骤 15 创建"色彩平衡"调整图层，设置参数如下，效果如图7-82所示。

图7-82 "色彩平衡"调整

步骤 16 创建"亮度/对比度"图层，设置相应的参数，调整整个效果图的亮度和对比度，最终效果如图7-83所示。

图7-83 最终效果

7.5 绿篱制作的技法

绿篱在建筑效果图当中也是很常见的，一般分为规则和不规则两种形状，规则是指条形形状的绿篱，不规则指的是一些圆弧形或一些带有流线型的绿篱。在处理过程中，需要注意的是将立体的三个面处理好，以及绿篱在场景当中的比例关系。

步骤01 启动Photoshop 软件后，执行"文件" | "打开"命令，弹出"打开"对话框，选择本书配套光盘中的"第7章\7.5\绿篱练习.psd"文件，单击"打开"按钮，如图7-84所示。

图7-84 打开文件

步骤02 按Ctrl+O组合键，继续选择本书配套光盘中的"第7章\7.5\绿篱素材.psd"文件，单击"打开"按钮，如图7-85所示。

图7-85 绿篱素材

步骤03 将"绿篱素材"移动到当前操作窗口，将图层命名为"绿篱"，放置在绿篱区域，按Ctrl键单击绿篱图层缩览图，按住Alt键并拖动鼠标，将其放在绿篱区域，完成同一图层的绿篱复制，如图7-86所示。

图7-86 添加素材

步骤04 单击工具箱中的"魔棒工具"按钮，将绿篱色块载入选区，如图7-87所示。

图7-87 添加素材

步骤05 设置绿篱为当前图层，单击图层面板底部的"添加图层蒙版"按钮，添加图层蒙版，效果如图7-88所示。

图7-88 载入选区

步骤06 将绿篱暗面素材添加至当前窗口，调整大小和位置，效果如图7-89所示。

图7-89 添加图层蒙版

步骤07 继续添加绿篱素材，效果如图7-90所示。

图7-90 添加素材

步骤08 单击工具箱中的"魔棒工具"按钮 ，选中暗部较深的区域，执行"图像"｜"调整"｜"曲线"命令，设置相应的参数，增强体积感，效果如图7-91所示。

图7-91 调整"曲线"

步骤09 单击"确定"按钮，按Ctrl+D组合键取消选择，单击工具箱中的"魔棒工具"按钮 ，选中绿篱受光面的亮部区域，执行"图像"｜"调整"｜"亮度/对比度"命令，设置相应的参数，如图7-92所示。

图7-92 调整"亮度/对比度"

步骤10 单击"确定"按钮，按Ctrl+D组合键取消选择,继续添加绿篱处理边缘素材，按Ctrl+T快捷键进入"自由变换"模式，缩放至合适的大小，放在绿篱亮部的后面，使绿篱有种自然的伸延感，不那么生硬，如图7-93所示。

图7-93 添加边缘素材

步骤11 将所有绿篱添加边缘处理素材，单击工具箱中的"橡皮擦工具"按钮 ，设置相应的参数，在绿篱边缘锐利处进行擦除，使亮部和暗部的衔接更加自然，效果如图7-94所示。

图7-94 擦除锐利边缘

步骤12 擦除完成，最终效果如图7-95所示。

图7-95 最终效果

7.6 制作倒影

　　倒影就是物体投射在水中的影子，制作方法和影子的制作大同小异，但是相对于影子的制作来说，它还是有独特的地方，一般来说，倒影处理分为透视图和鸟瞰图两种，处理方法也有些不同。

7.6.1 处理透视图中的倒影

　　为水岸边的树木、建筑物添加倒影，可以使建筑、树木与水面自然融合，如果没有倒影就给人很不真实的感觉，会出现建筑、树木离水面很远的错觉。

步骤01 启动Photoshop 软件后，执行"文件"|"打开"命令，弹出"打开"对话框，选择本书配套光盘中的"第7章\7.6\7.6.1\倒影练习.psd"文件，单击"打开"按钮，如图7-96所示。

图7-96 打开文件

步骤02 单击"建筑"图层，按Ctrl+J组合键，复制一个图层，得到"建筑拷贝"图层，如图7-97所示。

图7-97 复制图层

步骤03 按Ctrl+T组合键，进入"自由变换"模式，单击鼠标右键，在弹出的快捷菜单中，选择"垂直翻转"选项，如图7-98所示。

图7-98 翻转图层

步骤04 将翻转的建筑移动到合适的位置，单击图层面板，将不透明度更改为60%，将"建筑拷贝"图层置于"建筑"图层的下方，效果如图7-99所示。

图7-99 更改"不透明度"

步骤05 单击工具箱中的"橡皮擦"工具按钮，设置相应的参数，擦除锐利的部分，给建筑倒影制作出渐隐效果，如图7-100所示。

图7-100 制作渐隐效果

步骤06 单击"树木"图层，按Ctrl+J组合键，复制一个图层，得到"树木拷贝"图层，按Ctrl+T组合键，进入"自由变换"模式，单击鼠标右键，在弹出快捷菜单中，选择"垂直翻转"，如图7-101所示。

图7-101 垂直翻转

步骤07 将翻转的树木移动到合适的位置，单击图层面板，将不透明度更改为60%，如图7-102所示。

图7-102 更改"不透明度"

步骤08 单击工具箱中的"橡皮擦"工具按钮，设置相应的参数，擦除锐利的部分，给树木倒影制作出渐隐效果，如图7-103所示。

图7-103 制作渐隐效果

步骤09 按Ctrl+E组合键，将建筑复制图层和树木复制图层进行合并，执行"滤镜"|"扭曲"|"水波"命令，弹出"水波"对话框，设置相应的参数，在样式下拉列表中选择水池波纹，如图7-104所示。

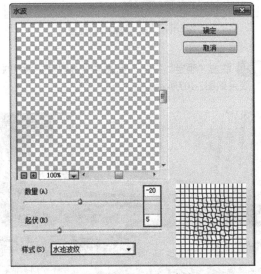

图7-104 调整"水波"参数

步骤10 单击"确定"按钮，得到效果如图7-105所示。

图7-105 水波

步骤11 执行"滤镜"|"模糊"|"动感模糊"命令，弹出"动感模糊"对话框，设置相应的参数，如图7-106所示。

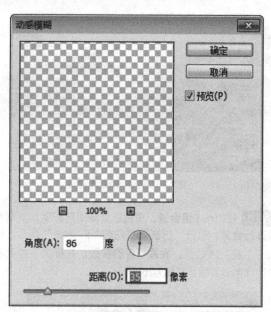

图7-106 "动感模糊"对话框

步骤12 单击"确定"按钮，更改"不透明度"为80%，最终效果如图7-107所示。

图7-107 最终效果

7.6.2 处理鸟瞰图中的倒影

在鸟瞰图中，一般水面和岸边的植物关系不是十分清晰明确，水体深度一般也会比一般透视图中的要深，所以在处理倒影的时候，不需要很明确的将倒影做出，所以一般采用照片合成的方式进行倒影制作，要用一个倒影反复复制得到的，只需要调整好倒影的大小、高矮和疏密程度就可以了。

步骤01 启动Photoshop软件后，执行"文件"｜"打开"命令，弹出"打开"对话框，选择本书配套光盘中的"第7章\7.6\7.6.2\鸟瞰倒影练习.psd"文件，单击"打开"按钮，如图7-108所示。

图7-108 打开文件

步骤02 按Ctrl+O组合键，继续选择本书配套光盘中"第7章\7.6\7.6.2\倒影素材.jpg"文件，单击"打开"按钮，如图7-109所示

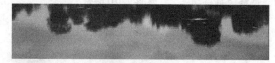

图7-109 倒影素材

步骤03 将"倒影素材"移动到当前操作窗口，按Ctrl+T组合键，进入"自由变换"模式，将倒影素材调整到合适的大小，放到合理的位置，如图7-110所示。

图7-110 添加素材

步骤04 设置"通道"为当前图层，单击工具箱中的"魔棒工具"按钮，单击蓝色区域，如图7-111所示。

图7-111 载入选区

步骤05 设置"倒影素材"图层为当前图层,按Ctrl+Shift+I组合键将选区进行反选,按Delete键删除选区,效果如图7-112所示。

图7-112 删除选区

步骤06 按Ctrl+D组合键,取消选择,单击图层面板将"混合模式"改为"变暗",效果如图7-113所示。

图7-113 更改混合模式

步骤07 单击工具箱中的"橡皮擦工具"按钮，设置画笔大小为30,不透明度为30%,流量为70%,将倒影边缘锐利的区域擦除,制作渐隐效果,效果如图7-114所示。

图7-114 制作渐隐效果

步骤08 执行"图像"|"调整"|"色彩平衡"命令,弹出"色彩平衡"对话框,设置相应的参数,如图7-115所示。

图7-115 最终效果

7.7 岸边处理方法

岸边的处理就是指沿岸水植的处理,强调水和岸边的关系以及水植和水的关系。

步骤01 启动Photoshop 软件后,执行"文件"|"打开"命令,弹出"打开"对话框,选择本书配套光盘中的"第7章\7.7\岸边练习.psd"文件,单击"打开"按钮,如图7-116所示。

图7-116 打开文件

步骤02 按Ctrl+O组合键,继续选择本书配套光盘中的"第7章\7.7\岸边素材.psd"文件,单击"打开"按钮,如图7-117所示。

图7-117 水岸素材

119

步骤 03 将"岸边素材"中的水草植物移动到当前操作窗口，如图7-118所示。

图7-118 添加素材

步骤 04 按Ctrl+T组合键，进入"自由变换"模式，调整水草的大小和位置，效果如图7-119所示。

图7-119 调整素材

步骤 05 添加水草，如图7-120所示。

图7-120 添加素材

步骤 06 按Ctrl+T组合键，进入"自由变换"模式，调整水草的大小和位置，如图7-121所示

图7-121 调整素材

步骤 07 单击工具箱中的"橡皮擦工具"按钮 ，设置相应的参数，将多余区域擦除，如图7-122所示。

图7-122 擦除多余区域

步骤 08 将绿篱素材移动至当前操作窗口，按Ctrl+T组合键，进入"自由变换"模式，调整大小和位置，效果如图7-123所示。

图7-123 添加素材

步骤 09 按上述方法将其他的素材进行添加，最终效果如图7-124所示。

图7-124 最终效果

7.8 制作水面

水面的处理要根据渲染的模型而定，但水面的处理仍然是后期处理中必须要掌握的一部分内容，它对环境的表现有着非常重要的作用。

步骤01 启动Photoshop 软件后，执行"文件"|"打开"命令，弹出"打开"对话框，选择本书配套光盘中的"第7章\7.8\水面练习.psd"文件，单击"打开"按钮，如图7-125所示。

图7-125 打开文件

步骤02 按Ctrl+O组合键，继续选择本书配套光盘中的"第7章\7.8\水面素材.jpg"文件，单击"打开"按钮，如图7-126所示。

图7-126 水面素材

步骤03 将"水面素材"移动到当前操作窗口，按Ctrl+T组合键，进入"自由变换"模式，将水面素材调整到刚好覆盖水面区域的大小，单击工具箱中的"橡皮擦工具"按钮，将水面以外的区域擦除，如图7-127所示。

图7-127 添加水面素材

步骤04 执行"图像"|"调整"|"色彩平衡"命令，弹出"色彩平衡"对话框，设置相应的参数，如图7-128所示。

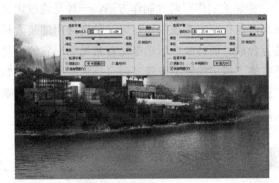

图7-128 "色彩平衡"对话框

步骤05 单击"确定"按钮，按Ctrl+O组合键，继续打开选择本书配套光盘中的"第7章\7.8\船只和鸟.psd"文件，单击"打开"按钮，如图7-129所示。

图7-129 船只和鸟

步骤06 将"船只和鸟"中的素材移动到当前操作窗口，调整至大小和位置，最终效果如图7-130所示。

图7-130 最终效果

7.9 制作铺装

　　铺装的制作有两种制作方法，一种是通过定义图案，进行图案叠加制作，另一种直接用铺装素材进行合成。而合成在后期是比较常见的，它的优势是省略了很多的繁琐步骤，而且感觉更加真实。制作过程中需要注意的是比例关系、透视关系、明暗关系以及边缘的处理技巧。

7.9.1 定义图案

　　定义图案方法制作的砖墙纹理效果，由两部分组成：砖块和砖缝间的水泥。需要将这两部分进行处理，接近真实的砖的效果。

步骤01 启动Photoshop 软件后，执行"文件"丨"新建"命令，弹出"新建"对话框，设置相应的参数，如图7-131所示。

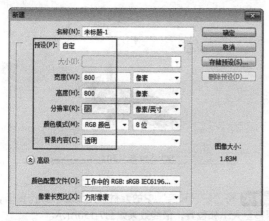

图7-131 新建文件

步骤02 单击"确定"按钮，单击工具箱中的"矩形选框工具"按钮 ⬚，设置样式为固定大小，宽度为760像素，高度为360像素，如图7-132所示。

图7-132 设置大小

步骤03 执行"编辑"丨"描边"命令，弹出"描边"对话框，设置描边宽度为8像素，颜色为黑色，位置为内部，如图7-133所示。

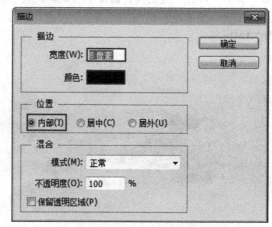

图7-133 设置"描边"参数

步骤04 单击"确定"按钮，按Ctrl+D组合键，取消选择，效果如图7-134所示。

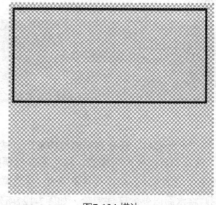

图7-134 描边

步骤05 按Ctrl+J组合键，复制图层，并将其移动到合适的位置，按Ctrl+E快捷键合并图层，在中间建立参考线，单击工具箱中的"矩形选框工具"按钮，创建选区，如图7-135所示。

图7-135 载入选区

步骤06 按住Alt键，单击工具箱中的"移动工具"按钮，将选区移动到中间的参考线位置，可用方向键进行微调，使之对齐，如图7-136所示。

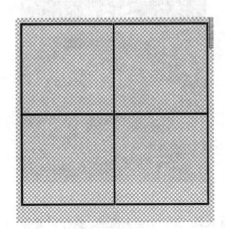

图7-136 移动选区

步骤07 执行"图像"|"裁剪"命令，弹出"裁剪"对话框，设置基于"透明像素"，单击"确定"按钮，如图7-137所示。

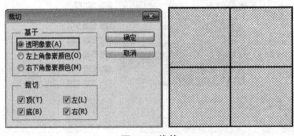

图7-137 裁剪

步骤08 单击工具箱中的"矩形选框工具"按钮，选择图7-138所示的区域。

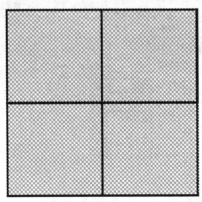

图7-138 载入选区

步骤09 按Delete键，删除选区，效果如图7-139所示。

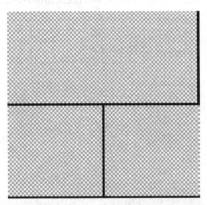

图7-139 删除选区

步骤10 按Ctrl+A组合键，进行全选，执行"编辑"|"定义图案"命令，弹出"图案名称"对话框，将图案命名为"砖缝"，如图7-140所示。

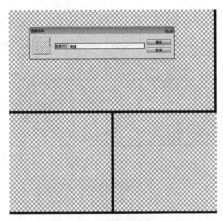

图7-140 定义图案

步骤11 按Ctrl+D组合键取消选择，执行"图像"|"画布大小"命令，设置相应的参数，如图7-141所示。

123

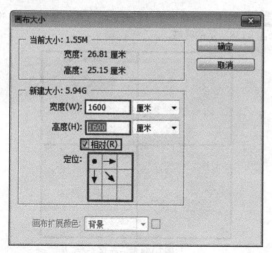

图7-141 设置画布参数

步骤 12 单击"确定"按钮，得到效果如图7-142所示。

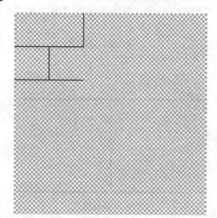

图7-142 画布大小

步骤 13 按Ctrl+J组合键，复制多个图层并移动到合适的位置，制作砖缝效果，如图7-143所示。

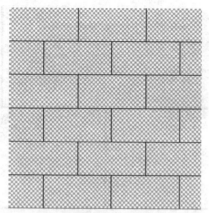

图7-143 制作砖缝

步骤 14 合并所有图层，重新命名为"砖缝"，单击工具箱中的"前/背景色"色块，弹出"拾色器（前景

色）"，设置为砖红色RGB值为R：130，G：30，B：5，单击工具箱中的"魔棒工具"按钮，单击线框包围的区域，创建选区，效果如图7-144所示。

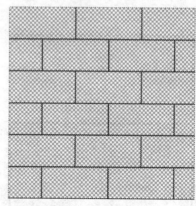

图7-144 创建选区

步骤 15 单击图层面板底部的"新建图层"按钮，新建图层，将该图层命名为"砖"，按Alt+Delete组合键，填充前景色，置于图层"砖缝"下方，效果如图7-145所示。

图7-145 填充前景色

步骤 16 设置"砖"为当前图层，执行 "滤镜"|"滤镜库"|"纹理化"命令，弹出"纹理化"对话框，制作出砖表面的质感效果，设置相应的参数，如图7-146所示。

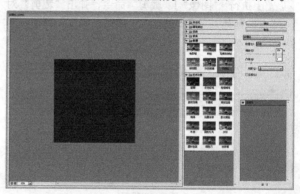

图7-146 "纹理化"对话框

① 提示

随意创建选区为了的是让颜色随机分布，使砖面颜色更加真实，模拟现实中砖面的效果。

步骤 17 单击"确定"按钮，单击图层面板选择图层"砖缝"，单击工具箱中的"魔棒"工具按钮，单击线框以外的区域，创建选区，如图7-147所示。

图7-149 调整颜色深浅

图7-147 创建选区

步骤 18 设置"砖"为当前图层，执行"图像"|"调整"|"色相/饱和度"命令，弹出"色相/饱和度"对话框，设置相应的参数，如图7-148所示。

图7-150 创建选区

步骤 21 执行"图像"|"调整"|"色相/饱和度"命令，弹出"色相/饱和度"对话框，设置相应的参数，如图7-151所示。

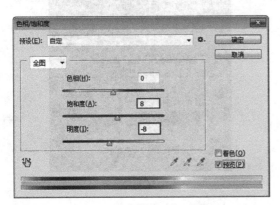
图7-148 "色相/饱和度"对话框

步骤 19 单击"确定"按钮，按Ctrl+D组合键，取消选择，效果如图7-149所示。

步骤 20 单击工具箱中的"魔棒工具"按钮，选中图7-150所示的区域。

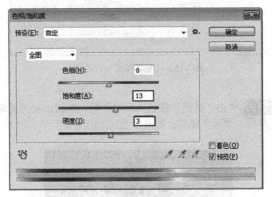
图7-151 "色相/饱和度"对话框

步骤 22 单击"确定"按钮，按Ctrl+D组合键，取消选择，效果如图7-152所示。

图7-152 调整后的效果

— **ℹ 提示** —

通过"色相/饱和度"对砖面的随机调整，砖面有了深浅不一样的颜色变化，使得更加符合实际。

步骤23 执行"图层"|"图层样式"|"斜面和浮雕"命令，弹出"图层样式"对话框，设置相应的参数，如图7-153所示。

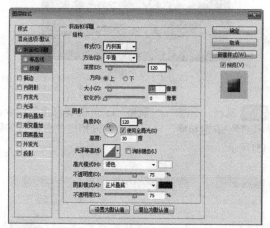

图7-153 "图层样式"对话框

步骤24 单击"确定"按钮关闭对话框，制作出受光区域的亮面，增强立体感，效果如图7-154所示。

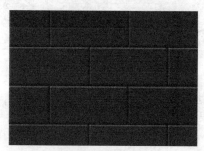

图7-154 制作立体感

步骤25 执行 "图层"|"图层样式"|"投影"命令，弹出"图层样式"对话框，设置相应的参数，给砖面添加投影，使砖面更有立体感，如图7-155所示。

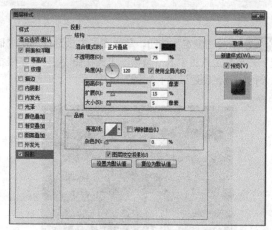

图7-155 "图层样式"对话框

— **ℹ 提示** —

在添加投影的时候要注意光源方向和投影的面积，亮部的区域体现了砖的厚度，从而可以推算砖的投影面积。

步骤26 单击"确定"按钮，最终效果如图7-156所示。

图7-156 最终效果

7.9.2 素材合成

素材合成就是将素材进行调整直接合成于场景中，不需要制作铺装素材。

步骤01 启动Photoshop 软件后，执行"文件"|"打开"命令，弹出"打开"对话框，选择本书配套光盘中的"第7章\7.9\7.9.2\铺装练习.psd"文件，单击"打开"按钮，如图7-157所示。

图7-157 打开文件

图7-160 调整素材

步骤02 按Ctrl+O组合键，继续选择本书配套光盘中的"第7章\7.9\7.9.2\铺装素材.jpg"文件，单击"打开"按钮，如图7-158所示。

步骤05 单击图层面板选择色块图层，单击工具箱中的"魔棒工具"按钮 🔧，单击蓝色区域，将蓝色区域载入选区，如图7-161所示。

图7-158 铺装素材

图7-161 载入选区

步骤03 将"铺装素材"移动到当前操作窗口，按Ctrl+T组合键，进入"自由变换"模式，调整大小，如图7-159所示。

步骤06 设置铺装为当前图层，如图7-162所示。

图7-159 添加素材

图7-162 反选选区

步骤04 按Ctrl键并拖动边界框上的控制点调整透视，效果如图7-160所示。

步骤07 单击图层面板底部的"添加图层蒙版"按钮 ▣，添加图层蒙版，效果如图7-163所示。

图7-163 删除选区

图7-166 建立投影

步骤08 执行"图像"|"调整"|"色相/饱和度"命令，弹出"色相/饱和度"对话框，设置相应的参数，如图7-164所示。

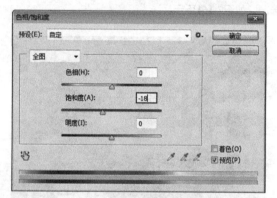

图7-164 "色相/饱和度"对话框

步骤09 单击"确定"按钮，效果如图7-165所示。

图7-165 建立选区

步骤10 单击图层面板底部的"新建新图层"按钮，新建图层，单击工具中的"多边形套索工具"按钮，建立一个矩形选区，填充背景色为灰色，如图7-166所示。

步骤11 单击图层面板更改"混合模式"为"正片叠底"，填充为60%，制作投影，添加人物和投影，最终效果如图7-167所示。

图7-167 最终效果

7.10 玻璃材质的处理

玻璃最大的特征就是透明和反射，不同的玻璃反射度和透明度也不相同，实际上使用的玻璃分为两种：透明玻璃和反射玻璃。玻璃是建筑中最难表现的材质，与一般的其他材质有固定的表现形式不同，玻璃会根据周围景观的不同发生很多变化，同一块玻璃，在不同的天气状况下，不同的观察角度下，会表现出不同的效果。

7.10.1 处理透明玻璃的技法

透明玻璃一般常见于商业街的门面或者家居、别墅的落地窗户，从室内投射出来的暖暖的黄色灯光，给人一种温馨、热闹和繁华的感觉，而透明质感则给人一种干净、舒适的感觉。

步骤01 启动Photoshop 软件后，执行"文件"|"打开"

命令，弹出"打开"对话框，选择本书配套光盘中的"第7章\7.10\7.10.1\透明玻璃练习.psd"文件，单击"打开"按钮，如图7-168所示。

图7-168 打开文件

步骤02 按Ctrl+O组合键，继续选择本书配套光盘中的"第7章\7.10\7.10.1\店铺素材.psd"文件，单击"打开"按钮，如图7-169所示。

图7-169 店铺素材

步骤03 将"店铺素材"排列成一字形，并将其移动到当前操作窗口，放在建筑物窗户前，按Ctrl+T组合键切换到"自由变换"模式，按住Shift键进行等比例缩放，如图7-170所示。

图7-170 添加店铺素材

步骤04 按住Ctrl键并单击"自由变换"外框上的控制点移动，进行透视变换，遵循"近大远小"的原则，使画面显得更加真实，如图7-171所示。

图7-171 透视变换

步骤05 按Enter键确定，找到"色块"图层，单击工具箱中的"魔棒"工具将一楼的店铺区域载入选区，如图7-172所示。

图7-172 载入选区

步骤06 设置"店铺素材"图层为当前图层，单击图层面板底部的"添加图层蒙版"按钮 🔲，添加图层蒙版，将多余的店铺区域进行隐藏，更改"不透明度"为90%，效果如图7-173所示。

图7-173 隐藏多余选区

步骤07 按Ctrl+O组合键，继续选择本书配套光盘中的"第7章\7.10\7.10.1\人物素材.psd"文件，单击"打开"按钮，如图7-174所示。

图7-174 人物素材

步骤08 将"人物素材"移动到当前操作窗口，按Ctrl+T组合键切换到"自由变换"模式，按住Shift键进行等比例缩放，将其放在合适的位置，如图7-175所示。

图7-175 添加人物素材

步骤09 执行"图像"|"调整"|"色相/饱和度"命令，设置明度为−60，背光的背影处理为黑色，效果如图7-176所示。

图7-176 调整"色相/饱和度"

步骤10 更改"不透明度"为70%，添加人物的投影，制作出透过玻璃看过去较模糊的效果，得到图7-177所示的图像效果。

图7-177 更改"不透明度"

步骤11 用与上述相同的方法添加建筑里面的人物，根据透视关系来调整人物的大小和虚实，得到的效果如图7-178所示。

图7-178 添加人物

步骤12 添加室外的人物和树木，得到的效果如图7-179所示。

图7-179 添加人物和树木

步骤13 新建"色彩平衡"调整图层，设置相应的参数，调整画面的暖色调，最终效果如图7-180所示。

图7-180 最终效果

7.10.2 处理反光玻璃的技法

反光玻璃的特点主要是玻璃的暗处透明性较好，亮处反射较强，需将建筑物对面的建筑物投射到玻璃上。

步骤01 启动Photoshop 软件后，执行"文件"｜"打开"命令，弹出"打开"对话框，选择本书配套光盘中的"第7章\7.10\7.10.2\反光玻璃练习.psd"文件，单击"打开"按钮，如图7-181所示。

图7-181 打开文件

步骤02 按Ctrl+O组合键，继续选择本书配套光盘中的"第7章\7.10\7.10.2\反光素材.jpg"文件，单击"打开"按钮，如图7-182所示。

图7-182 反光素材

步骤03 将素材天空背景去除，移动到当前操作窗口，命名为"反光素材"，按Ctrl+T组合键进入"自由变换"模式，调整大小和位置，如图7-183所示。

图7-183 添加素材

步骤04 设置"通道"图层为当前图层，单击工具箱的"魔棒"工具按钮，选中玻璃区域，如图7-184所示。

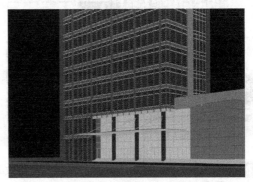

图7-184 载入选区

步骤05 设置"反光素材"为当前图层，单击图层面板底部的"添加图层蒙版"按钮，添加图层蒙版，效果如图7-185所示。

图7-185 添加图层蒙版

步骤 06 执行"图像"I"调整"I"色彩平衡"命令，弹出"色彩平衡"对话框，设置相应的参数，如图7-186所示。

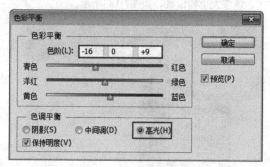

图7-186 "色彩平衡"对话框

步骤 07 选择中间调，设置相应的参数，效果如图7-187所示。

图7-187 设置相应参数

步骤 08 单击图层面板，更改"填充"为65%，最终效果如图7-188所示。

图7-188 最终效果

7.11 马路和斑马线的制作技巧

马路和斑马线的处理，是紧密联系的，不但要表现马路的质感，还要通过斑马线来强调马路的透视关系，一般马路的处理包括纹理和颜色深浅处理。马路在画面中还能起到体现画面空间感和纵深感的作用。

步骤 01 启动Photoshop 软件后，执行"文件"I"打开"命令，弹出"打开"对话框，选择本书配套光盘中的"第7章\7.11\道路斑马线练习.psd"文件，单击"打开"按钮，如图7-189所示。

图7-189 打开文件

步骤 02 单击工具箱中的"魔棒工具"按钮，单击马路区域，将马路载入选区，如图7-190所示。

图7-190 载入选区

步骤 03 单击工具箱中的前景色色块，弹出"拾色器（前景色）"对话框，设置前景色RGB值为：R:86；G：102；B：114，按Alt+Delete组合键填充前景色，如图7-191所示。

图7-191 填充马路

步骤04 按Ctrl+D组合键，取消选择，单击图层面板底部的"新建图层"按钮 ，新建图层，将其命名为"斑马线"，单击工具箱中的"矩形选框工具"按钮 ，绘制一个矩形选框，设置前景色为白色，按Alt+Delete组合键填充前景色，制作出白色条纹，如图7-192所示。

图7-192 绘制斑马线

步骤05 按Alt键并拖动鼠标复制白色条纹，效果如图7-193所示。

图7-193 复制斑马线

步骤06 按Ctrl+T组合键进入"自由变换"模式，调整斑马线的大小和方向，将其放在合适的位置，如图7-194所示。

图7-194 调整斑马线

步骤07 单击图层面板，设置"不透明度"为60%，将斑马线附在马路上面，使斑马线显得更加真实，如图7-195所示。

图7-195 更改"不透明度"

步骤08 新建图层，单击工具箱中的"矩形选框工具"按钮 ，绘制分道线，更改旁边分道线不透明度为60%，所图7-196示。

图7-196 绘制分道线

步骤09 按Ctrl+T组合键，进入"自由变换"模式，调整分道线的大小和方向，将其放在合适的位置，放置的时候需遵循透视的原则，这样才会有空间感，效果如图7-197所示。

图7-197 调整分道线的大小和方向

步骤10 单击图层版面底部的"新建图层"按钮，新建图层，单击工具箱中的"魔棒工具"按钮，将马路载入选区，在工具选项栏中的将"前景"改为"图案"，选择"微粒"，单击工具箱中的"油漆桶工具"按钮，在选区上单击鼠标左键，如图7-198所示。

图7-198 载入选区

步骤11 设置"混合模式"为"叠加"，设置"不透明度"为20%，增加路面的质感，效果如图7-199所示。

图7-199 设置图层混合模式

步骤12 按Ctrl+D组合键取消选择，按Ctrl+O组合键打开"汽车"素材，选择"移动工具"按钮，将素材拖到编辑的文档中，如图7-200所示。

图7-200 最终效果

> **ℹ 提示**
>
> 在放置车辆时需注意三个问题：一，车子的走向，道路分左右两个车道，千万不能出现车辆逆行的问题；二，车子的亮面和整个画面的光源需要统一；三，需遵循近大远小、近实远虚的原则，这样创建出来的画面才会有距离感和纵深感。

7.12 添加人物

在效果图中添加人物配景时，一般来说要遵循三个原则：添加的人物的身份和数量要与建筑的风格相协调；人物与建筑的透视关系以及比例关系要一致，可参考旁边的建筑物、树木和汽车等配景；人物的阴影和建筑的阴影要一致，要有远近、虚实感。

在建筑效果图后期处理中，人物在效果图中的大小为建筑的尺寸提供了一个参考，添加人物配景不但可以烘托主体建筑、丰富画面、增加场景的透视感和空间感，还可以使画面更加贴近生活，更具有生活气息。

7.12.1 视平参考线的建立

在添加人物配景时，因为人物的高度在透视中需保持统一，所以需要借助参考线来作为一个高度参考，那么首先应该确定场景视平线的位置，然后建立参考线，借助参考线调整人物的高度。添加参考线比较常用的方法是在场景中选定一个参考物，大概估计一下这个参考物的高度，然后建立视平参考线。一般我们会以建筑的窗户作为依据创建视平参考线，建筑的窗台高度一般为1.0~1.8m，而视平线则在1.65m左右，可以选择窗台稍高的位置创建视平参考线。

步骤01 启动Photoshop 软件后，执行"文件"｜"打开"命令，弹出"打开"对话框，选择本书配套光盘中的"第7章\7.12\人物配景练习.psd"文件，单击"打开"按钮，如图7-201所示。

图7-201 打开文件

步骤02 选择右边建筑物作为参考物，在窗台靠上的位置建立参考线，参考线的高度为1.5~1.6m，如图7-202所示。

图7-202 添加视平参考线

7.12.2 添加人物并调整大小

当视平线建立好了之后就可以添加人物素材了，在添加人物素材时，应考虑入口位置和出口位置的人物的流向，添加人物的时候还需注意的是人物不能出现在画面中间，因为那样会干扰视线，添加完人物后根据透视调整人物的大小。

步骤01 启动Photoshop 软件后，执行"文件"｜"打开"命令，弹出"打开"对话框，选择本书配套光盘中的"第7章\7.12\近景人物.psd"文件，单击"打开"按钮，如图7-203所示。

图7-203 近景人物素材

步骤02 将人物素材添加到当前操作窗口，观察人物流动方向，根据人物流动方向确定其最佳放置位置为右下角，按Ctrl+T组合键进入"自由变换"模式，按住Shift键进行等比例缩放，效果如图7-204所示。

图7-204 添加人物

ℹ️ 提示

在调整人物大小的时候，需借助参考线来对比人物的高度，参考线的高度在1.55~1.65m之间，也就是普遍视平线。还可以借助旁边的一些建筑物作为参考，前提是要知道建筑物的大概高度，以及人在建筑物哪个高度范围内。

步骤03 按以上的方法继续添加人物，如图7-205所示。

图7-205 添加人物

ℹ 提示

在添加人物的时候，需注意人物朝向和光照方向以及透视关系。

步骤 04 按Ctrl+O组合键，继续选择本书配套光盘中的"第7章\7.12\远景人物.psd"文件，单击"打开"按钮，如图7-206所示。

图7-206 远景人物素材

步骤 05 将人物素材移动到当前操作窗口，将"远景人物"图层置于"近景人物"图层下方，将远景人物放在后面，这样的前后关系，可体现空间感，如图7-207所示。

图7-207 添加人物

步骤 06 继续添加远景人物，在添加远景人物的时候需注意图层顺序，"远景人物"图层应放在"近景人物"图层下方，如图7-208所示。

图7-208 添加远景人物

7.12.3 调整亮度和颜色

当添加的人物素材和场景不协调时，需要对画面的明暗和色彩进行调整，达到人物和场景的协调统一。

步骤 01 选择位于有阳光的区域的人物图层，执行"图像"|"调整"|"曲线"命令，弹出"曲线"对话框，在曲线上选择相应的控制点并向上拖动鼠标，如图7-209所示。

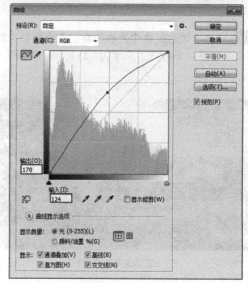

图7-209 "曲线"调整

步骤 02 单击"确定"按钮，得到效果如图7-210所示。

图7-210 增加亮度

步骤 03 执行"图像"|"调整"|"色彩平衡"命令，弹出"色彩平衡"对话框，选择高光，设置相应的参数，效果如图7-211所示。

图7-211 "色彩平衡"调整

— ℹ 提示 —

越是靠近中心区域的人物，明暗对比越是强烈。

步骤 04 单击"确定"按钮，选择树下投影中的人物图层，如图7-212所示。因没有被光照到所以应当把人物亮面和暗面的对比度调整得弱一些，整个画面的色调也需要调整得暗一些，以保持和树下的投影协调统一。

图7-212 选择投影下的人物

步骤 05 执行"图像"|"调整"|"曲线"命令，弹出"曲线"对话框，在曲线上选择相应的控制点并向下拖动鼠标，如图7-213所示，

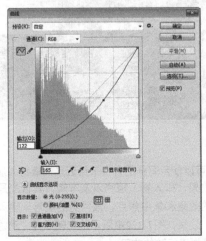

图7-213 "曲线"对话框

步骤 06 单击"确定"按钮，效果如图7-214所示。

图7-214 降低亮度

步骤 07 执行"图像"|"调整"|"色彩平衡"命令，弹出"色彩平衡"对话框，选择中间调，设置相应的参数，效果如图7-215所示。

图7-215 "色彩平衡"调整

7.12.4 制作影子

人物添加完或以后必须给人物添加倒影，这样人物才不会像漂浮在空中一样，而加上倒影的人物才能和地面融合在一起，才会显得更加真实。

步骤 01 单击图层面板选择人物图层，按Ctrl+J组合键进行复制，将复制的图层置于人物图层下方，按Ctrl+D组合键进入"自由变换"模式，并将其调整到需要的形状，如图7-216所示。

图7-216 调整投影

步骤02 执行"图像"|"调整"|"色相/饱和度"命令，弹出"色相/饱和度"对话框，设置相应的参数，如图7-217所示。

步骤05 使用与上述相同的方法给其他人物进行添加投影，效果如图7-220所示。

图7-217 "色相/饱和度"调整

图7-220 添加投影

步骤03 人物的阴影轮廓过于清晰，需要进行模糊处理，执行"滤镜"|"模糊"|"动感模糊"命令，弹出"动感模糊"对话框，设置相应的参数，效果如图7-218所示。

— ❶ 提示 —

在添加投影的时候需注意，在阴影下的人物不需要添加投影，因为没有光照就没有投影。

7.12.5 添加动感模糊效果

添加的人物一般都是动态中的人物，所以还需要对人物素材添加动感模糊效果，利用动感模糊来模拟运动中的人物。

步骤01 单击图层面板选择"近景人物"图层，执行"滤镜"|"模糊"|"动感模糊"命令，弹出"动感模糊"对话框，设置相应参数，效果如图7-221所示，人物添加完毕。

图7-218 动感模糊

步骤04 单击图层面板，更改"不透明度"为60%，因为人物阴影也有一定的透明度，并不是一团黑，效果如图7-219所示。

图7-221 最终效果

图7-219 更改"不透明度"

步骤02 可以使用同样的方法来给近景的素材添加"动感模糊"效果，如人物、植物以及车辆，其目的是为了做出运动的效果和集中焦点，最常见的是对车辆添加"动感模糊"效果，图7-222中所示的车辆通过"动感模糊"命令来模拟出行驶的效果。

图7-222 车辆动感模糊

图7-223 别墅区

图7-224 商业区

7.12.6 添加人物的原则

在添加人物需注意以下事项。

1. 正确调整人物的大小

添加人物素材后需对人物素材进行大小的调整，调整的时候要选择参考物建立参考线来调整人的大小，切记不可太大也不可太小，因为人物太大的话会使建筑物显得很矮小，而太小会使得建筑过于高大，都不符合实际。人物在建筑效果图中本身就起到一个对建筑尺度参考的作用，错误的人物尺度不但不能实现尺度参考价值，而且还会影响效果图的空间感，那么它就失去了存在的意义。

2. 正确调整人物的方向

在建筑效果图中添加人物时应考虑人物的走向，如出现人物走向不明确，那么会导致人物在效果图当中一片混乱。

3. 正确调整人物疏密关系

在确定人物的放置位置的时候，应考虑人物的疏密关系，不能过于分散，也不能过于紧密。

4. 正确调整人物的数量

可以从天气角度出发，在效果图中晴空万里的情况下，人物的数量可以多些；天气较阴霾、暗沉，人物可少些，可烘托阴沉的气氛。还可从建筑物的角度考虑，如果场景当中的建筑物是别墅的话，那么人数不宜太多，如图7-223所示。如果建筑物是商业街的话，那么人物的数量可以多些，可以制造出热闹繁华的景象，如图7-224所示。

5. 不宜遮挡观察者的视线

在添加人物的时候切记不要把人物放在场景的中间位置，以免遮挡住观察者的视线，一般将建筑物放置在中间，这样视线也就集中在中间部分。另外，不要放太显眼的人物素材，因为主体是建筑，人物是陪衬，不能喧宾夺主。

6. 使用符合建筑物用途的人物素材

使用符合建筑物用途的人物素材就是说建筑物和人物要有所联系，不要将不相干的人加入效果图中，如办公楼前应使用穿正装的人物素材；学校建筑前应使用学生人物素材；居民设施前应使用温馨的家庭人物素材，图7-225所示的居民区效果图，使用的人物是温馨的家庭人物素材。

图7-225 居民建筑区使用的人物素材

7. 使用符合建筑物风格的人物素材

首先判断建筑物属于什么风格，如是欧洲建筑物，那么应当使用欧洲人物素材，那样才应景。

8. 应根据天气来使用人物素材

在添加人物的时候，应当考虑场景是什么天气。如场景是雪景，那么使用的是穿着棉袄的人物素材，如图7-226所示；如场景是雨景，那么使用的是打着伞的人物素材，如图7-227所示。

图7-226 雪景

图7-227 雨景

7.13 制作光斑效果

建筑效果图分为前期建模、渲染和后期处理三道工序，前期建模主要是使用3ds Max软件制作建筑模型并赋予材质、布置灯光，然后渲染输出为位图文件。由于3ds Max软件渲染输出的图像并不那么的完美，所以需要通过后期处理来弥补一些缺陷并制作环境配景，以真实模拟现实空间或环境，这一过程就是后期处理工作，通常需要在Photoshop中完成，后期处理决定了效果图的最终表现效果和艺术水准。

步骤01 启动Photoshop 软件后，执行"文件"|"打开"命令，弹出"打开"对话框，选择本书配套光盘中的"第7章\7.13\建筑效果图.jpg"文件，单击"打开"按钮，如图7-228所示。

图7-228 打开文件

步骤02 单击图层面板底部的"新建图层"按钮，新建图层，单击工具箱中的前景色色块，弹出"拾色器（前景色）"对话框，设置前景色RGB值为：R:242；G：250；B：29。单击工具箱中的"画笔工具"按钮，设置不透明度为70%，流量为50%，在效果图中进行涂抹，如图7-229所示。

图7-229 画笔涂抹

步骤03 单击图层面板，更改"混合模式"为"叠加"，填充为80%，最终效果如图7-230所示。

图7-230 最终效果

7.14 光线特效的制作

在运用3ds Max软件进行模型渲染的过程中，光影效果这方面或许不是那么到位，那么可以在Photoshop软件中进行添加、修改，这样会使图像变得更加灵动、有活力。不同的色调也会配上不同色调的光线，强调画面光感，使画面中的物体更有立体感，集中画面焦点。

7.14.1 制作渐变光线

光线在图像中起到点缀的作用，渐变光线是利用渐变工具制作出光线渐隐的效果来表现光线。

步骤01 启动Photoshop软件后，执行"文件"|"打开"命令，弹出"打开"对话框，选择本书配套光盘中的"第7章\7.14\7.14.1\渐变光线练习.psd"文件，单击"打开"按钮，如图7-231所示。

图7-231 打开文件

步骤02 单击图层底部的"新建图层"按钮 🖫，将图层命名为"光线"，单击工具箱中的"矩形选框工具"按钮 🔲，建立一个矩形选区，如图7-232所示。

图7-232 建立选区

步骤03 单击工具箱中的"前/背景色"色块，设置前景色为白色，单击工具箱中的"渐变"工具，在工具选项

栏中单击编辑渐变，弹出"渐变编辑器"对话框，选择"前景色到透明渐变"的渐变模式，如图7-233所示。

图7-233 "渐变编辑器"

步骤04 按住Shift键从上往下垂直进行拉伸渐变，如图7-234所示。

图7-234 垂直渐变

步骤05 按Ctrl+D组合键，取消选择，按Ctrl+T组合键，进入"自由变换"模式，调整光线的角度，需将光线调整得和图像光源方向一致，效果如图7-235所示。

图7-235 调整角度

步骤06 执行"滤镜"|"模糊"|"高斯模糊"命令，弹出"高斯模糊"对话框，设置半径为30，如图7-236所示。

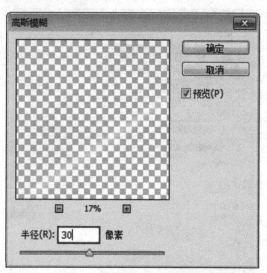

图7-236 "高斯模糊"对话框

步骤07 单击"确定"按钮，效果如图7-237所示。

图7-237 高斯模糊效果

步骤08 单击工具箱中的"橡皮工具"按钮，设置画笔大小为160，模式为画笔，不透明度为20%，流量为46%，在光线末端进行擦除，制作出渐隐效果，如图7-238所示。

图7-238 制作渐隐效果

步骤09 按Ctrl+J组合键，复制光线图层，调整好彼此之间的位置、大小和疏密关系，根据虚实关系更改其填充，最终效果如图7-239所示。

图7-239 最终效果

7.14.2 利用滤镜添加光晕

一般渲染模型的时候，光晕是不能在3ds Max软件中实现的，它需要在后期进行制作，一般常用的方法是，在Photoshop中的滤镜菜单下制作光晕效果。

步骤01 启动Photoshop 软件后，执行"文件"|"打开"命令，弹出"打开"对话框，选择本书配套光盘中的"第7章\7.14\7.14.2\光线练习.psd"文件，单击"打开"按钮，如图7-240所示。

图7-240 打开文件

步骤02 单击图层底部的 "新建图层"按钮，新建图层，将该图层命名为"光线"，单击工具箱中的"前/背景色"色块，设置前景色为黑色，按Alt+Delete组合键，填充前景色。

步骤03 执行"滤镜"|"渲染"|"镜头光晕"命令，弹出"镜头光晕"对话框，设置亮度为90%，镜头类型为50-300毫米变焦，如图7-241所示。

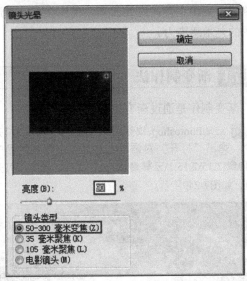

图7-241 "镜头光晕"对话框

步骤04 单击"确定"按钮关闭对话框，如图7-242所示。

图7-242 镜头光晕

步骤05 单击图层面板，更改"混合模式"为"滤色"，最终效果如图7-243所示。

图7-243 最终效果

i 提示

一般情况下，镜头光晕不会作为一种画面效果独立存在，而是以不同的混合模式，结合日景来表现光晕的效果。

7.14.3 利用动感模糊命令制作光线

利用动感模糊命令，制作线条的效果，来模拟真实场景中的光线线条。

步骤01 启动Photoshop 软件后，执行"文件"｜"打开"命令，弹出"打开"对话框，选择本书配套光盘中的"第7章\7.14\7.14.3\光线练习.jpg"文件，单击"打开"按钮，如图7-244所示。

图7-244 打开文件

步骤02 按Ctrl+J组合键，复制图层，执行"滤镜"｜"模糊"｜"动感模糊"命令，弹出"动感模糊"对话框，设置角度为28度，距离为240像素，根据光源调整模糊的角度，如图7-245所示。

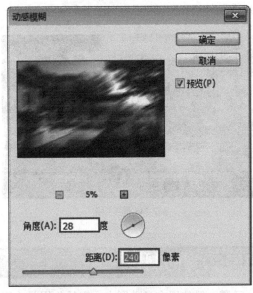

图7-245 "动感模糊"对话框

步骤03 单击"确定"按钮，效果如图7-246所示。

图7-246 动感模糊效果

步骤04 单击图层面板，更改"混合模式"为"强光"，效果更加明显，如图7-247所示。

图7-247 更改"混合模式"

步骤05 单击工具箱中的"橡皮工具"按钮 ，将暗部和阴影区进行擦除，因为光线只体现在有光的区域，投影和暗部是没有光线的，所以需擦除，最终效果如图7-248所示。

图7-248 最终效果

7.15 云雾的制作

云雾一般体现在鸟瞰图中，它的作用是为了聚

集焦点，突出主体，好的云雾效果往往可以增强效果图的艺术感染力。

7.15.1 渐变制作法

渐变制作是通过渐变工具来制作云雾

步骤01 启动Photoshop 软件后，执行"文件" | "打开"命令，弹出"打开"对话框，选择本书配套光盘中的"第7章\7.15\7.15.1\云雾鸟瞰.jpg"文件，单击"打开"按钮，如图7-249所示。

图7-249 打开文件

步骤02 单击图层底部的"新建图层"按钮 ，新建图层，命名为"云雾"，设置前景色为白色，单击工具箱中的"渐变工具"按钮 ，打开"渐变编辑器"对话框，选择"前景色到透明渐变"的渐变模式，如图7-250所示。

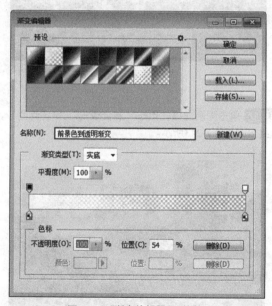

图7-250 "渐变编辑器"对话框

步骤03 在"云雾"图层上从上往下进行短距渐变，如图7-251所示。

图7-251 渐变

步骤04 将剩下的三边进行短距渐变，效果如图7-252所示。

图7-252 渐变

步骤05 进行斜角上的渐变，如图7-253所示。

图7-253 添加斜角上的渐变

步骤06 单击图层面板，设置填充为60%，最终效果如图7-254所示。

图7-254 最终效果

7.15.2 选区羽化

选区羽化就是将边缘区域通过设置羽化值来进行虚化。

步骤01 启动Photoshop 软件后，执行"文件"|"打开"命令，弹出"打开"对话框，选择本书配套光盘中的"第7章\7.15\7.15.2\云雾鸟瞰.jpg"文件，单击"打开"按钮，如图7-255所示。

图7-255 打开文件

步骤02 单击工具箱中的"套索工具"按钮，在图像中圈出中间主要物体部分，单击鼠标右键，弹出快捷菜单，选择羽化选项，如图7-256所示。

图7-256 创建选区

步骤03 弹出"羽化"对话框，设置羽化半径为40像素，如图7-257所示。

图7-257 羽化

步骤04 单击"确定"按钮，单击图层底部的"新建图层"按钮 ⬜，新建图层，按Ctrl+Shift+I组合键反选选区，单击工具箱中的"前/背景色"色块，设置前景色为白色，按Alt+Delete组合键填充前景色，效果如图7-258所示。

图7-258 填充前景色

步骤05 按Ctrl+D组合键，取消选择，执行 "滤镜"|"模糊"|"高斯模糊"命令，弹出"高斯模糊"对话框，设置半径为1000像素，如图7-259所示。

图7-259 高斯模糊

步骤06 单击"确定"按钮，单击工具箱中的"橡皮擦工具"按钮 ✐，将多余的云雾进行擦除，显示主体，最终效果如图7-260所示。

图7-260 最终效果

— **i** 提示 —

在使用橡皮擦擦除多余云雾的时候需注意调整不透明度，越往四周擦除的时候不透明度越低，这样才能达到云雾深浅相衔接的效果。

7.15.3 合成云雾

合成云雾就是将现成的云雾添加到没有的云雾的图像中进行合成，合成过程中需要对云雾的边缘进行加工处理。

步骤01 启动Photoshop 软件后，执行"文件"|"打开"命令，弹出"打开"对话框，选择本书配套光盘中的"第7章\7.15\7.15.3\温泉素材.psd"文件，单击"打开"按钮，如图7-261所示。

图7-261 打开文件

步骤02 按Ctrl+O组合键，继续选择本书配套光盘中的"第7章\7.15\7.15.3\云雾素材.jpg"文件，单击"打开"按钮，如图7-262所示。

图7-262 云雾素材

步骤03 单击工具箱中的"套索工具"按钮 ⚲，单击鼠标左键进行拖动，将云雾载入选区，单击鼠标右键，弹出快捷菜单，选择羽化选项，设置羽化半径为20像素，如图7-263所示。

图7-263 羽化

步骤04 单击"确定"按钮，将选区移动到当前窗口，命名为"云彩"，按Ctrl+T组合键进入"自由变换"模式，缩放效果如图7-264所示。

图7-264 添加云彩

步骤05 按Ctrl键，单击图层缩览图，按住Alt键，单击鼠标左键进行拖动复制，效果如图7-265所示。

图7-265 复制云彩

步骤06 单击工具箱中的"橡皮擦工具"按钮，设置相应的参数，将多余的云彩进行擦除，单击图层面板，设置"不透明度"为70%，制作渐隐效果，如图7-266所示。

图7-266 制作渐隐效果

步骤07 按Ctrl+J组合键，复制"云彩"图层，将图层放在温泉池的区域，继续按Ctrl+J组合键，复制图层，单击图层面板，将不透明度更改为50%，按Ctrl+E组合键，将图层进行合并，命名为"水蒸气"，单击工具箱中的"橡皮擦工具"按钮，将多余部分进行擦除，制作出温泉水蒸气的效果，如图7-267所示。

图7-267 制作温泉水蒸气

步骤08 单击图层面板选择"云彩"图层，按Ctrl+J组合键，进行复制，移动到图7-268所示的位置，制作山间的云雾。

图7-268 制作山间云雾

步骤 09 按Ctrl+T组合键进入"自由变换"模式，调整云彩如图7-269所示。

步骤 10 单击工具箱中的"橡皮擦工具"按钮，将云彩进行处理，添加投影素材，最终效果如图7-270所示。

图7-269 自由变换

图7-270 最终效果

彩平篇

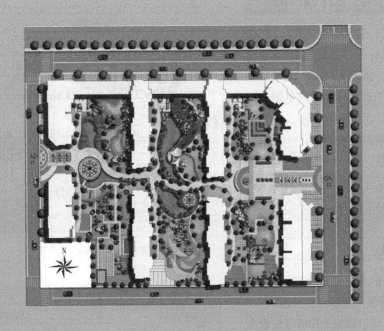

- 第 8 章 室内彩平图制作
- 第 9 章 彩色总平面图制作

第8章 室内彩平图制作

本章主要介绍室内彩平图的制作，其实，这也是效果图的一部分，有时为了将效果图更直观地展示给客户，室内彩平图便是最好的选择。它能清楚地看到每个房间的功能和摆设，是房地产开发商向购房者展示楼盘户型结构的重要手段。随着房地产开发业的飞速发展，对室内彩平图的要求也越来越高，越来越多的真实材质和家具模块被应用到户型图中，从而使购房者一目了然。

户型图制作流程如下：整理CAD图样内的线，除了最终文件中需要的线，其他的线和图形都要删除；使用已经定义的绘图仪类型将CAD图样输出为EPS文件；在Photoshop中导入EPS文件；填充墙体区域；填充地面区域；添加室内家具模块。

8.1 从AutoCAD中输出位图

在制作该类效果图之前，必须将先前用AutoCAD绘制的图纸输出到Photoshop中，要使用Photoshop对户型图进行上色和处理，必须从AutoCAD中将户型图导出为Photoshop可以识别的格式，这是制作彩色户型图的第一步，也是非常关键的一步。一般使用AutoCAD软件输出位图的方法有两种：一种是直接使用菜单栏中的输出命令；另一种是采用虚拟打印的方式输出，这也是本章使用的输出方式，下面来详细讲解。

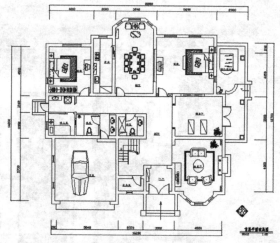

图8-1 打开AutoCAD图形文件

8.1.1 添加EPS打印机

从AutoCAD导出的图形文件要导入Photoshop中，可以选择的文件类型较多，可以打印输出TIF、BMP、JPG等位图图像，也可以输出为EPS等矢量图形。这里介绍输出EPS的方法，因为EPS是矢量图像格式，文件占用空间小，而且可以根据需要自由设置最后出图的分辨率，满足不同精度的出图要求。

将CAD图形转换为EPS文件，首先必须安装EPS打印机，方法如下。

步骤01 启动AutoCAD，选择本书配套光盘中的"第8章\户型图.dwg"文件，打开"户型图.dwg"文件，如图8-1所示。

步骤02 在AutoCAD中执行"文件"|"绘图仪管理器"命令，打开Plotters文件夹窗口，如图8-2所示。该窗口用于添加和配置绘图仪和打印机。

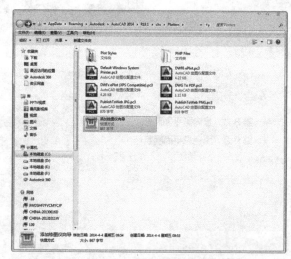

图8-2 Plotters文件夹窗口

步骤03 双击"添加绘图仪向导"图标，打开添加绘图仪向导，首先出现的是"添加绘图仪-简介"页面，如图8-3所示。单击"下一步"按钮。

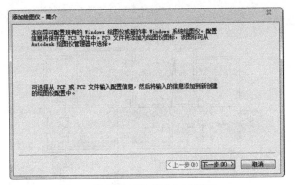

图8-3 "添加绘图仪-简介"对话框

步骤04 在打开的"添加绘图仪-开始"对话框中选择"我的电脑"单选按钮，如图8-4所示。单击"下一步"按钮。

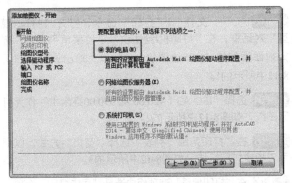

图8-4 "添加绘图仪-开始"对话框

步骤05 选择绘图仪的型号，这里选择"Adobe"公司的"Postscript Level 2"虚拟打印机，如图8-5所示。单击"下一步"按钮。

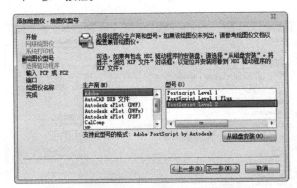

图8-5 "添加绘图仪-绘图仪型号"对话框

步骤06 在弹出的"添加绘图仪-输入PCP或PC2"对话框中单击"下一步"按钮，如图8-6所示。

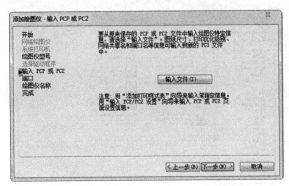

图8-6 "添加绘图仪-输入PCP或PC2"对话框

步骤07 选择绘图仪的打印端口，这里选择"打印到文件"的方式，如图8-7所示。绘图仪添加完成以后，输入绘图仪的名称，输入绘图仪的名称时要区别AutoCAD的其他绘图仪，输入"EPS绘图仪"，单击"下一步"按钮。

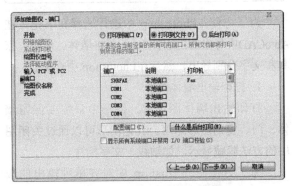

图8-7 "添加绘图仪-端口"对话框

步骤08 最后单击"完成"按钮，结束绘图仪添加向导，完成EPS绘图仪的添加，如图8-8所示。

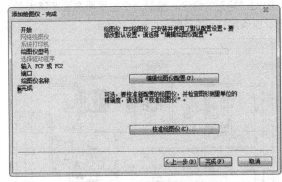

图8-8 "添加绘图仪-完成"对话框

步骤09 添加的绘图仪显示在Plotters文件夹窗口中，如图8-9所示。这是一个以PC3为扩展名的绘图仪配置文件，在"打印"对话框中，可以选择该绘图仪作为打印输出设备。

图8-9 生成绘图仪配置文件

8.1.2 打印输出EPS文件

为了方便在Photoshop 中进行选择和填充，在AutoCAD中导出EPS文件时，一般将墙体、地板、家具和文字分别导出，然后在Photoshop 中合成。

1. 打印输出墙体图形

打印输出墙体图形时，图形中只需要保留墙体、门、窗的图形即可。其他图形可以通过关闭图层的方法隐藏显示，如轴线、文字标注。

为了方便在Photoshop 中对齐单独输出的墙体、地板和文字等图形，需要在AutoCAD中绘制一个矩形，确定打印输出的范围，以确保打印输出的图形大小相同。

步骤01 切换"地面"图层为当前图层，在命令行中输入REC"矩形"命令，绘制一个比平面布置图略大的矩形，以确定打印的范围，如图8-10所示。

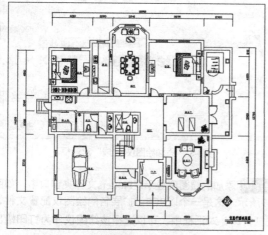

图8-10 绘制矩形

步骤02 关闭"地面""尺寸标注""文字"等图层，仅显示"窗户""楼梯""门""墙体"图层，如图8-11所示。

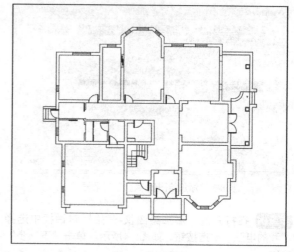

图8-11 关闭图层

步骤03 执行"文件"|"打印"命令，打开"打印-模型"对话框，在"打印机/绘图仪"下拉菜单列表中，选择前面添加的"EPS绘图仪.pc3"作为输出设备，如图8-12中所示的1。

步骤04 选择"ISO A3（420.00×2970.00毫米）"作为打印图纸，如图8-12中所示的2。

步骤05 在"打印范围"列表中选择"窗口"方式，以便手工指定打印区域，如图8-12中所示的3。

步骤06 在"打印偏移"选项组中选择"居中打印"选项，使图形打印在图纸的中间位置，如图8-12中所示的4。

步骤07 选择"打印比例"选项组的"布满图纸"选项，使AutoCAD自动调整打印比例，使图形布满整个A3图纸，如图8-12中所示的5。

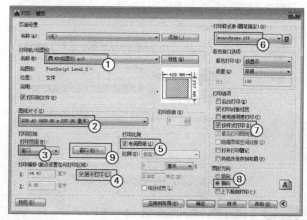

图8-12 "打印-模型"对话框

步骤08 在"打印样式表"下拉列表框中选择 monochrome.ctb颜色打印样式，如图8-12中所示的 6。并在弹出的"问题"对话框中单击"是"按钮。 monochrome.ctb样式表将所有的颜色图形打印为黑色， 在Photoshop中将得到黑色的线条，使图形轮廓清晰。

❗ 解释

打印样式的作用就是打印时修改图形外观， AutoCAD有两种类型的打印样式：颜色相关样式 （CTB）和命名样式（STB）。CTB样式类型以255种 颜色为基础，通过设置与图形对象颜色对应的打印样 式，使得所有具有该颜色的图形对象都具有相同的打印 效果。例如，可以为所有用红色绘制的图形设置相同的 打印笔宽、打印线宽和填充样式等特性。

步骤09 在"打印选项"列表框中选择"按样式打印"选 项，使选择的打印样式表生效，如图8-12中所示的7。

步骤10 指定打印样式表后，可以单击右侧的"编辑 按钮"，打开"打印样式表编辑"对话框，对每 一种颜色图形的打印效果进行设置，包括颜色、线 宽等，单击"保存并关闭"按钮，如图8-13所示。在 "图形方向"区域选择"横向"选项，使图纸横向方 向打印，如图8-12中所示的8。

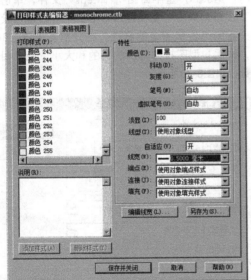

图8-13 "打印样式表编辑"对话框

步骤11 单击"打印区域"选项组中的"窗口"按钮， 如图8-12中所示的9在绘图窗口分别捕捉矩形的两个对角 点，指定该矩形区域为打印区域。

步骤12 指定打印区域后，系统自动返回"打印-模型" 对话框，单击左下角的"预览"按钮，可以在打印之前 预览最终的打印效果，如图8-14所示。

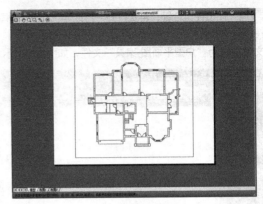

图8-14 预览打印效果

步骤13 如果在打印预览中没有发现什么问题，即可单 击 按钮开始打印，系统会自动弹出"浏览打印文件" 对话框，选择"封装PS（*.eps）"文件类型并设置文件 名，如图8-15所示。

图8-15 "浏览打印文件"对话框

步骤14 单击"保存"按钮，即开始打印输出，墙体打印 输出完成。

2. 打印家具

步骤01 关闭"墙体""窗""门"等图层，重新打开 "家具"图层，仅显示家具图形，如图8-16所示。

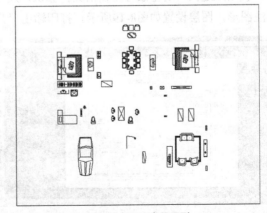

图8-16 仅显示家具图形

步骤 02 按Ctrl+P组合键，再次打开"打印-模型"对话框，保持原来的参数不变，单击"确定"按钮，开始打印，将打印文件保存为"户型平面图-家具"文件，如图8-17所示。

图8-17 保存文件

3. 打印输出地面图形

使用同样的方法控制图层的开或关，使图形显示如图8-18所示。按Ctrl+P组合键，执行"打印"命令，打印输出"户型平面图-地面"文件，并保存。

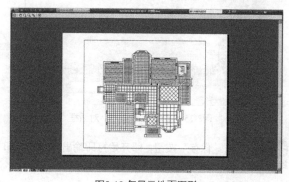

图8-18 仅显示地面图形

4. 打印输出文字、标注图形

使用上述同样的方法打印输出文件标识、尺寸标注图形，图层设置如图8-19所示。打印输出"户

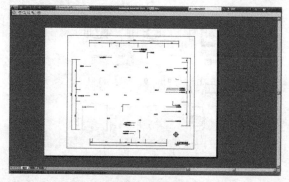

图8-19 仅显示文字和标注图形

型平面图-文字标识"文件，并保存，AutoCAD图形全部打印输出完毕。

8.2 室内框架的制作

墙体是分离室内空间的主体，它将室内空间划分为客厅、餐厅、卧室、卫生间和书房等功能相对独立的封闭的区域。使用"魔棒"工具可以将各面墙体选择出来，并填充相应的颜色，使得室内各空间变得清晰而明朗。

8.2.1 打开并合并EPS文件

EPS文件是矢量文件，在着色户型图之前，需要将矢量图形栅格化为Photoshop可以处理的位图图像，图像的大小和分辨率可根据实际需要灵活控制。

1. 打开并调整墙体线

步骤 01 启动Photoshop 软件后，执行"文件"|"打开"命令，弹出"打开"对话框，选择本书配套光盘中的"第8章\户型平面图-墙体.eps"文件，单击"打开"按钮，弹出"栅格化EPS格式"对话框，设置转换矢量图为位图图像的参数，将分辨率设置为300像素，根据户型图打印输出的目的和大小，设置相应的参数，如图8-20所示。

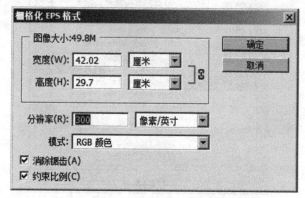

图8-20 设置栅格化EPS参数

步骤 02 单击"确定"按钮，栅格化EPS后，得到一个背景为透明的位图图像，如图8-21所示。

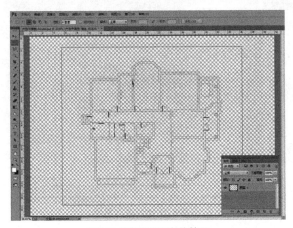

图8-21 栅格化EPS文件结果

ⓘ 提示

如果将AutoCAD图形打印输出为TIF、BMP等位图格式，会得到白色背景，在制作户型图时，首先要使用选择工具将白色背景与户型图进行分离。

步骤03 透明背景的网格显示不利于图像查看和编辑，按Ctrl键，单击图层面板中的"新建新图层"按钮，新键图层，将其置于图层1的下方，设置前景色为白色，按Alt+Delete组合键，进行填充，得到白色背景，如图8-22所示。

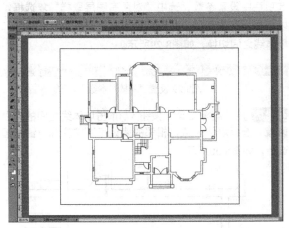

图8-22 新建图层

ⓘ 提示

默认情况下，新建图层会置于当前图层的上方，并自动成为当前图层，按住Ctrl键，单击"创建新图层"按钮，则可以在当前图层的下方创建图层。

步骤04 单击图层面板选择图层2为当前图层，执行"图层"｜"新建"｜"图层背景"命令，将图层2转换为背景。背景图层是不能移动的，以方便图层的选择和操作，填充后如发现有些线条有些淡，不够清晰，可以进行调整。选择"图层1"为当前图层，按Ctrl+U组合键，打开"色彩/饱和度"对话框，将明度滑块移动至最左侧，调整线条颜色为黑色，如图8-23所示。

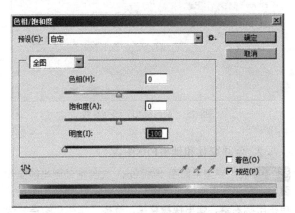

图8-23 调整图像亮度

步骤05 将"图层1"重命名为"户型平面图-墙体"，单击图层面板的"锁定全部"按钮，锁定"户型平面图-墙体"图层，以避免图层被编辑和破坏，如图8-24所示。

图8-24 锁定图层的位置

步骤06 墙体线的调整除了颜色调整的方法外，还有两种方法，一是使用添加"颜色叠加"图层样式的方法，设置里面的参数，如图8-25所示。二是通过填充的方法，填充时应按下图层面板中的按钮，锁定透明像素，将线条调整为黑色。

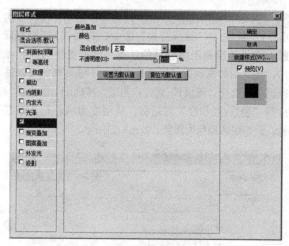

图8-25 "颜色叠加" 调整参数

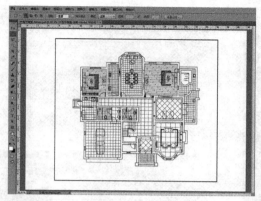

图8-27 添加家具图层

2. 合并家具和地板EPS图像

步骤01 将"户型平面图-地板.eps"文件拖动到当前操作窗口，单击图层面板，选择"户型平面图-地板"图层，单击鼠标右键，弹出快捷菜单，选择"栅格化图层"选项，得到地板图形，如图8-26所示。

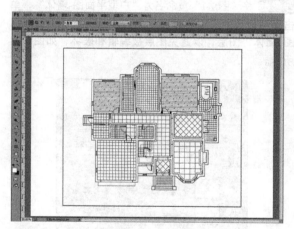

图8-26 添加地板图层

步骤02 使用与上述同样的方法将"户型平面图-家具.eps"文件拖动到当前窗口，单击图层面板，选择"户型平面图-家具"图层，单击鼠标右键，弹出快捷菜单，选择"栅格化图层"选项，得到家具图形，如图8-27所示。

8.2.2 墙体的制作

步骤01 按Ctrl+Shift+N组合键，新建图层，命名为"墙体"，如图8-28所示。选择墙体图层为当前图层。

图8-28 新建图层

步骤02 单击工具箱中的"魔棒工具"按钮，在工具选项栏中设置参数，选中"对所有图层取样"复选框，以便在所有的图层中进行颜色取样，避免反复在墙体和墙体线之间切换，如图8-29所示。

图8-29 设置"魔棒"参数

步骤03 用"魔棒工具"按钮单击墙体线之间的空白区域，选择墙体区域，相邻的墙体可以按住Shift键一起选择，如图8-30所示。

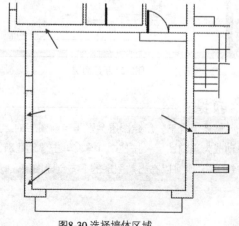

图8-30 选择墙体区域

步骤04 按D键恢复前/背景色为默认的黑白色，按Alt+Delete组合键，填充黑色，如图8-31所示。

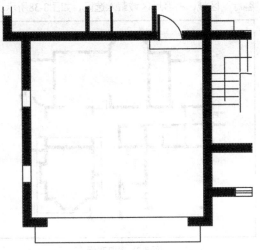

图8-31 填充墙体

步骤05 使用相同的方法选中所有墙体并进行填充，按Ctrl+D组合键取消选择，墙体的制作完成，如图8-32所示。

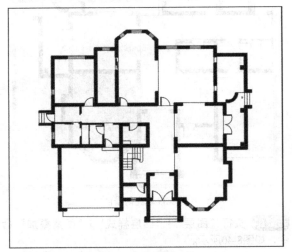

图8-32 完成墙体的填充

8.2.3 窗户的制作

户型图中的窗户一般使用青色填充表示，模拟玻璃的颜色。

步骤01 单击图层底部的"新建新图层"按钮 ，命名为"窗户"，设置前景色为"#3cc9b6"。单击工具箱中的"魔棒工具"按钮 ，选中窗户区域，如图8-33所示。

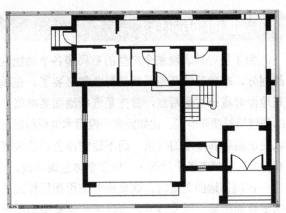

图8-33 选取窗户

步骤02 按Alt+Delete组合键，填充前景色，如图8-34所示。

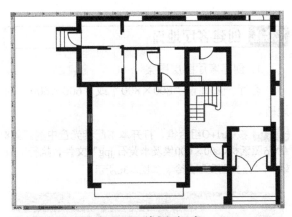

图8-34 填充颜色

步骤03 使用与上述相同的方法填充其他窗户区域，按Ctrl+D组合键，取消选择，完成窗户的制作，如图8-35所示。

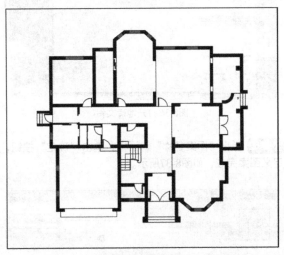

图8-35 填充窗户区域

8.3 地面的制作

为了更好地表现整个户型的布局和各个功能区的划分，准确的填充地面就显得非常必要了。在填充地面时应该注意两点，首先是选择地面要准确，二是使用材质要准确。比如卧室一般用木地板材质，以突出温馨和浪漫的气氛，而不适宜冷色调的大理石材质。在填充各个地面时，应使整体色调协调。

在制作地面图案时，这里推荐使用图层样式的图案叠加效果，因为该方式可以随意调整图案的缩放比例，而且可以很方便地在各个图案之间进行复制。除此之外，还可以将样式以单独的文件进行保存，以备将来调用。

8.3.1 创建客厅地面

1. 创建客厅图层图案

客厅一般铺设"800×800"或"600×600"的地砖。

步骤01 按Ctrl+O组合键，打开本书配套光盘中的"第8章\贴图素材\600×600埃及米黄石.jpg"文件，执行"编辑"I"定义图案"命令，如图8-36所示。

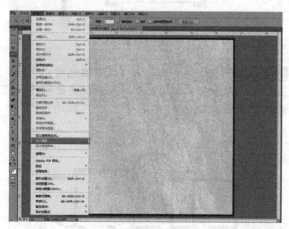

图8-36 打开地砖文件

步骤02 弹出"图案名称"对话框，单击"确定"按钮，定义图案完成，如图8-37所示。

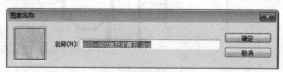

图8-37 命名图案名称

2. 创建客厅地面

步骤01 单击工具箱中的"魔棒工具"按钮，单击"客厅"区域，将客厅区域载入选区，如图8-38所示。

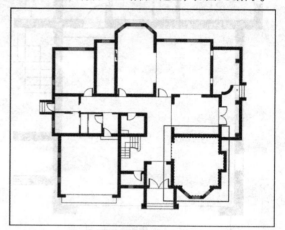

图8-38 选取客厅

步骤02 单击图层面板底部的"新建新图层"按钮，命名为"客厅地面"，设置前景色为"#efc885"，按Alt+Delete组合键，填充前景色，效果如图8-39所示。

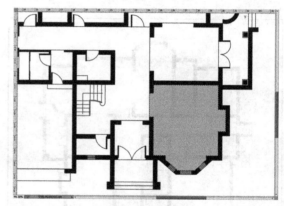

图8-39 填充前景色

步骤03 执行"图层"I"图层样式"I"图案叠加"命令，如图8-40所示。

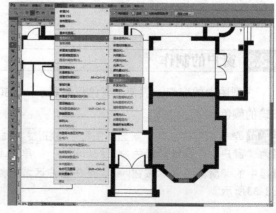

图8-40 图案叠加

步骤04 弹出"图层样式"对话框，在"图案"下拉列表下选择"600×600埃及米黄石"图案，设置缩放为13%，如图8-41所示。

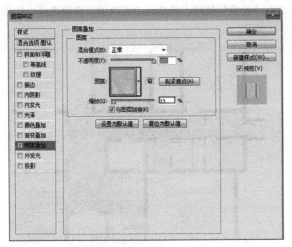

图8-41 "图层样式"对话框

步骤05 单击"确定"按钮，按Ctrl+D组合键，取消选择，如图8-42所示。

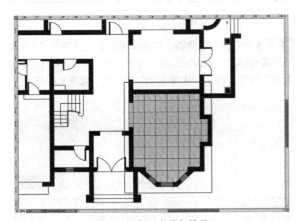

图8-42 添加图案叠加效果

—— **提示**

在设置图案叠加参数时，可以在图像窗口中拖动鼠标，调整填充图案的位置，缩放滑动按钮可以调节图案的比例大小。

8.3.2 创建餐厅地面

餐厅地面和客厅地面用的是同一种材质的地砖，所以，在这里不需要重新去定义图案，可以直接在"图案叠加"里面调用。

步骤01 单击工具箱中的"魔棒工具"按钮，将餐厅载入选区，如图8-43所示。

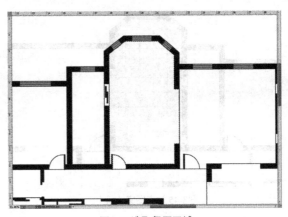

图8-43 选取餐厅区域

步骤02 单击图层面板底部的"新建新图层"按钮，命名为"餐厅地面"，设置前景色为"#efc885"，按Alt+Delete组合键，填充前景色，如图8-44所示。

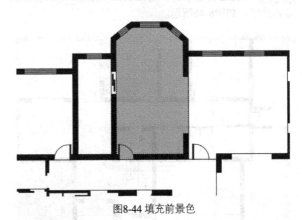

图8-44 填充前景色

步骤03 执行"图层"|"图层样式"|"图案叠加"命令，弹出"图层样式"对话框，在"图案"下拉列表下选择"600×600埃及米黄石"图案，设置缩放为13%，单击"确定"按钮，按Ctrl+D组合键，取消选择，如图8-45所示。

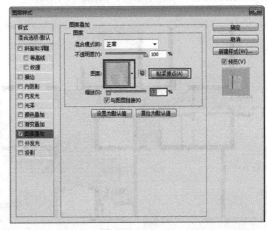

图8-45 填充图案

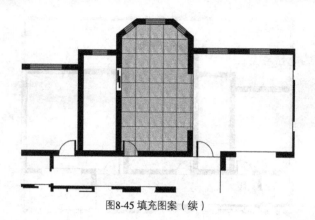

图8-45 填充图案（续）

8.3.3 创建过道地面

步骤01 单击工具箱中的"魔棒工具"按钮，将过道载入选区，如图8-46所示。

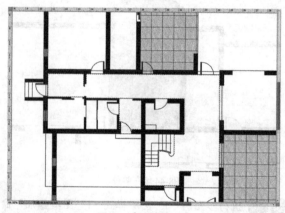

图8-46 选取过道区域

步骤02 单击图层面板底部的"新建新图层"按钮，命名为"过道地面"，设置前景色为"#efc885"，按Alt+Delete组合键，填充前景色，如图8-47所示。

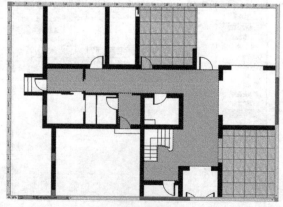

图8-47 填充前景色

步骤03 执行"图层"|"图层样式"|"图案叠加"命令，弹出"图层样式"对话框，在"图案"下拉列表下选择"600×600埃及米黄石"图案，设置缩放为13%，单击"确定"按钮，按Ctrl+D组合键，取消选择，如图8-48所示。

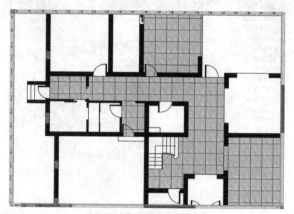

图8-48 填充图案

8.3.4 创建卧室木地板地面

1. 自定义地板图案

步骤01 按Ctrl+O组合键，打开本书配套光盘中的"第8章\贴图素材\实木复合地板.jpg"文件，执行"编辑"|"定义图案"命令，弹出"图案名称"对话框，如图8-49所示。

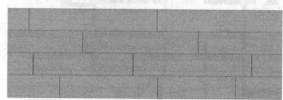
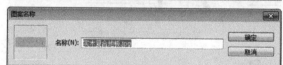

图8-49 定义图案

步骤02 单击"确定"按钮，关闭对话框，木地板图案定义完成。

2. 制作木地板地面

步骤01 单击工具箱中的"魔棒工具"按钮，将"主卧"和"客卧"载入选区，如图8-50所示。

步骤02 单击图层面板底部的"新建新图层"按钮，命名为"卧室地面"，设置前景色为"#ac752f"，单击工具箱中的"油漆桶工具"按钮，单击工具选项栏，勾选"所有图层"复选框，在卧室空白处单击鼠标，填充颜色，效果如图8-51所示。

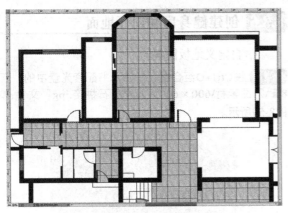

图8-50 选取卧室区域

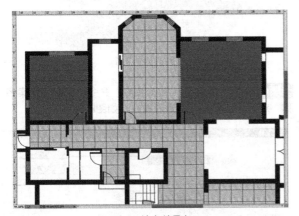

图8-51 填充前景色

步骤03 执行"图层"|"图层样式"|"图案叠加"命令,弹出"图层样式"对话框,在"图案"下拉列表下选择"实木复合地板"图案,单击"贴紧原点"按钮调整图案的位置,设置缩放为100%,如图8-52所示。

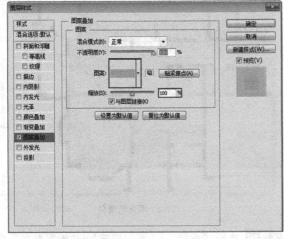

图8-52 "图层样式"对话框

步骤04 单击"确定"按钮,按Ctrl+D组合键,取消选择,木地板地面创建完成,如图8-53所示。

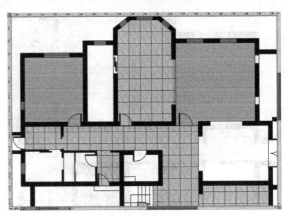

图8-53 填充图案

8.3.5 创建卫生间和厨房地面

1. 自定义地板图案

步骤01 按Ctrl+O组合键,打开本书配套光盘中的"第8章\贴图素材\300×300防滑地板.jpg"文件,如图8-54所示。

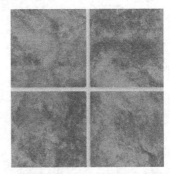

图8-54 打开文件

步骤02 执行"编辑"|"定义图案"命令,弹出"图案名称"对话框,设置图案名称后单击"确定"按钮,如图8-55所示。

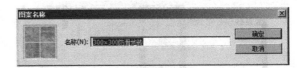

图8-55 定义图案

步骤03 单击工具箱中的"魔棒"工具按钮,选取卫生间和厨房区域,单击图层面板底部的"新建新图层"按钮,命名为"卫生间和厨房地面"图层,设置为当前图层,设置前景色为"#56acd9",单击工具箱中的"油漆桶工具"按钮,填充卫生间和厨房,如图8-56所示。

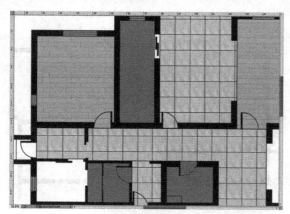

图8-56 填充前景色

步骤04 执行"图层"|"图层样式"|"图案叠加"命令，弹出"图层样式"对话框，在"图案"下拉列表下选择"300×300防滑地板"图案，单击"贴紧原点"按钮调整图案的位置，设置缩放为14%，如图8-57所示。

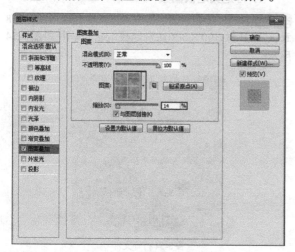

图8-57 "图层样式"对话框

步骤05 单击"确定"按钮，按Ctrl+D组合键，取消选择，卫生间和厨房地面创建完成，如图8-58所示。

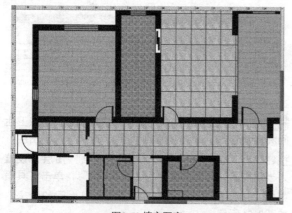

图8-58 填充图案

8.3.6 创建健身房和门厅地面

1. 自定义地板图案

步骤01 按Ctrl+O组合键，打开本书配套光盘中的"第8章\贴图素材\600×600埃及米黄石拼接.jpg"文件，如图8-59所示。

图8-59 打开文件

步骤02 执行"编辑"|"定义图案"命令，弹出"图案名称"对话框，单击"确定"按钮，如图8-60所示。

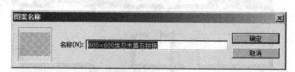

图8-60 定义图案

步骤03 单击工具箱中的"魔棒工具"按钮，将健身房和门厅载入选区，单击图层面板底部的"新建新图层"按钮，命名为"健身房和门厅地面"图层，设置为当前图层，设置前景色为"#f0ae4f"，单击工具箱中的"油漆桶工具"按钮，填充健身房和门厅，如图8-61所示。

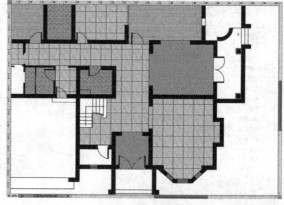

图8-61 填充前景色

步骤04 执行"图层"|"图层样式"|"图案叠加"命令，弹出"图层样式"对话框，在"图案"下拉列表下选择"600×600埃及米黄石拼接"图案，设置相应的参数，如图8-62所示。

步骤02 执行"编辑"｜"定义图案"命令，弹出"图案名称"对话框，单击"确定"按钮，如图8-65所示。

图8-65 定义图案

步骤03 单击工具箱中的"魔棒工具"按钮，选取露台、设备房和佣人房区域，单击图层面板底部的"新建新图层"按钮，命名为"露台、设备房和佣人房"，设置为当前图层，设置前景色为"#bf7442"，单击工具箱中的"油漆桶工具"按钮，填充露台、设备房和佣人房区域，如图8-66所示。

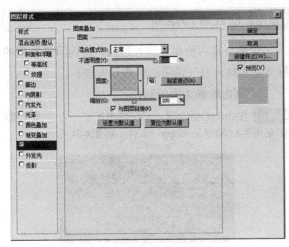

图8-62 "图层样式"对话框

步骤05 单击"确定"按钮，按Ctrl+D组合键，取消选择，健身房和门厅创建完成，如图8-63所示。

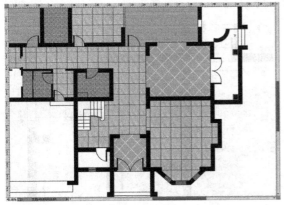

图8-63 填充图案

8.3.7 创建露台、设备房、佣人房地面

步骤01 按Ctrl+O组合键，打开本书配套光盘中的"第8章贴图素材\450×450仿古地砖.jpg"文件，如图8-64所示。

图8-64 打开文件

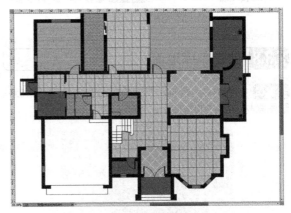

图8-66 填充前景色

步骤04 执行"图层"｜"图层样式"｜"图案叠加"命令，弹出"图层样式"对话框，在"图案"下拉列表下选择"450×450仿古地砖"图案，设置相应的参数，如图8-67所示。

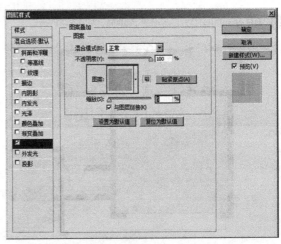

图8-67 "图层样式"对话框

步骤05 单击"确定"按钮，关闭对话框，按Ctrl+D组合键，取消选择，露台、设备房和佣人房地面创建完成，如图8-68所示。

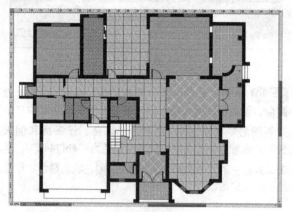

图8-68 填充图案

8.3.8 创建车库地面

步骤01 按Ctrl+O组合键，打开本书配套光盘中"第8章\贴图素材\300×300地砖.jpg"文件，如图8-69所示。

图8-69 打开文件

步骤02 使用同样的方法制作车库地面，如图8-70所示。

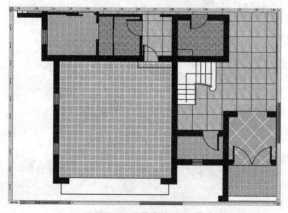

图8-70 制作车库地面

8.3.9 创建阶梯地面

阶梯分室内阶梯和室外阶梯，室内阶梯常用的材质是木材，室外常用的材质是大理石。

1. 室内阶梯地面的制作

步骤01 按Ctrl+O组合键，打开本书配套光盘中的"第8章\贴图素材\阶梯贴图.jpg"文件，如图8-71所示。

图8-71 打开文件

步骤02 使用同样的方法制作室内阶梯地面，室内阶梯地面创建完成，如图8-72所示。

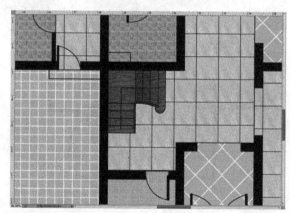

图8-72 制作阶梯

2. 室外阶梯的制作

步骤01 按Ctrl+O组合键，打开本书配套光盘中的"第8章\贴图素材\大理石地板.jpg"文件，如图8-73所示。

图8-73 打开文件

步骤02 使用与上述相同的方法制作室外阶梯地面，如图8-74所示。

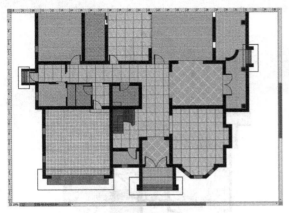

图8-74 最终效果

步骤 03 单击图层面板底部的"新建新图层"按钮 🔲，新建图层，在图8-75所示的阶梯区域创建一个矩形选区。

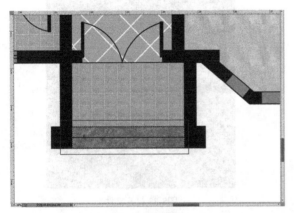

图8-75 载入选区

步骤 04 设置前景色为白色，单击工具箱中的"渐变工具"按钮 🔳，从上往下拉伸一个渐变，如图8-76所示。

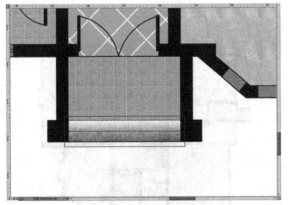

图8-76 创建渐变

步骤 05 更改"不透明度"为60%，创建渐变效果，将其他的阶梯创建出渐变效果，室外阶梯地面创建完成，如图8-77所示。

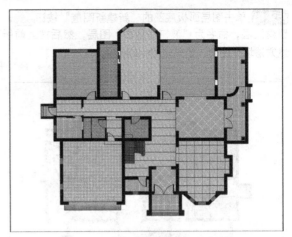

图8-77 创建渐变

8.3.10 创建波打线和门槛石地面

步骤 01 按Ctrl+O组合键，打开本书配套光盘中的"第8章\贴图素材\波打线.jpg"文件，如图8-78所示。执行"编辑"|"定义图案"命令，弹出"图案名称"对话框，单击"确定"按钮，定义图案。

图8-78 打开文件

步骤 02 单击图层面板，显示"户型平面图-地板"图层，单击工具箱中的"魔棒工具"按钮 🔧，选取波打线地面区域，如图8-79所示。

图8-79 选取选区

步骤03 单击图层面板底部的"新建新图层"按钮 ，
新建图层，命名为"波打线地面"图层，然后按之前所
述方法填充图案，效果如图8-80所示。

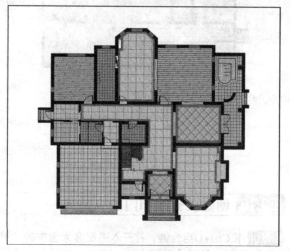

图8-80 填充图案

步骤04 执行"图层"|"图层样式"|"图案叠加"命
令，弹出"图层样式"对话框，选择描边，设置大小为2
像素，颜色为黑色，添加描边效果，如图8-81所示。

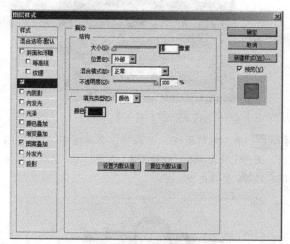

图8-81 "图层样式"对话框

步骤05 单击"确定"按钮，得到效果如图8-82所示。

步骤06 按Ctrl+O组合键，打开本书配套光盘中的"第8
章\贴图素材\门槛石.jpg"文件，如图8-83所示。执行
"编辑"|"定义图案"命令，弹出"图案名称"对话
框，单击"确定"按钮，定义图案。

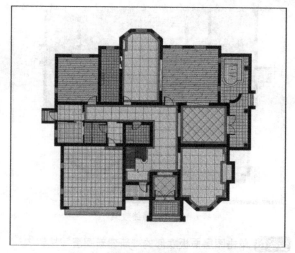

图8-82 描边效果

图8-83 打开文件

步骤07 单击图层面板，显示"户型平面图-地板"图
层，单击工具箱中的"魔棒工具"按钮 ，选取门槛石
地面区域，如图8-84所示。

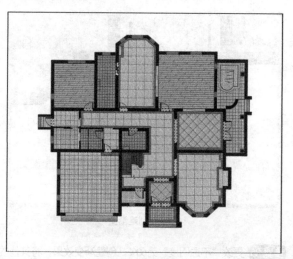

图8-84 选取选区

步骤08 单击图层面板底部的"新建新图层"按钮 🖵 ，新建图层，命名为"门槛石地面"图层，然后按之前所述方法填充图案，门槛石地面创建完成，如图8-85所示。

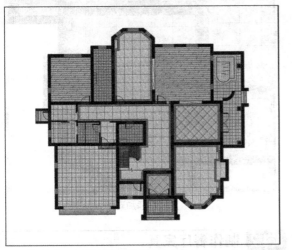

图8-85 填充图案

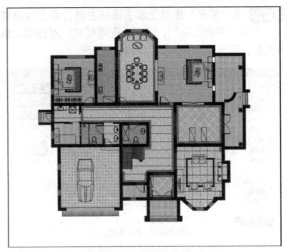

图8-86 显示家具图形

8.4 室内模块的制作

在现代户型制作中，为了更生动、形象地表现、区分各个室内空间，以反映将来的装修效果，需要引入与实际生活密切相关的家具模块和装饰。

8.4.1 制作客厅家具

客厅常见的室内家具有沙发、茶几、电视、台灯和地毯等，在制作家具图形之前，首先要显示"户型平面图-家具"图层，以帮助定位家具位置和家具尺寸大小。

步骤01 关闭"户型平面图-地板"图层的显示，单击"户型平面图-家具"图层左侧的眼睛图标，在图像窗口中显示家具图形，如图8-86所示。

步骤02 显示"户型平面图-家具"图层并设置为当前图层，单击工具箱中的"魔棒工具"按钮 🪄 ，在电视柜以及其他柜子区域单击鼠标创建选区，如图8-87所示。

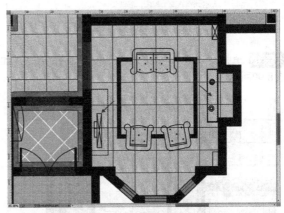

图8-87 建立选区

步骤03 单击图层面板底部的"新建新图层"按钮 🖵 ，新建图层，命名为"柜子"图层，设置前景色为"#f4a263"，单击工具箱中的"油漆桶工具"按钮 🪣 ，填充柜子区域，如图8-88所示。

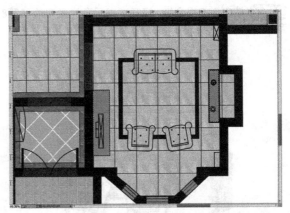

图8-88 填充前景色

步骤04 在"柜子"图层上单击鼠标右键，弹出快捷菜单，选择"混合选项"，弹出"图层样式"对话框，选择投影，设置相应的参数，如图8-89所示。

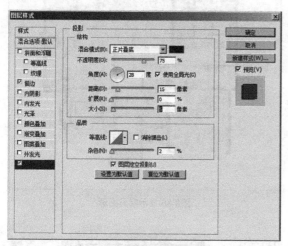

图8-89 "图层样式"对话框

步骤05 单击"确定"按钮，柜子投影制作完成，如图8-90所示。

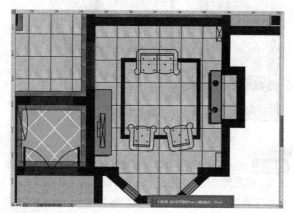

图8-90 制作投影

步骤06 按Ctrl+O组合键，打开本书配套光盘中的"第8章\家具\客厅家具.psd"文件，如图8-91所示。

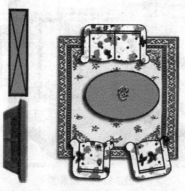

图8-91 打开文件

步骤07 将素材移动到当前操作窗口，移动到合适的位置，按Ctrl+T组合键，进入"自由变换"模式，将素材缩放到合适大小，客厅家具添加完成，如图8-92所示。

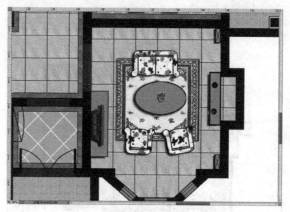

图8-92 添加素材

8.4.2 制作餐厅家具

餐厅家具由八座餐桌和一个休闲区组成，下面介绍餐厅家具的制作方法。

步骤01 按Ctrl+O组合键，打开本书配套光盘中的"第8章\家具\餐厅家具.psd"文件，如图8-93所示。

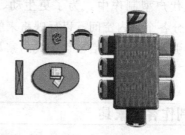

图8-93 打开文件

步骤02 将素材添加到当前操作窗口，放在合适的位置，按Ctrl+T组合键，进入"自由变换"模式，将素材缩放到合适大小，如图8-94所示。

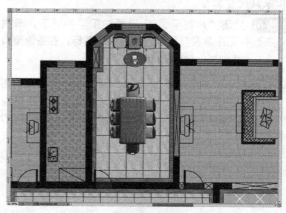

图8-94 添加素材

步骤03 在"餐桌"图层上单击鼠标右键,弹出快捷菜单,选择"混合选项",弹出"图层样式"对话框,选择投影,设置相应的参数,如图8-95所示。

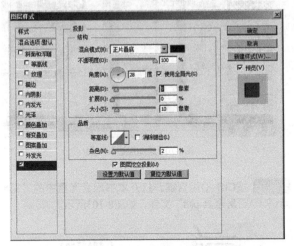

图8-95 "图层样式"对话框

步骤04 单击"确定"按钮,效果如图8-96所示。

图8-97 复制图层样式

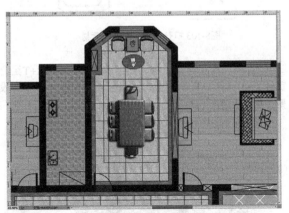

图8-96 投影效果

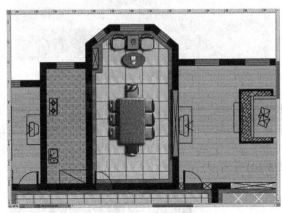

图8-98 粘贴图层样式

步骤05 在"餐桌"图层上单击鼠标右键,弹出快捷菜单,选择"拷贝图层样式",如图8-97所示。

步骤06 在其他需要添加投影的家具图层上单击鼠标右键,在弹出的快捷菜单中选择"粘贴图层样式",餐厅家具添加完成,效果如图8-98所示。

8.4.3 制作厨房家具

步骤01 单击工具箱中的"矩形选框工具"按钮,将图8-99所示区域载入选区,制作橱柜。

步骤02 按Ctrl+O组合键,打开本书配套光盘中的"第8章\贴图素材\厨房大理石.jpg"文件,如图8-100所示。执行"编辑"|"定义图案"命令,弹出"图案名称"对话框,单击"确定"按钮,定义图案。

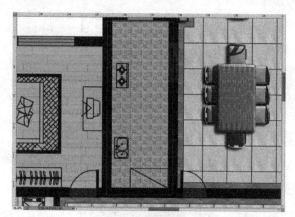

图8-99 载入选区

图8-100 打开文件

步骤 03 单击图层面板底部的"新建新图层"按钮 ，新建图层，利用"图案叠加"命令，填充图案，上面详细讲了操作步骤，这里就不仔细说明了，填充效果如图8-101所示。

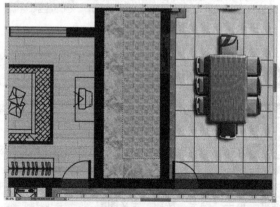

图8-101 填充图案

步骤 04 添加投影和描边，设置描边为2像素，然后制作投影，效果如图8-102所示。

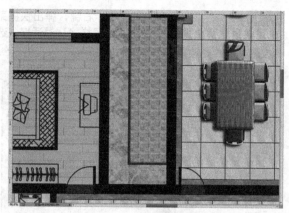

图8-102 添加描边和投影

步骤 05 按Ctrl+O组合键，打开本书配套光盘中的"第8章\家具\厨房家具.psd"文件，如图8-103所示。

图8-103 打开"厨房家电"素材

步骤 06 将"厨房家具"移动到当前窗口，按Ctrl+T组合键，进入"自由变换"模式，调整大小和位置，添加投影，效果如图8-104所示。

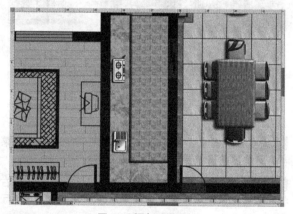

图8-104 添加"厨具"

8.4.4 制作卧室家具

卧室分为主卧、次卧和佣人房，在制作过程中，主卧和次卧可以做得精致一些，佣人房可以稍微简单一点。卧室主要由床、地毯、衣柜、电视柜和电视等组成，这里只需要添加家具模块，然后制作投影即可，下面来讲解制作方法。

步骤01 按Ctrl+O组合键，打开本书配套光盘中的"第8章\家具\卧室家具.psd"文件，如图8-105所示。

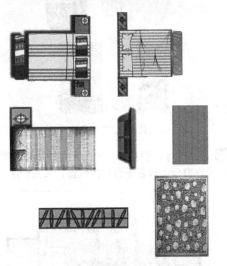

图8-105 打开文件

步骤02 将"卧室家具"素材移动到当前操作窗口，按Ctrl+T组合键，进入"自由变换"模式，将其缩放到合适的大小，移动到合适的位置，如图8-106所示。

图8-106 添加家具

步骤03 为没有投影的家具制作投影效果，可以单独为家具添加投影，也可以复制图层样式，投影添加效果如图8-107所示。卧室家具制作完成。

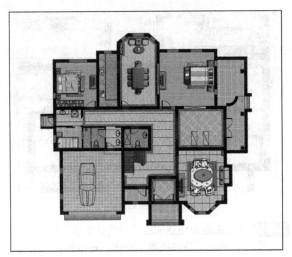

图8-107 添加投影

8.4.5 制作卫生间和洗衣间家具

卫生间分为公卫和客卫两间，里面的家具由柜子、洗脸盆和马桶等家具组成。洗衣间由洗衣机和洗脸盆等家具组成。

步骤01 按Ctrl+O组合键，打开本书配套光盘中的"第8章\家具\卫生间和洗衣间家具.psd"文件，如图8-108所示。

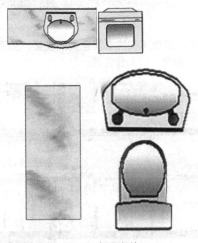

图8-108 打开文件

步骤02 将"卫生间和洗衣间家具"素材移动到当前操作窗口，按Ctrl+T组合键，进入"自由变换"模式，将其缩放到合适的大小，移动到合适的位置，单击工具箱中的"矩形选框工具"按钮，选取木柜区域箭头所示区域，如图8-109所示。

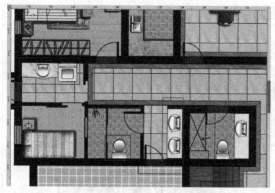

图8-109 添加家具

步骤03 单击图层面板底部的"新建新图层"按钮 🔲，新建图层，利用"叠加图案"命令，将木柜区域填充，如图8-110所示。

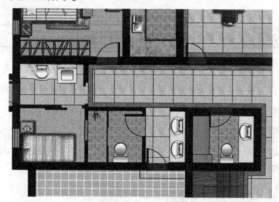

图8-110 制作木柜

步骤04 添加卫生间和洗衣间家具的投影，如图8-111所示。卫生间和洗衣间制作完成。

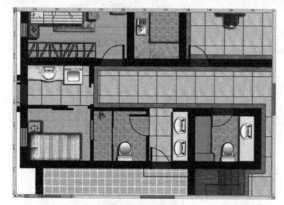

图8-111 添加投影

8.4.6 添加车库、健身房和室外温泉池等设备

步骤01 按Ctrl+O组合键，打开本书配套光盘中的"第8章\家具\车库、健身房和室外温泉池设备.psd"文件，如图8-112所示。

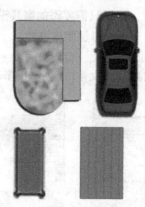

图8-112 打开文件

步骤02 将"车库、健身房和室外温泉池设备"素材移动到当前操作窗口，放置于合适的位置，如图8-113所示。

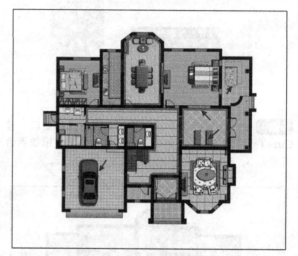

图8-113 添加设备

8.4.7 制作木门

步骤01 单击工具箱中的"矩形选框工具"按钮 🔲，在门的区域建立选区，如图8-114所示。

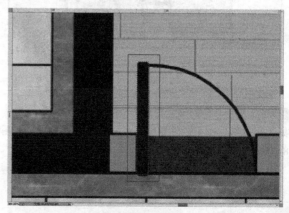

图8-114 创建选区

步骤02 单击图层面板底部的"新建新图层"按钮 ⬜，新建图层，命名为"木门"，执行"图层"|"图层样式"|"图案叠加"命令，在弹出的"图案叠加"对话框中调用"木柜"图案，设置缩放为20%，如图8-115所示。

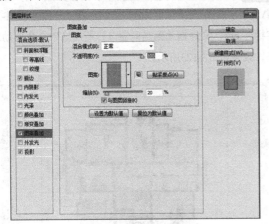

图8-115 "图案叠加"命令

步骤03 添加投影和描边，设置描边为1像素，单击"确定"按钮，效果如图8-116所示。

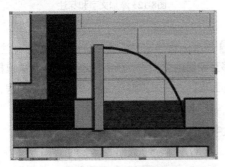

图8-116 添加投影和描边

步骤04 选择"木门"图层，按住Ctrl+J组合键，复制"木门"图层，移动到其他木门区域。最后将所有的"木门"图层按Ctrl+E组合键，合并图层，木门制作完

成，效果如图8-117所示。

图8-117 复制木门

8.4.8 添加绿色植物

添加绿色植物可以丰富空间层次，改善居室视觉效果，但添加的时候需注意不可抢主体，植物的投影需与整体投影方向一致，添加数量不宜太多，它的作用只是起到装饰效果。

步骤01 按Ctrl+O组合键，打开本书配套光盘中的"第8章\家具\绿色植物.psd"文件，如图8-118所示。

图8-118 打开文件

步骤02 将"绿色植物"素材移动到当前操作窗口，按住Ctrl键，单击图层缩览图，选择绿色植物，按住Alt键，拖动鼠标，完成同一图层的绿色植物复制。添加绿色植物完成，如图8-119所示。

图8-119 添加"绿色植物"

8.5 最终效果处理

为了方便客户阅读，在室内家具模块制作完成后，对没有添加阴影的图像进行补充，还需要添加文字说明，对各空间的尺寸和功能进行简介。

8.5.1 添加墙体和窗户阴影

为墙体图层添加投影效果，以加强户型图整体的立体感。投影方向与室内家具投影方向一致。

步骤01 单击图层面板，设置"墙体"为当前图层，执行"图层"|"图层样式"|"投影"命令，在弹出的"图层样式"对话框中，设置如图8-120所示的参数。

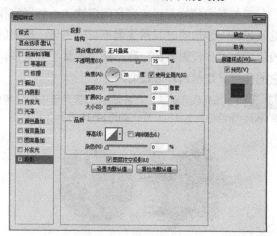

图8-120 "图层样式"对话框

步骤02 单击"确定"按钮，墙体投影添加完成，如图8-121所示。

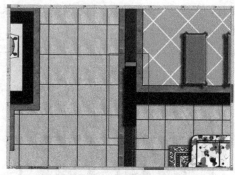

图8-121 添加"墙体"投影

步骤03 单击图层面板，设置"玻璃"为当前图层，并置于"墙体"图层最上方，复制"墙体"图层的图层样式，粘贴到"玻璃"图层，效果如图8-122所示。

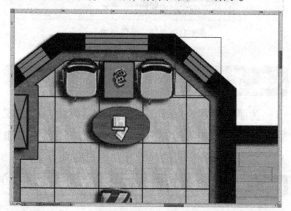

图8-122 添加"玻璃"投影

8.5.2 添加文字和标注

步骤01 按Ctrl+O组合键，打开本书配套光盘中的"第8章\户型平面图-文字标注.eps"文件，将"户型平面图-文字标注.eps"文件拖动到当前窗口，两图像中心会自动对齐，效果如图8-123所示。

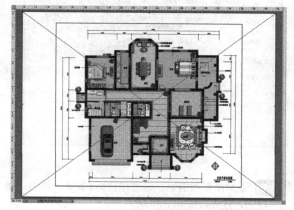

图8-123 添加文字和标注

步骤02 按Enter键确定，将"户型平面图-文字标注.eps"图层移至图层的最上方，使标注不被其他对象遮挡，单击图层面板，选择"户型平面图-文字标注"图层，单击鼠标右键，弹出快捷菜单，选择"栅格化图层"，得到显示文字和标注图像，如图8-124所示。

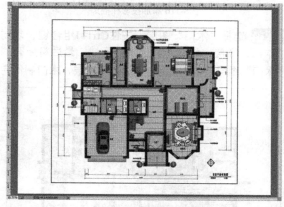

图8-124 栅格化图层

步骤 02 按Enter键确定裁剪，最终效果如图8-126所示。

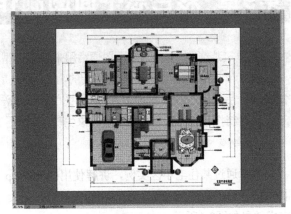

图8-126 最终效果

8.5.3 裁剪图像

步骤 01 单击工具箱中的"裁剪工具"按钮 🔲，拖动鼠标，创建裁剪区域，效果如图8-125所示区域。

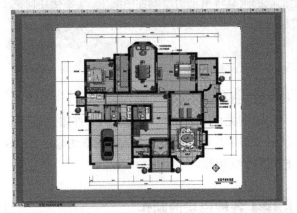

图8-125 裁剪区域

第9章 彩色总平面图制作

在建筑装饰业，彩色总平面图通常用来展示大型规划与新开发的楼盘等项目，通常又称为二维渲染。最初二维渲染图的制作工艺是比较粗糙的，设计师只是用简单的画笔将渲染图绘制在图纸上，而不做任何艺术效果。后来随着计算机的引入，规划图的表现手法日趋成熟、多样，真实的草地、水面、树木等素材的引入，使得制作完成的彩色总平面图形象生动、效果逼真。

本章通过某住宅小区实例，讲解使用Photoshop制作彩色总平面图的方法、流程和相关技巧，最终完成效果如图9-1所示。

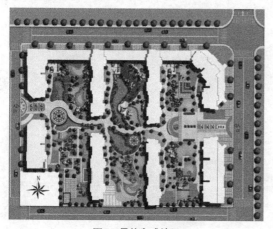

图9-1 最终完成效果

9.1 彩色总平面图的制作流程

绘制彩色总平面图主要分为三个阶段，包括AutoCAD输出平面图、各种模块的制作和后期合成处理。在Photoshop中对平面图进行着色和添加模块的时候，应掌握一定的前后次序关系，以最大限度地提高工作效率。

9.1.1 AutoCAD输出平面图

二维线框图是整个总平面图制作的基础，因此制作平面图的第一步就是根据建筑师的设计意图，使用AutoCAD软件绘制出整体的布局规划，包括整个规划各组成部分的形状、位置和大小等，这也是保障最终平面图的正确和精确程度的关键。有关AutoCAD的使用方法，本书不作介绍，读者可参考相关的AutoCAD书籍。

绘制完成后，执行"文件"|"打印"命令，使用本书第八章中介绍的方法将线框图输出为EPS格式的平面图像。

9.1.2 各种模块的制作

总平面图的常见元素包括：草地、树木、灌木、房屋、广场、水面、马路和车辆、花坛、休息亭以及娱乐场所等，掌握了这些元素的制作方法，也就基本掌握了彩色总平面图的制作。制作过程主要由Photoshop来完成，使用的工具包括选择、填充、渐变和图案填充等，在制作水面、草地和路面时也会使用到一些图像素材，如大理石纹理、地砖纹理、水面图像等。

9.1.3 后期合成处理

各素材模块制作完成后，彩色总平面图的大部分工作也就基本完成了，最后便是对整个平面图进行后期的合成处理，如复制树木、制作阴影，加入配景，对草地进行精细加工，使整个画面和谐、自然，对水面添加倒影等。

9.2 在AutoCAD中输出EPS文件

为了方便Photoshop处理，在AutoCAD中输出平面规划图EPS文件，然后在Photoshop 中进行合成。

在最终的彩色总平面图中，这些打印输出的图线将会被保留，使用图线的好处如下。

① 所有的物体可以在图线下面来做，一些没

有必要做的物体可以少做或不做，节省了很多时间。

② 物体之间的互相遮挡可以产生一些独特的效果。

③ 图线可以遮挡一些物体因选取不准而产生的错位和模糊，使边缘看起来整齐，使图形看起来整齐、美观。

—— ❗ 注意 ——

如果总平面图中绘制有地面铺装图案，还需要单独输出铺装EPS文件

步骤01 启动AutoCAD，按Ctrl+O组合键，打开本书配套光盘中的"第9章\小区规划总平面图.dwg"文件，如图9-2所示。

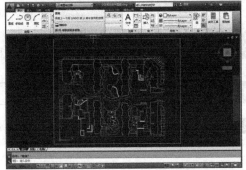

图9-2 打开小区规划总平面图

步骤02 按Ctrl+P组合键，打开"打印-模型"对话框，如图9-3所示。

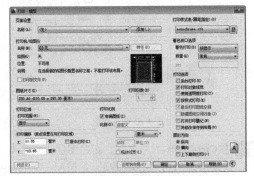

图9-3 "打印-模型"对话框

步骤03 在"打印机/绘图仪"的名称下拉菜单中，选择"EPS绘图仪"，在"图纸尺寸"选框中，选择"ISO A3（420.00×297.00毫米）"尺寸，如图9-4所示。

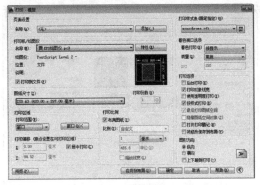

图9-4 设置参数

步骤04 在"打印样式表"下拉列表中，选择"acad.ctb"样式，然后单击"编辑样式"按钮，打开"打印样式表编辑器"对话框，选择所有颜色打印样式，设置颜色为黑色、实心，如图9-5所示。

图9-5 打印样式表编辑器

步骤05 单击"保存并关闭"按钮，退出打印样式表编辑器，继续设置打印参数，勾选"居中打印"和"布满图纸"选项，这样可以保证打印的图形文件在图纸上居中布满显示，具体参数设置如图9-6所示。

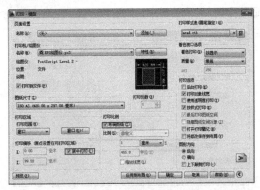

图9-6 打印参数设置

步骤06 单击"窗口"命令，在绘图窗口中分别拾取前面外框矩形的两个角点，指定打印输出的范围，如图9-7所示。使用acad.ctb颜色打印样式控制打印效果。

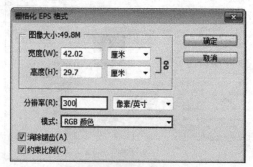

图9-7 打印窗口拾取

步骤07 单击"确定"按钮，打开"浏览打印文件"对话框，指定打印输出的文件名和保存位置，最后单击"保存"按钮开始打印输出，将图形即打印输出至指定的文件中。

9.3 栅格化EPS文件

步骤01 运行Photoshop软件，按Ctrl+O组合键，打开AutoCAD打印输出的"小区规划总平面图-model.eps"图形，在打开的"栅格化EPS格式"对话框中根据需要设置合适的图像大小和分辨率，如图9-8所示。

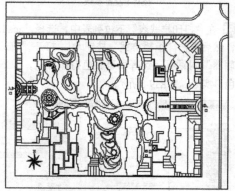

图9-8 设置栅格化参数

步骤02 单击"确定"按钮，开始栅格化处理，得到一个透明背景的线框图像，将线框图层重命名为"总平面"。

步骤03 单击图层面板底部的"新建新图层"按钮 🔲，在当前图层下方新建一个图层。按D键恢复前／背景色为默认的黑、白色，按Ctrl + Delete组合键，填充白色，得到一个白色背景，以便于查看线框，如图9-9所示。

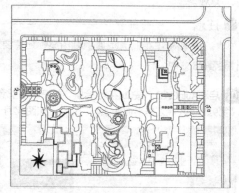

图9-9 新建图层并填充白色

步骤04 设置白色填充图层为当前图层，执行"图层"｜"新建"｜"背景图层"命令，将填充图层转换为背景图层。

步骤05 按Ctrl+S组合键，保存图像为"彩色总平面图.psd"。

9.4 制作马路和人行道

9.4.1 制作路面

步骤01 单击工具箱中的"魔棒工具"按钮 🪄，单击马路区域，将马路载入选区，如图9-10所示。

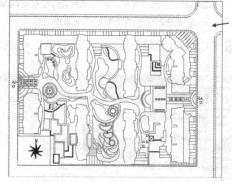

图9-10 载入选区

步骤02 按Ctrl+Shift+N组合键，新建图层，命名为"路面"，设置前景色为"#9d9d9d"，按Alt+Delete组合键，填充前景色，效果如图9-11所示。

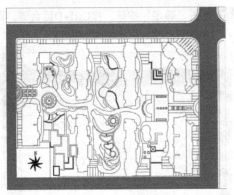

图9-11 填充前景色

步骤03 按Ctrl+Shift+N组合键，新建图层，单击工具箱中的"油漆桶工具"按钮 🖾，设置为"图案"，选择"微粒（256×256像素，RGB模式）"图案，进行填充，如图9-12所示。

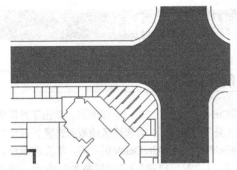

图9-12 添加微粒

步骤04 更改"不透明度"为20%，效果如图9-13所示。

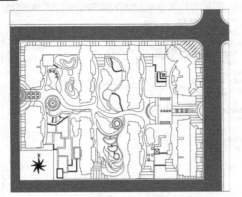

图9-13 更改"不透明度"

步骤05 添加斑马线，制作斑马线在第7章已详细讲过，这里就不再重复了，添加斑马线效果如图9-14所示。

步骤06 执行"图层"|"图层样式"|"内阴影"命令，弹出"图层样式"对话框，制作路面的内阴影，设置相应的参数，如图9-15所示。

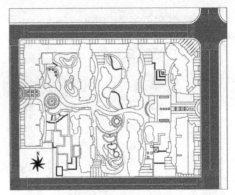

图9-14 添加斑马线

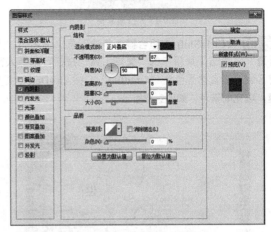

图9-15 "图层样式"对话框

步骤07 单击"确定"按钮，制作完内阴影效果如图9-16所示。

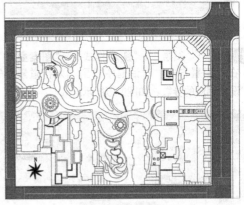

图9-16 制作内阴影

9.4.2 制作人行道

步骤01 按Ctrl+O组合键，打开本书配套光盘中的"第9章\贴图\人行道素材.jpg"文件，执行"编辑"|"定义图案"命令，在弹出的"图案名称"对话框中，自定义名称，如图9-17所示。

图9-17 人行道素材

步骤02 按Ctrl+Shift+N组合键，新建图层，命名为"人行道"，单击工具箱中的"魔棒工具"按钮，选择人行道区域，设置前景色为"# fadf99"，按Alt+Delete快捷键，填充前景色，如图9-18所示。

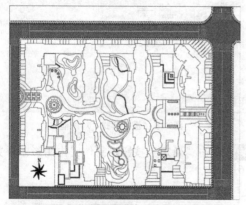

图9-18 载入选区

步骤03 执行"图层"|"图层样式"|"图案叠加"命令，在"图层样式"对话框中找到"人行道素材"图案，设置相应的参数，如图9-19所示。

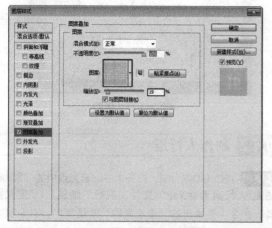

图9-19 "图层样式"对话框

步骤04 单击"确定"按钮，按Ctrl+D组合键，取消选择，人行道制作完成，效果如图9-20所示。

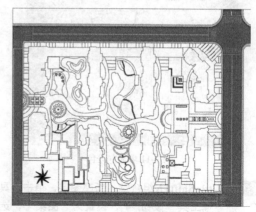

图9-20 填充图案

9.5 制作园路和铺装

9.5.1 制作园路

步骤01 按Ctrl+Shift+N组合键，新建图层，单击工具箱中的"魔棒工具"按钮，将园路区域载入选区，设置前景色为"#fadf99"，按Alt+Delete组合键，填充前景色，执行"图层"|"图层样式"|"图案叠加"命令，弹出"图层样式"对话框，设置相应的参数，如图9-21所示。

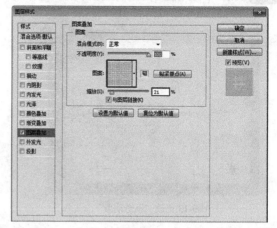

图9-21 "图层样式"对话框

步骤02 单击"确定"按钮，园路制作完成，效果如图9-22所示。

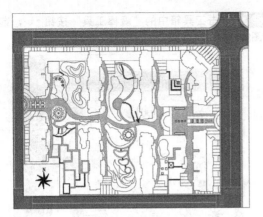

图9-22 填充图案

9.5.2 制作广场铺装

步骤01 按Ctrl+O组合键，打开本书配套光盘中的"第9章\贴图\广场铺装1.jpg"文件，执行"编辑"|"定义图案"命令，如图9-23所示。

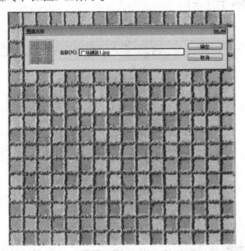

图9-23 定义图案

步骤02 单击工具箱中的"魔棒工具"按钮 ，选择铺装区域，如图9-24所示。

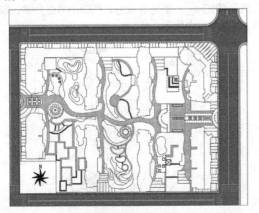

图9-24 载入选区

步骤03 按Ctrl+Shift+N组合键，新建图层，设置前景色为"#fbb04b"，按Alt+Delete组合键，填充前景色，执行"图层"|"图层样式"|"图案叠加"命令，弹出"图层样式"对话框，选择"广场铺装1"图案，设置相应的参数，如图9-25所示。

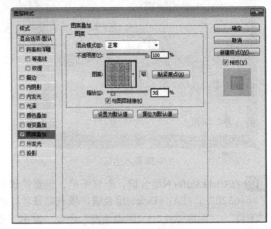

图9-25 "图层样式"对话框

步骤04 单击"确定"按钮，效果如图9-26所示。

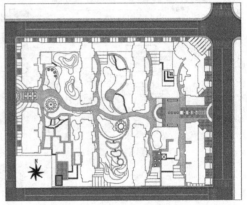

图9-26 填充图案

步骤05 按Ctrl+O组合键，打开本书配套光盘中的"第9章\贴图\广场铺装2.jpg"文件，执行"编辑"|"定义图案"命令，单击"确定"按钮，定义图案，如图9-27所示。

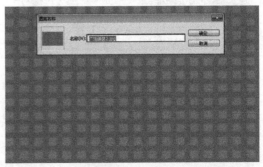

图9-27 定义图案

步骤06 单击工具箱中的"魔棒工具"按钮，选择铺装区域，如图9-28所示。

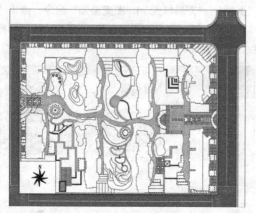

图9-28 载入选区

步骤07 按Ctrl+Shift+N组合键，新建图层，设置前景色为"#b46320"，按Alt+Delete组合键，填充前景色，执行"图层"|"图层样式"|"图案填充"命令，弹出"图层样式"对话框，选择"广场铺装2"图案，设置相应的参数，如图9-29所示。

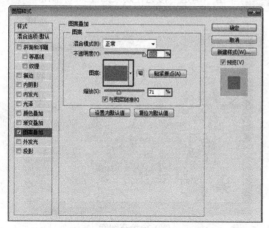

图9-29 "图层样式"对话框

步骤08 单击"确定"按钮，效果如图9-30所示。

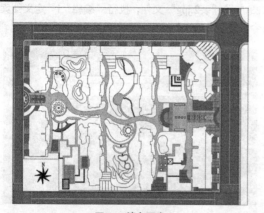

图9-30 填充图案

步骤09 单击工具箱中的"魔棒工具"按钮，选择如图9-31中所示区域。

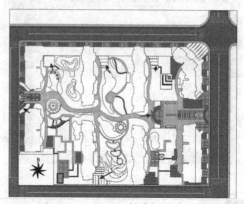

图9-31 载入选区

步骤10 按Ctrl+Shift+N组合键，新建一个图层，设置前景色为"#eee395"，单击工具箱中的"油漆桶工具"按钮，填充前景色，按Ctrl+D组合键，取消选择，效果如图9-32所示。

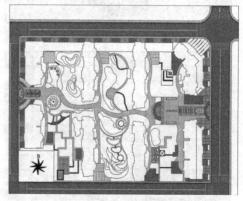

图9-32 填充颜色

步骤11 按Ctrl+Shift+N组合键，新建一个图层，单击工具箱中的"魔棒工具"按钮，选择儿童娱乐场所中心区域，设置前景色为"#fab804"，单击工具箱中的"油漆桶工具"按钮，填充前景色，按Ctrl+D组合键，取消选择，如图9-33中所示。

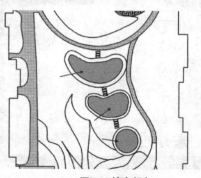

图9-33 填充颜色

步骤12 单击工具箱中的"魔棒工具"按钮，选择儿童娱乐场所区域，设置前景色为"# 899083"，单击工具箱中的"油漆桶工具"按钮，填充前景色，按Ctrl+D组合键，取消选择，效果如图9-34所示。

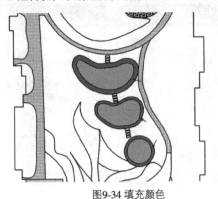

图9-34 填充颜色

9.5.3 制作木板铺装

步骤01 按Ctrl+O组合键，打开本书配套光盘中的"第9章\贴图\木板.jpg"文件，执行"编辑"|"定义图案"命令，弹出"定义图案"对话框，单击"确定"按钮，定义图案，如图9-35所示。

图9-35 定义图案

步骤02 单击工具箱中的"魔棒工具"按钮，选中需要填充木板的区域，如图9-36所示。

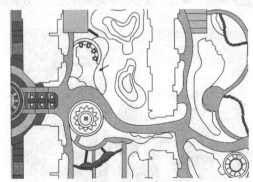

图9-36 载入选区

步骤03 按Ctrl+Shift+N组合键，新建图层，设置前景色为"#7a2e1d"，按Alt+Delete组合键，填充前景色，执

行"图层"|"图层样式"|"图案填充"命令，弹出"图层样式"对话框，选择"木板"图案，设置相应的参数，如图9-37所示。

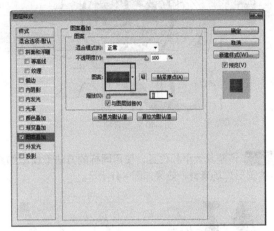

图9-37 "图层样式"对话框

步骤04 单击"确定"按钮，效果如图9-38所示。

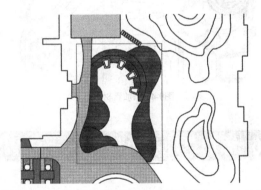

图9-38 填充图案

9.5.4 添加圆形广场

步骤01 按Ctrl+O组合键，打开本书配套光盘中的"第9章\贴图\圆形广场素材.jpg"文件，如图9-39所示。

图9-39 圆形广场素材

步骤02 将圆形广场素材移动至当前操作窗口，按Ctrl+T组合键，进入"自由变换"模式，如图9-40所示。

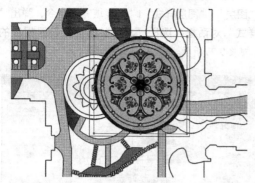

图9-40 添加素材

步骤 03 调整其大小和位置，使用同样的方法继续添加其他的圆形广场素材，效果如图9-41所示。

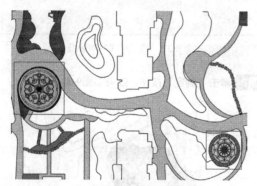

图9-41 添加素材

9.6 添加草地和山坡

9.6.1 制作草地

步骤 01 按Ctrl+O组合键，打开本书配套光盘中的"第9章\配景\草地.jpg"文件，执行"编辑"|"定义图案"命令，弹出"定义图案"对话框，单击"确定"按钮，定义图案，如图9-42所示。

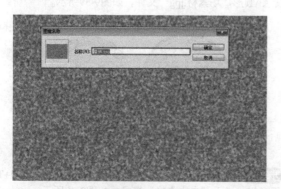

图9-42 定义图案

步骤 02 按Ctrl+Shift+N组合键，新建一个图层，命名为"草地"，单击工具箱中的"魔棒工具"按钮，选择草地区域，如图9-43所示。

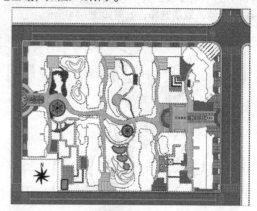

图9-43 载入选区

步骤 03 设置前景色为"#1c6c36"，按Alt+Delete组合键，填充前景色，执行"图层"|"图层样式"|"图案叠加"命令，弹出"图层样式"对话框，选择"草地"图案，设置相应的参数，如图9-44所示。

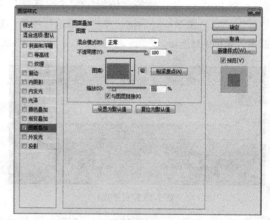

图9-44 "图层样式"对话框

步骤 04 单击"确定"按钮，草地制作完成，效果如图9-45所示。

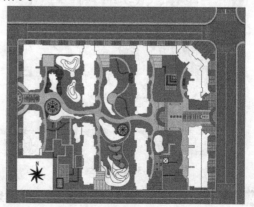

图9-45 填充图案

9.6.2 制作山坡

制作山坡，考虑到文件很大，不制作实体，只利用颜色深浅来表现山坡。

步骤01 按Ctrl+Shift+N组合键，新建一个图层，命名为"山坡"，单击工具箱中的"魔棒工具"按钮 🪄，选择山坡中心区域，设置前景色为"#b9cb27"，单击工具箱中的"油漆桶工具"按钮 🪣，将山坡中心区域进行填充，效果如图9-46所示。

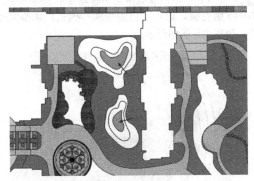

图9-46 填充颜色

步骤02 设置前景色为"#91ae26"，按照上述方法继续填充山坡中间区域，效果如图9-47所示。

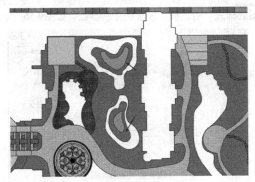

图9-47 填充颜色

步骤03 设置前景色为"#78902e"，按照上述方法继续填充山坡外围区域，效果如图9-48所示。

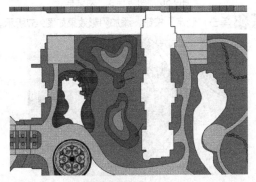

图9-48 填充颜色

步骤04 设置前景色分别为"#c4d774"和"#b0d47f"继续填充其他的山坡区域，效果如图9-49所示。

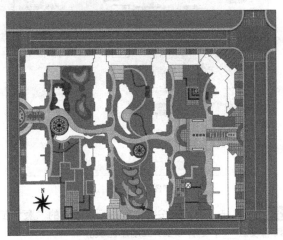

图9-49 制作山坡

9.7 制作建筑和小品

9.7.1 制作建筑

在总平面图中表现建筑，只需要表现其屋顶结构和投影即可。

步骤01 按Ctrl+Shift+N组合键，新建一个图层，命名为"建筑"，单击工具箱中的"魔棒工具"按钮 🪄，选择建筑区域，设置前景色为"#f4f4d7"，按Alt+Delete组合键，填充前景色，效果如图9-50所示。

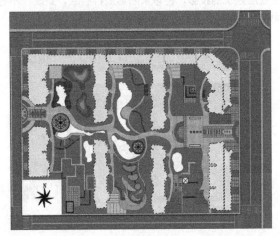

图9-50 填充颜色

步骤02 执行"图层" | "图层样式" | "投影"命令，弹出"图层样式"对话框，设置相应的参数，如图9-51所示。

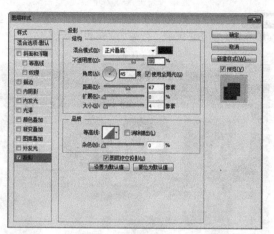

图9-51 "图层样式"对话框

步骤03 单击"确定"按钮，单击工具箱中的"魔棒工具"按钮 ✦，选择如图9-52所示区域。

图9-52 添加投影

步骤04 按Ctrl+J组合键，复制图层，制作高层建筑投射在底层建筑的投影，将多余阴影进行删除，更改"不透明度"为60%，效果如图9-53所示。

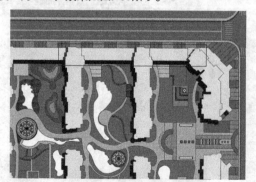

图9-53 添加投影

9.7.2 添加建筑小品

步骤01 按Ctrl+O组合键，打开本书配套光盘中的"第9章\配景\建筑小品.psd"文件，如图9-54所示。

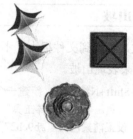

图9-54 打开文件

步骤02 将素材中的广场喷泉选中移动至当前操作窗口，按Ctrl+T组合键，进入"自由变换"模式，调整大小和位置，效果如图9-55所示。

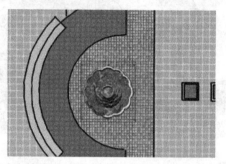

图9-55 添加素材

步骤03 执行"图层"|"图层样式"|"投影"命令，弹出"图层样式"对话框，设置相应的参数，如图9-56所示。

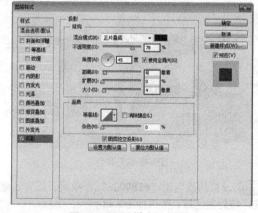

图9-56 "图层样式"对话框

步骤04 单击"确定"按钮，添加阴影效果如图9-57所示。

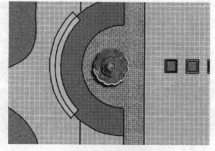

图9-57 添加投影

步骤05 使用与上述相同的方法继续添加其他的素材，效果如图9-58所示。

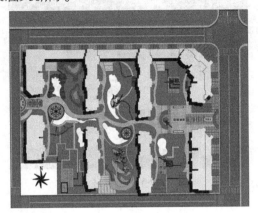

图9-58 添加素材

9.7.3 添加健身娱乐设施

娱乐场所是提供给人们健身和娱乐的地方，它可以丰富和方便居民的文化娱乐生活，促进文明建设。

步骤01 按Ctrl+O组合键，打开本书配套光盘中的"第9章\配景\健身娱乐设施.psd"文件，如图9-59所示。

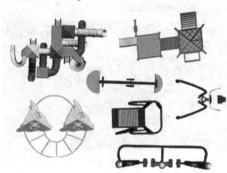

图9-59 打开文件

步骤02 将儿童设施添加到当前操作窗口，按Ctrl+T组合键，进入"自由变换"模式，将其缩放至合适的大小，放置于合适的位置，如图9-60所示。

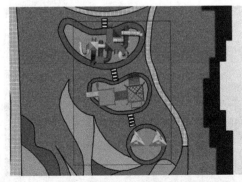

图9-60 添加素材

步骤03 执行"图层"|"图层样式"|"投影"命令，弹出"图层样式"对话框，添加投影，设置相应的参数，如图9-61所示。

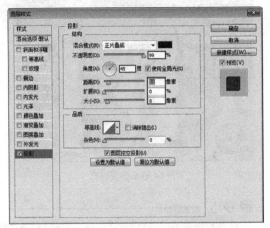

图9-61 "图层样式"对话框

步骤04 单击"确定"按钮，效果如图9-62所示。

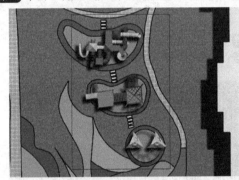

图9-62 添加投影

步骤05 将健身器材移动至当前窗口，按Ctrl+T组合键，进入"自由变换"模式，调整大小和位置，选中健身器材所有的图层，按Ctrl+E组合键进行合并，如图9-63所示。

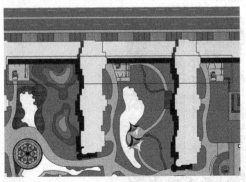

图9-63 添加素材

步骤06 选择儿童设施所在的图层，单击鼠标右键，弹出快捷键菜单，选择"拷贝图层样式"选项，选择健身器材图层，单击鼠标右键，弹出快捷菜单，选择"粘贴图层样式"选项，添加投影，效果如图9-64所示。

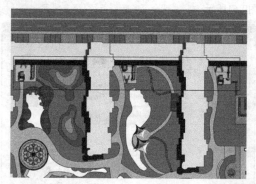

图9-64 粘贴图层样式

💡 技巧

当需要为很多物体添加阴影的时候，可以利用"拷贝图层样式"和"粘贴图层样式"来进行添加，这样就不用一个一个的设置参数。

步骤07 按Ctrl+O组合键，打开本书配套光盘中的"第9章\配景\羽毛球场.jpg"文件，如图9-65所示。

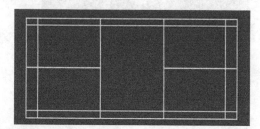

图9-65 打开文件

步骤08 将素材选中移动至当前操作窗口，按Ctrl+T组合键，进入"自由变换"模式，调整大小和位置，效果如图9-66所示。

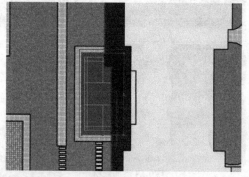

图9-66 添加素材

步骤09 添加完健身娱乐设置后的效果如图9-67所示。

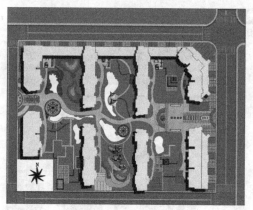

图9-67 添加素材

9.7.4 添加沙地和汀步

步骤01 按Ctrl+O组合键，打开本书配套光盘中的"第9章\配景\沙地.jpg"文件，执行"编辑"|"定义图案"命令，弹出"定义图案"对话框，单击"确定"按钮，定义图案，如图9-68所示。

图9-68 打开文件

步骤02 按Ctrl+Shift+N组合键，新建一个图层，命名为"沙地"，单击工具箱中的"魔棒工具"按钮，选择沙地区域，设置前景色为"#e5c29d"，按Alt+Delete组合键，填充前景色，如图9-69所示。

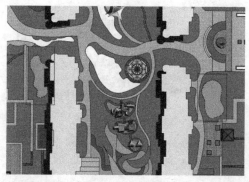

图9-69 填充前景色

图9-73 打开文件

步骤03 执行"图层"Ⅰ"图层样式"Ⅰ"图案叠加"命令，弹出"图层样式"对话框，设置相应的参数，如图9-70所示。

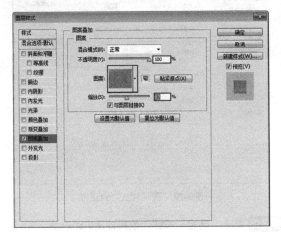
图9-70 "图层样式"对话框

步骤04 执行"图层"Ⅰ"图层样式"Ⅰ"内阴影"命令，弹出"图层样式"对话框，设置相应的参数，如图9-71所示。

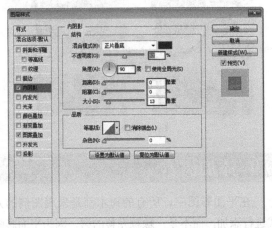
图9-71 "图层样式"对话框

步骤05 单击"确定"按钮，效果如图9-72所示。

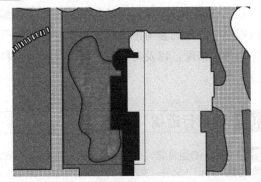
图9-72 填充图案

步骤06 按Ctrl+O组合键，打开本书配套光盘中的"第9章\配景\汀步.jpg"文件，如图9-73所示。

步骤07 将汀步选中移动至当前操作窗口，按Ctrl+T组合键，进入"自由变换"模式，如图9-74所示。

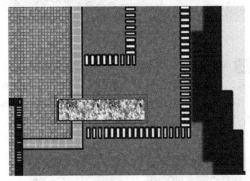
图9-74 添加素材

步骤08 调整大小和位置，按Ctrl键，单击汀步图层缩略图，按住Alt键移动鼠标，完成同一图层汀步的复制，效果如图9-75所示。

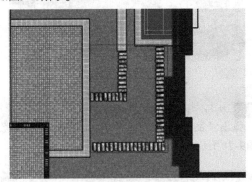
图9-75 复制汀步

9.8 制作水面

水对于人有怡心养性的功能，还有调节气温、净化空气环境的作用。为了迎合人们返璞归真的生活理想，傍水而居的普遍愿望，许多建筑开发商都在住宅景观设计中引入了水景景观设计，开凿人工河道，搭建亭、桥、廊、榭等水边建筑，构筑叠水、溪流、瀑布、喷泉、水池等水景景观，勾勒出一幅人与环境和谐、融洽的美好画卷。

步骤01 按Ctrl+O组合键，打开本书配套光盘中的"第9章\配景\水面素材.jpg"文件，执行"编辑"Ⅰ"定义图案"命令，单击"确定"按钮，如图9-76所示。

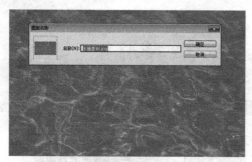

图9-76 定义图案

步骤02 按Ctrl+Shift+N组合键，新建一个图层，命名为 "水面"，单击工具箱中的"魔棒工具"按钮，选择 水面区域，设置前景色为"#20a0c9"，按Alt+Delete组 合键，填充前景色，如图9-77所示。

图9-77 填充前景色

步骤03 执行"图层"I"图层样式"I"图案叠加"命 令，弹出"图层样式"对话框，设置相应的参数， 如图9-78所示。

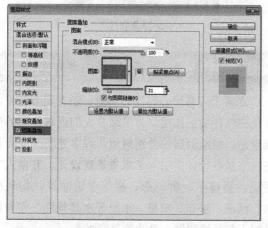

图9-78 "图层样式"对话框

步骤04 执行"图层"I"图层样式"I"内阴影"命令，弹出 "图层样式"对话框，设置相应的参数，如图9-79所示。

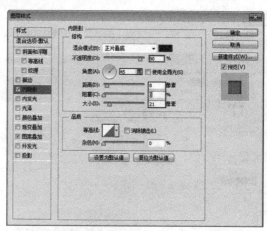

图9-79 "图层样式"对话框

步骤05 单击"确定"按钮，效果如图9-80所示。

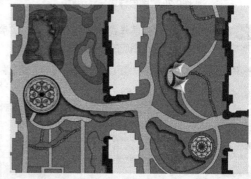

图9-80 填充图案

9.9 添加树木

在平面彩图中，所有的树木都是采用图例的方 式进行添加，而不是一颗颗完整的树，因为平面彩图 是顶视俯瞰，所有的树木、房子和人等都只能看到其 顶部。其空间关系存在于平面，而不是透视关系。

在CAD图中，如果没有给植物种植方案，那么 可以根据一些好的参考图来种植树木，种植过程中 注意树种的搭配，以及树与树之间的疏密关系和图 层叠加顺序。

9.9.1 种植行道树

步骤01 按Ctrl+O组合键，打开本书配套光盘中的"第9章\ 配景\行道树.psd"文件，如图9-81所示。

步骤02 将马路上的行道移动至当前操作窗口，按Ctrl+T 组合键，进入"自由变换"模式，调整大小和位置，如 图9-82所示。

图9-81 打开文件

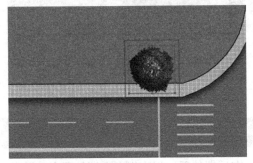

图9-82 添加素材

步骤03 按Ctrl键，单击行道树缩略图，按住Alt键并移动鼠标，完成同一图层行道树的复制，使用"粘贴图层样式"命令来添加投影，效果如图9-83所示。

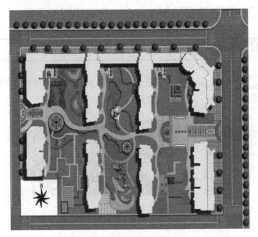

图9-83 复制行道树

步骤04 将园路上的行道树移动至当前操作窗口，按Ctrl+T组合键，进入"自由变换"模式，调整大小和位置，效果如图9-84所示。

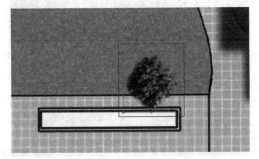

图9-84 添加素材

步骤05 使用与上述相同的方法复制行道树，使用"粘贴图层样式"命令来添加投影，效果如图9-85所示。

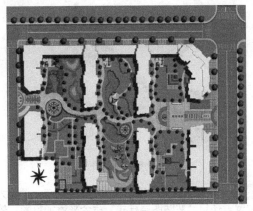

图9-85 复制素材

9.9.2 添加矮植和灌木

步骤01 按Ctrl+O组合键，打开本书配套光盘中的"第9章\配景\水边草地.jpg"文件，执行"编辑"|"定义图案"命令，弹出"图案名称"，单击"确定"按钮，定义图案，如图9-86所示。

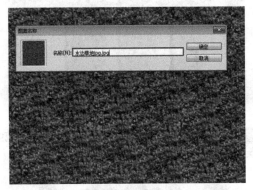

图9-86 定义图案

步骤02 使用"图案叠加"命令将水草填充，效果如图9-87所示。

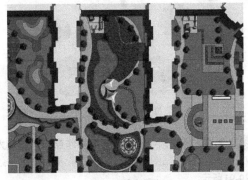

图9-87 填充图案

步骤 03 按Ctrl+O组合键，打开本书配套光盘中的"第9章\配景\矮植.psd"文件，如图9-88所示，倒影制作完成。

图9-88 打开文件

步骤 04 将矮植素材选中移动至当前操作窗口，调整大小和位置，使用"粘贴图层样式"命令来添加投影，效果如图9-89所示。

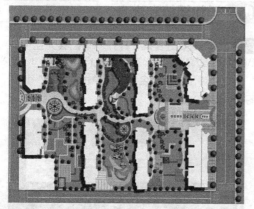

图9-89 添加素材

步骤 05 按Ctrl+O组合键，打开本书配套光盘中的"第9章\配景\灌木.psd"文件，如图9-90所示。

图9-90 打开文件

步骤 06 将灌木素材选中移动至当前操作窗口，调整大小和位置，使用"粘贴图层样式"命令来添加投影，效果如图9-91所示。

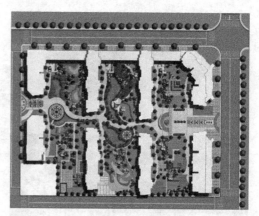

图9-91 添加素材

9.10 处理细节

在后期处理过程中很多后期处理人员通常只注意大关系的把握，而容易忽略很多微小的细节，然而，一张完美的色彩总平面图，往往离不开这些不醒目的微小细节。所以一般在处理完大关系之后，需要检查一些被遗漏的细节部分，完成构图的需要。

9.10.1 添加汽车

步骤 01 按Ctrl+O组合键，打开本书配套光盘中的"第9章\配景\汽车.jpg"文件，效果如图9-92所示。

图9-92 打开文件

步骤 02 将汽车移动至当前操作窗口，按Ctrl+T组合键，进入"自由变换"模式，调整大小和位置，效果如图9-93所示。

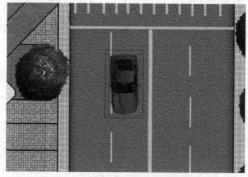

图9-93 添加素材

步骤03 使用与上述相同的方法添加汽车，在这里需注意的是，在添加车辆的时候，需遵循"右侧通行"的交通规则，切勿出现在同一车道有不同方向行驶车辆的情况，效果如图9-94所示。

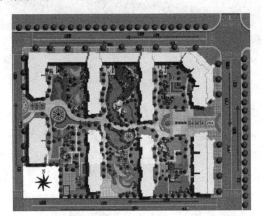

图9-94 复制素材

9.10.2 添加指南针

步骤01 按Ctrl+O组合键，打开本书配套光盘中的"第9章\配景\指南针.psd"文件，如图9-95所示。

图9-95 打开文件

步骤02 设置"总平面图"为当前图层，单击工具箱中的"矩形选框工具"按钮，框选原来的指南针，按Delete键删除，将指南针移动至当前操作窗口，调整大小和位置，效果如图9-96所示。

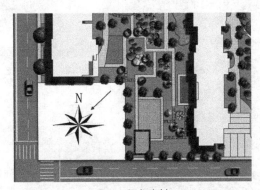

图9-96 添加素材

9.11 最终调整

步骤01 按Ctrl+Shift+N组合键，新建一个图层，设置前景色为"#f2f51e"，单击工具箱中的"画笔工具"按钮，选择边缘较柔和的笔刷，设置不透明度为50%，流量为50%，在草地需要提亮的地方进行涂抹，效果如图9-97所示。

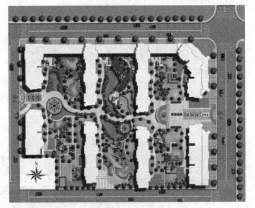

图9-97 提亮草地

步骤02 更改"混合模式"为"颜色减淡"，"不透明度"为80%，最终效果如图9-98所示。

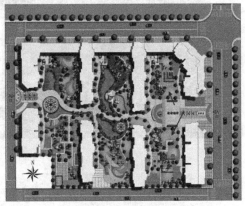

图9-98 最终效果

综合实例篇

- 第 10 章 室内效果图后期处理
- 第 11 章 建筑效果图后期处理
- 第 12 章 园林景观效果图后期处理
- 第 13 章 建筑效果图夜景处理
- 第 14 章 建筑鸟瞰图后期处理
- 第 15 章 特殊效果图后期处理

第10章 室内效果图后期处理

一般情况下，用3ds Max最终渲染的室内效果图都发"灰"，这主要是对比度和色相纯度不够的原因，所以必须经过Photoshop 的后期润色才能使效果图变得比较理想。当然Photoshop 对效果图的后期处理，包括的方面比较多，比如修饰效果图中的坏面、添加室外背景、在PS中增加灯带，以及添加一些配景等。

10.1 卧室夜景效果图后期处理

卧室是家庭必不可少的休息场所，是上班工作之余休息养神的地方，因此，在表现方面不能像办公室那样严谨，而应该表现出温馨、舒适的风格。同样卧室效果图在家装效果图中是很重要的，当它的基调和风格用3ds Max渲染输出的最终效果令人不满意时，所以也需要用Photoshop 对渲染图进行提亮、修饰和美化，以达到最佳效果。

在处理效果图过程中需要把握画面整体的色调，保持整体色调协调，卧室一般都主要营造一种温馨的气氛，色调一般偏暖，还可以给场景添加一些植物等配景，使整个画面更加贴近生活，在处理的时候还需把握细节的处理，要使画面有可看之处，并且有精致的东西。

经过3ds Max软件渲染输出的效果图，如图10-1所示。经过Photoshop 软件进行后期处理后的效果图，如图10-2所示。

图10-2 经过Photoshop后期处理的效果图

10.1.1 添加室外背景

步骤01 启动Photoshop 软件后，调入"卧室渲染效果图.jpg"和"材质通道图.jpg"，命名为"卧室"和"通道"图层，"通道"图层位于"卧室"图层上方，如图10-3和图10-4所示。

图10-3 卧室图

图10-4 通道图

图10-1 3ds Max渲染的效果图

> **⚠ 注意**
>
> 　　再将图像调入到另一个场景时，按住Shift键进行拖动，可以将调入进去的图像居中放置。但前提条件是这两个图像的尺寸必须一致，否则调入的图像将不会与调入图像的场景完全对齐。

步骤02 按Ctrl+O组合键，打开"室外背景"素材图像，如图10-5所示。

图10-5 室外背景

步骤03 将室外背景素材移动至当前操作窗口，按Ctrl+T组合键，进入"自由变换"模式，调整大小和位置，效果如图10-6所示。

图10-6 添加室外背景

步骤04 设置"通道"图层为当前图层，单击工具箱中的"魔棒工具"按钮，选取窗户区域，如图10-7所示。

图10-7 载入选区

步骤05 切换至"室外背景"图层，单击图层面板底部的"添加图层蒙版"按钮，添加图层蒙版，更改"不透明度"为80%，制作窗外背景效果，如图10-8所示。

图10-8 添加图层蒙版

10.1.2 添加卧室配景

步骤01 按Ctrl+O组合键，打开"室内配景.psd"素材图像，如图10-9所示。

图10-9 室内配景素材

步骤02 将"室内配景"中的花瓶选中并移动至当前操作窗口，如图10-10所示。

图10-10 添加素材

步骤03 按Ctrl+T组合键，进入"自由变换"模式，将花瓶调整到合适的大小和位置，如图10-11所示。

图10-11 调整素材

步骤04 设置"通道"为当前图层，单击工具箱中的"魔棒工具"按钮 ，选取右边的沙发区域，如图10-12所示。

图10-12 载入选区

步骤05 按Ctrl+Shift+I组合键，进行反选，切换至"花瓶"图层，单击图层面板底部的"添加图层蒙版"按钮 ，添加图层蒙版，效果如图10-13所示。原先花瓶遮挡沙发的部分通过添加图层蒙版的方法隐藏，得到花瓶在后，沙发在前的效果。

图10-13 添加图层蒙版

步骤06 将"室内配景"中的台灯选中并移动至当前操作窗口，按Ctrl+T组合键，进入"自由变换"模式，将台灯调整到合适的大小和位置，效果如图10-14所示。

图10-14 添加素材

步骤07 将"台灯"图层置于"花瓶"图层的下方，使用添加蒙版的方式，将台灯遮挡沙发的区域进行隐藏，得到效果如图10-15所示。

图10-15 调整素材

步骤08 执行"图像"|"调整"|"亮度/对比度"命令，弹出"亮度/对比度"对话框，调整台灯的亮度，设置相应的参数，如图10-16所示。

图10-16 调整"亮度/对比度"

步骤09 单击"确定"按钮，将其他的室内配景素材进行添加，按Ctrl+T组合键，进入"自由变换"模式，将素材调整到合适的大小和位置，如图10-17所示。

图10-17 添加室内配景

10.1.3 室内效果图的局部调整

步骤01 设置"通道"为当前图层，单击工具箱中的"魔棒工具"按钮 ，选择窗帘区域，如图10-18所示。

图10-18 载入选区

步骤02 切换至"卧室"图层，执行"图像"|"调整"|"曲线"命令，弹出"曲线"对话框，设置相应的参数增强窗帘的亮度，如图10-19所示。

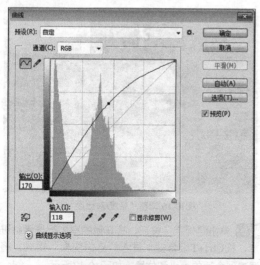

图10-19 "曲线"对话框

步骤03 单击"确定"按钮，按Ctrl+D组合键，取消选择，效果如图10-20所示。

图10-20 窗帘提亮后的效果

步骤04 设置"通道"图层为当前图层，单击工具箱中的"魔棒工具"按钮 ，选择白色窗帘区域，如图10-21所示。

图10-21 载入选区

步骤05 单击图层面板底部的"新建新图层"按钮 ，新建图层，设置前景色为"#6e96fd"，单击工具箱中的"渐变工具"按钮 ，由下往上拉伸渐变，如图10-22所示。

图10-22 拉伸渐变

步骤06 更改"混合模式"为"叠加"，"不透明度"为30%，添加一点冷色调，效果如图10-23所示。

图10-23 更改混合模式

步骤07 设置"通道"图层为当前图层,单击工具箱中的"魔棒工具"按钮 🖱,选择沙发区域,如图10-24所示。

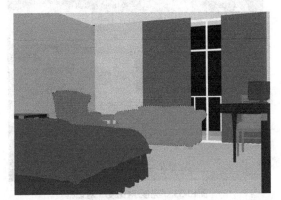

图10-24 载入选区

步骤08 切换至"卧室"图层,按Ctrl+J组合键,复制沙发图层,并设置为当前图层,单击工具箱中的"椭圆选框工具"按钮 ⬭,在靠近台灯的沙发区域拖动鼠标,绘制一个椭圆选区,如图10-25所示。

图10-25 绘制椭圆选区

步骤09 按Shift+F6组合键,执行"羽化"命令,弹出"羽化"对话框,设置相应的参数,如图10-26所示。

图10-26 "羽化"对话框

步骤10 按Ctrl+L组合键,执行"色阶"命令,弹出"色阶"对话框,设置相应的参数,如图10-27所示。增强沙发上的光照效果,制作台灯对沙发的影响。

图10-27 "色阶"调整

步骤11 设置"通道"图层为当前图层,单击工具箱中的"魔棒工具"按钮 🖱,选取红色区域,如图10-28所示。

图10-28 载入选区

步骤12 切换至"卧室"图层,按Ctrl+J组合键,复制图层,从图中发现床单有很多黑色的点,这是3ds Max软件在制作过程中出现的模型渲染错误,可以通过Photoshop来进行修复,如图10-29所示。

图10-29 复制图层

步骤13 单击工具箱中的"仿制图章工具"按钮 ，按住 Alt键，用鼠标单击床单上没有损坏的区域，然后松开Alt 键，在损坏的区域进行涂抹，在取样的时候，尽量选取离 损坏区域最近的区域，修复完成效果如图10-30所示。

图10-30 修复错误

步骤14 按Ctrl+L组合键，执行"色阶"命令，弹出"色阶" 对话框，设置相应的参数提亮床上用品，如图10-31所示。

图10-31 "色阶"调整

步骤15 设置"通道"为当前图层，单击工具箱中的"魔棒 工具"按钮 ，选取床单区域，如图10-32所示。

图10-32 载入选区

步骤16 执行"图像"|"调整"|"亮度/对比度"命令，弹出 "亮度/对比度"对话框，设置相应的参数，如图10-33所示。

图10-33 "亮度/对比度"对话框

步骤17 设置"通道"为当前图层，单击工具箱中的 "魔棒工具"按钮 ，选取地面和地毯区域，如 图10-34所示。

图10-34 选择地板和地毯区域

步骤18 切换至"卧室"图层，按Ctrl+J组合键，复制地 面和地毯图层，单击工具箱中的"椭圆选框工具"按钮 ，在画面中有反光或需要提亮的区域绘制椭圆，如 图10-35所示。

图10-35 绘制椭圆选区

步骤19 按Shift+F6组合键，执行"羽化"命令，弹出"羽化"对话框，设置相应的参数，如图10-36所示。

图10-36 羽化选区

步骤20 单击"确定"按钮，按Ctrl+L组合键，执行"色阶"命令，弹出"色阶"对话框，设置相应的参数提亮有灯光的地面反射区域，如图10-37所示。

图10-37 "色阶"对话框

10.1.4 最终调整

步骤01 单击图层面板底部的"新建新图层"按钮，新建图层，单击工具箱中的"椭圆选框工具"按钮，在台灯处绘制一个椭圆，按Shift+F6组合键，执行"羽化"命令，弹出"羽化"对话框，设置相应的参数，如图10-38所示。

图10-38 绘制椭圆选区

步骤02 设置前景色为"#f6dec4"，按Alt+Delete组合键，填充前景色，提亮台灯的光照效果，如图10-39所示。

图10-39 填充前景色

步骤03 按Ctrl+D组合键，取消选择，更改"混合模式"为"叠加"，"不透明度"为50%，效果如图10-40所示。

图10-40 更改"混合模式"

步骤04 使用同样的方法继续制作其他的台灯光照效果，如图10-41所示。

图10-41 加强台灯光照效果

步骤05 单击图层面板底部的"创建新的填充或调整图层"按钮 ，弹出快捷菜单，选择"色彩平衡"选项，双击"图层缩览图"，弹出"色彩平衡"对话框，设置相应的参数，如图10-42所示。

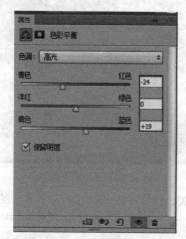

图10-42 "色彩平衡"调整

步骤06 调整完"色彩平衡"后的效果如图10-43所示。

图10-43 "色彩平衡"后的效果

步骤07 选择图层面板顶端图层为当前图层，按Ctrl+Shift+Alt+E组合键，盖印可见图层，执行"滤镜"|"模糊"|"高斯模糊"命令，弹出"高斯模糊"对话框，设置相应的参数，如图10-44所示。

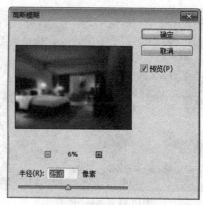

图10-44 "高斯模糊"对话框

步骤08 单击"确定"按钮，效果如图10-45所示。

图10-45 模糊效果

步骤09 更改"混合模式"为"柔光"，"不透明度"为50%，最终效果如图10-46所示。

图10-46 最终效果

10.2 客厅日景效果图后期处理

客厅是现在家庭必不可少的活动场所，既是家人交流的场所，也是接待客人的场所。因此在表现方面不能像卧室那样温馨，又不能像办公室那样严谨，而应该根据客户的要求灵活把握。

同样，客厅效果图在家装效果图中是很重要的，当它的基调和风格用3ds Max渲染的最终效果不完全令人满意时，需要用Photoshop对渲染图片中的不足之处进行提亮、修饰和美化。

从效果图后期处理方面来说，在做客厅效果图时通常要做的工作包括调整画面的整体色调、对画面的细部进行单独调整、为场景中添加一些植物和人物等配景，以使整个画面更加人性化、生活化。

需要注意的是，客厅是整个房间的重中之重，因此不管是最初的设计还是在后期处理阶段，一定要多加重视才行。

经过3ds Max软件渲染输出的效果图，如图10-47所示，经过Photoshop 软件进行后期处理后的效果图，如图10-48所示。

图10-47 3ds Max渲染的效果图

图10-48 经过后期处理的效果图

10.2.1 客厅效果图整体色调调整

步骤01 启动Photoshop 软件后，调入"卧室渲染效果图.jpg"和"材质通道图.jpg"，命名为"卧室"和"通

道"图层，"通道"图层位于"客厅"图层上方，如图10-49和图10-50所示。

图10-49 客厅图

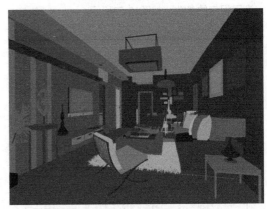

图10-50 通道图

步骤02 设置"客厅"为当前图层，按Ctrl+J组合键，复制图层，按Ctrl+L组合键，执行"色阶"命令，弹出"色阶"对话框，设置相应的参数，如图10-51所示。

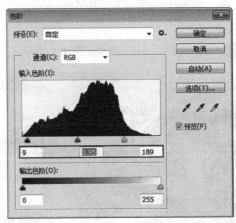

图10-51 "色阶"对话框

步骤03 单击"确定"按钮，调整整体的明暗程度，效果如图10-52所示。

图10-52 调整亮度

步骤04 按Ctrl+J组合键，继续复制图层，按Ctrl+B组合键，执行"色彩平衡"命令，弹出"色彩平衡"对话框，设置相应的参数，如图10-53所示。

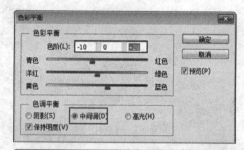

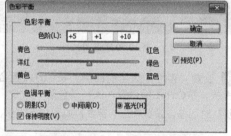

图10-53 "色彩平衡"对话框

步骤05 单击"确定"按钮，效果如图10-54所示。

图10-54 调整色调

步骤06 按Ctrl+J组合键，复制图层，执行"滤镜"|"其他"|"高反差保留"命令，弹出"高反差保留"对话框，设置相应的参数，如图10-55所示。

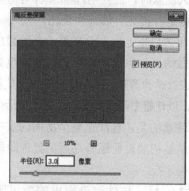

图10-55 "高反差保留"对话框

步骤07 单击"确定"按钮，更改"混合模式"为"柔光"，效果如图10-56所示。

图10-56 更改"混合模式"

执行上述操作后发现，所渲染图像整体的对比度和明暗程度都比较令人满意了，但是有些局部的细节需要进一步调整，下面进行局部的处理。

10.2.2 局部调整

步骤01 设置"通道"为当前图层，单击工具箱中的"魔棒工具"按钮，选择天花板区域，如图10-57所示。

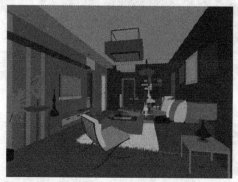

图10-57 载入选区

步骤02 切换至"客厅"图层，按Ctrl+L组合键，执行"色阶"命令，弹出"色阶"对话框，设置相应的参数，如图10-58所示。

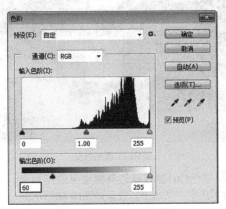

图10-58 "色阶"对话框

步骤03 单击"确定"按钮，增强天花板的亮度，效果如图10-59所示。

图10-59 调整天花板的亮度

10.2.3 添加室内素材

步骤01 按Ctrl+O组合键，打开"照片墙.jpg"图片，如图10-60所示。

图10-60 照片墙素材

步骤02 单击工具箱中的"矩形选框工具"按钮 ▣，选择其中的照片区域，将选中区域移动至当前操作窗口，按Ctrl+T组合键，进入"自由变换"模式，如图10-61所示。

图10-61 添加照片

步骤03 调整至合适大小，放置于相框内，效果如图10-62所示。

图10-62 调整素材

步骤04 使用同样的方法添加其他的照片，添加完效果如图10-63所示。

图10-63 添加素材

步骤05 按Ctrl+E组合键，合并所有的照片图层，执行"图像"|"调整"|"亮度/对比度"命令，弹出"亮度/对比度"对话框，设置相应的参数，如图10-64所示。

图10-64 "亮度/对比度"对话框

图10-67 添加书皮

步骤 06 按Ctrl+B组合键，执行"色彩平衡"命令，弹出"色彩平衡"对话框，设置相应的参数，如图10-65所示。

步骤 09 按住Ctrl键拖动边界框边上的控制点，进行变形，将书皮附在书本上，效果如图10-68所示。

图10-65 "色彩平衡"对话框

图10-68 调整书皮

步骤 07 按Ctrl+O组合键，打开"室内配景.psd"素材图像，如图10-66所示。

步骤 10 使用同样的方法为左边的那本书附上封皮，效果如图10-69所示。

图10-66 室内素材

图10-69 添加素材

步骤 08 将"室内配景"素材中的封面选中，移动至当前操作窗口，按Ctrl+T组合键，进入"自由变换"模式，如图10-67所示。

步骤 11 继续添加室内装饰品，按Ctrl+T组合键，进入"自由变换"模式，调整大小和位置，单击工具箱中的"多边形套索工具"按钮，选取装饰品多余部分，如图10-70所示。

图10-70 添加装饰素材

步骤 12 按Delete键，删除选区，效果如图10-71所示。

图10-71 删除多余区域

步骤 13 将素材中的挂边树选中，移动至当前操作窗口，按Ctrl+T组合键，进入"自由变换"模式，如图10-72所示。

图10-72 添加挂变树

步骤 14 调整挂边树的大小和位置，效果如图10-73所示。

图10-73 调整素材

10.2.4 添加光晕效果

步骤 01 按Ctrl+O组合键，打开"光晕.psd"素材图像，如图10-74所示。

图10-74 光晕素材

步骤 02 将光晕选中并移动至当前操作窗口，按Ctrl+T组合键，进入"自由变换"模式，调整光晕的大小和位置，效果如图10-75所示。

图10-75 添加光晕

步骤 03 按住Ctrl键单击图层缩览图，按住Alt键拖动鼠标进行复制，完成同一图层的光晕复制，遵循"近大远小"的原则，效果如图10-76所示。

图10-76 添加完光晕后的效果

10.2.5 最终调整

步骤01 单击图层面板底部的"创建新的填充或调整图层"按钮 ⚫，选择"亮度/对比度"选项，设置相应的参数，如图10-77所示。

图10-77 "亮度/对比度"对话框

步骤02 最终效果如图10-78所示。

图10-78 最终效果

10.3 餐厅效果图后期处理

餐厅在平日生活中占据了一定的使用率，不仅是一家人聚在一起用餐的地方，也是接待客人的主要场所之一。

餐厅的色彩应以明快为主，明快的颜色能让人感觉到和煦的温暖，同时还能增加食欲，所以在制作餐厅效果图时，不妨多运用一些暖色系，这样容易让人产生温馨的感觉。另外，如果餐厅与客厅相连，就要考虑到餐厅与客厅之间的协调性以及统一性。

经过3ds Max软件渲染输出的效果图，如图10-79所示。经过Photoshop 软件进行后期处理后的效果图，如图10-80所示。通过调整色调和添加室内配景，使整个画面显得更加温馨。

图10-79 处理前

图10-80 处理后

10.3.1 添加室外背景

步骤01 启动Photoshop 软件后，调入"餐厅渲染效果图.jpg"和"材质通道图.jpg",命名为"餐厅"和"通道"图层,"通道"图层位于"卧室"图层上方,如图10-81和图10-82所示。

图10-81 客厅图

图10-82 通道图

步骤02 按Ctrl+O组合键,打开"室外背景.jpg"素材图像,如图10-83所示。

图10-83 室外背景素材

步骤03 将"室外背景"移动至当前操作窗口,按Ctrl+T组合键,进入"自由变换"模式,调整大小和位置,如图10-84所示。

图10-84 添加素材

步骤04 单击工具箱中的"矩形选框工具"按钮[::],选择素材中的天空,如图10-85所示。

图10-85 扣取天空

步骤05 按V键切换"移动工具"按钮[►+],按住Alt键将选区移动至上方,放置于楼上的窗户区域,按Ctrl+D组合键,取消选择,如图10-86所示。

图10-86 移动选区

步骤06 设置"通道"为当前图层,单击工具箱中的"魔棒工具"按钮[✐],选取窗户区域,如图10-87所示。

图10-87 载入选区

步骤07 切换至"室外背景"图层，单击图层面板底部的"添加图层蒙版"按钮 ▣，添加图层蒙版，效果如图10-88所示。

图10-88 添加图层蒙版

步骤08 更改"混合模式"为"叠加"，效果如图10-89所示。

图10-89 更改"混合模式"

10.3.2 整体明暗调整

步骤01 按Ctrl+L组合键，执行"色阶"命令，弹出"色阶"对话框，设置相应的参数，如图10-90所示。

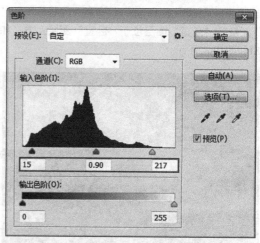

图10-90 "色阶"对话框

步骤02 单击"确定"按钮，效果如图10-91所示。

图10-91 调整色阶后的效果

步骤03 按Ctrl+J组合键，复制图层，执行"滤镜"|"其他"|"高反差保留"命令，弹出"高反差保留"对话框，设置相应的参数，如图10-92所示。

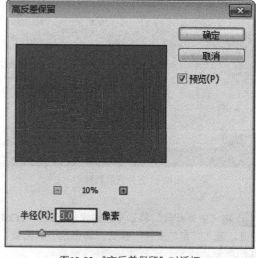

图10-92 "高反差保留"对话框

步骤 04 单击"确定"按钮，更改"混合模式"为"柔光"，按Ctrl+E组合键，向下合并图层，锐化后效果如图10-93所示。

步骤 03 设置"通道"为当前图层，单击工具箱中的"魔棒工具"按钮 🔆 ，选择地板区域，如图10-96所示。

步骤 04 切换至"餐厅"图层，按Ctrl+J组合键，复制图层，按Ctrl+L组合键，执行"色阶"命令，弹出"色阶"对话框，设置相应的参数，如图10-97所示。

图10-93 更改"混合模式"

10.3.3 局部调整

步骤 01 设置"通道"为当前图层，单击工具箱中的"魔棒工具"按钮 🔆 ，选取天花板区域，如图10-94所示。

图10-94 载入选区

步骤 02 切换至"餐厅"图层，按Ctrl+J组合键，复制图层，执行"图像"|"调整"|"亮度/对比度"命令，弹出"亮度/对比度"对话框，调整天花板的亮度，设置相应的参数，如图10-95所示。

图10-95 "亮度/对比度"对话框

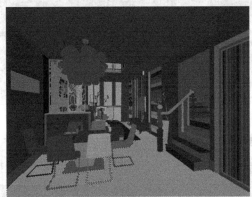

图10-96 载入选区

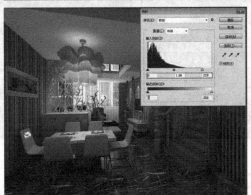

图10-97 "色阶"对话框

步骤 05 设置"通道"为当前图层，单击工具箱中的"魔棒工具"按钮 🔆 ，选择吊灯区域，如图10-98所示。

步骤 06 切换至"餐厅"图层，按Ctrl+J组合键，复制图层，执行"图像"|"调整"|"亮度/对比度"命令，弹出"亮度/对比度"对话框，设置相应的参数，如图10-99所示。

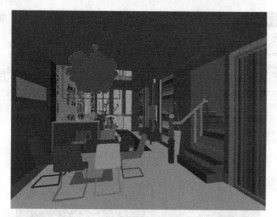

图10-98 载入选区

图10-99 "亮度/对比度"对话框

步骤07 执行"图像"|"调整"|"色彩平衡"命令，弹出"色彩平衡"对话框，调整吊灯的色调，设置相应的参数，如图10-100所示。

图10-100 "色彩平衡"调整

10.3.4　修复材质损坏

步骤01 从3ds Max渲染的效果图来看，有三处材质损坏，这里需要进行后期修复，如图10-101所示。

图10-101 材质损坏

步骤02 在通道图层中将窗帘选中，切换至"餐厅"图层，按Ctrl+J组合键，复制图层，单击工具箱中的"矩形选框"工具按钮，选取窗帘没有损坏的区域，如图10-102所示。

图10-102 矩形选框

步骤03 切换"移动工具"按钮，按住Alt键移动选区至需要修补的区域，调整至合适的大小，如图10-103所示。

图10-103 移动选区

步骤04 单击工具箱中的"橡皮擦工具"按钮，设置"不透明度"为70%，将边缘生硬的区域进行擦除，如图10-104所示。

图10-104 修复

步骤05 设置"通道"为当前图层,单击工具箱中的"魔棒工具"按钮![],选择隔断区域,如图10-105所示。

图10-105 载入选区

步骤06 切换至"餐厅"图层,按Ctrl+J组合键,复制隔断图层,效果如图10-106所示。

图10-106 复制图层

步骤07 单击工具箱中的"仿制图章工具"按钮![],按住Alt键,采样没有损坏的区域,松开Alt键,单击鼠标进行涂抹,进行修复,如图10-107所示。

步骤08 修复完成效果如图10-108所示。

图10-107 修复

图10-108 修复后的效果

步骤09 使用同样的方法将餐椅错误的区域进行修复,修复效果如图10-109所示。

图10-109 修复餐椅

10.3.5 添加室内配景素材

步骤01 按Ctrl+O组合键,打开"室内配景.psd"素材图像,如图10-110所示。

步骤02 将"室内配景"素材中的花瓶选中并移动至当前操作窗口,按Ctrl+T组合键,进入"自由变换"模式,如图10-111所示。

图10-110 室内配景素材

图10-113 "色相/饱和度"对话框

图10-111 添加花瓶

图10-114 抠取遮挡区域

步骤03 调整至合适的大小和位置，单击工具箱中的"多边形套索"按钮，抠选花的区域，按Ctrl+J组合键，复制花图层，命令为"影子"，制作花瓶的投影，如图10-112所示。

步骤06 按Delete键删除，单击工具箱中的"橡皮擦工具"按钮，将边缘进行擦除，效果如图10-115所示。

图10-112 调整花瓶

图10-115 删除选区

步骤04 执行"图像"∣"调整"∣"色相/饱和度"命令，弹出"色相/饱和度"对话框，将花的明度和饱和度降低，设置相应的参数，如图10-113所示。

步骤05 单击工具箱中的"移动工具"按钮，将影子移动至花瓶的底部，将图层也移至花瓶图层的下方，更改"不透明度"为60%，单击工具箱中的"多边形套索工具"按钮，将遮挡沙发的影子抠取出来，如图10-114所示。

步骤07 使用同样的方法添加室内装饰品和投影，添加完成效果如图10-116所示。

步骤08 将"室内配景"素材中的盆景树选中并移动至当前操作窗口，按Ctrl+T组合键，进入"自由变换"模式，调整盆景树的大小和位置，效果如图10-117所示。

图10-116 添加素材

图10-119 添加投影

10.3.6 最终调整

步骤01 单击图层面板底部的"新建新图层"按钮 ![img]，新建图层，设置前景色为"#f8e0bd"，单击工具箱中的"画笔工具"按钮 ![img]，设置"不透明度"为50%，在画面中需要提亮的地方进行涂抹，效果如图10-120所示。

图10-117 添加盆景树

步骤09 执行"图像"|"调整"|"曲线"命令，弹出"曲线"对话框，降低盆栽的亮度，设置相应的参数，如图10-118所示。

图10-120 绘制光线

步骤02 更改"混合模式"为"柔光"，效果如图10-121所示。

图10-118 "曲线"对话框

步骤10 单击"确定"按钮，添加盆栽的投影，上面讲了关于制作花瓶投影的方法，使用同样的方法制作盆栽影子，制作完成效果如图10-119所示。

图10-121 更改"混合模式"

步骤 03 按Ctrl+O组合键，打开"光晕.psd"素材图像，如图10-122所示。

图10-122 光晕素材

步骤 04 将光晕选中并移动至当前操作窗口，按Ctrl+T组合键，进入"自由变换"模式，调整光晕的大小和位置，如图10-123所示。

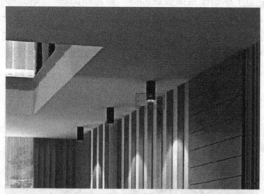

图10-123 添加光晕

步骤 05 按住Ctrl键，单击图层缩览图，选择光晕，按住Alt键不放，拖动鼠标，完成同一图层的光晕复制，效果如图10-124所示。

图10-124 复制光晕

步骤 06 选择图层面板顶端图层为当前图层，按Ctrl+Shift+Alt+E组合键，盖印可见图层，执行"滤镜"|"模糊"|"高斯模糊"命令，弹出"高斯模糊"对话框，设置相应的参数，如图10-125所示。

图10-125 高斯模糊

步骤 07 单击"确定"按钮，更改"混合模式"为"柔光"，"不透明度"为10%，增强明暗对比度，最终效果如图10-126所示。

图10-126 最终效果

10.4 房地产公司大厅效果图后期处理

　　房地产公司大厅是人进入地产公司看到的第一个场景，在人对公司的第一印象中占有重要地位。本案例提供的是偏向中式风格的大厅效果图，因为房地产行业在国内一直很盛行，很多公司装修大致相同，所以装修风格一定要别具一格，才能让人感觉印象深刻。

　　经过3ds Max软件渲染输出的效果图，如图10-127所示。经过Photoshop软件进行后期处理后的效果图，如图10-128所示。

图10-127 3ds Max渲染的效果图　　图10-128 Photoshop
　　　　　　　　　　　　　　　　处理的效果图

10.4.1 整体调整

步骤01 启动Photoshop 软件后，打开"房地产大厅渲染
效果图.jpg"和"材质通道图.jpg"，命名为"大厅"和
"通道"图层，"通道"图层位于"大厅"图层上方，
如图10-129和图10-130所示。

图10-129 大厅图　　　　　　图10-130 通道图

步骤02 按Ctrl+L组合键，执行"色阶"命令，弹出"色
阶"对话框，设置相应的参数，如图10-131所示。

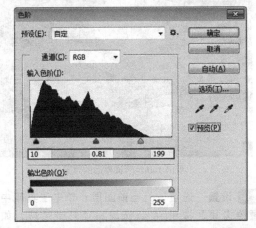

图10-131 "色阶"对话框

步骤03 单击"确定"按钮，调整整体的明暗程度，效果
如图10-132所示。

图10-132 色阶调整后的效果

步骤04 按Ctrl+M组合键，执行"曲线"命令，弹出
"曲线"对话框，设置相应的参数，如图10-133所示。

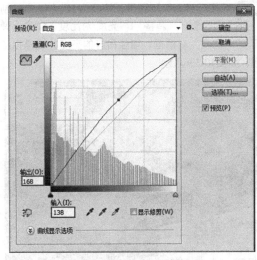

图10-133 "曲线"对话框

步骤05 单击"确定"按钮，调整整体的亮度，效果如
图10-134所示。

图10-134 曲线调整后的效果

10.4.2 局部调整

步骤 01 设置"通道"为当前图层，单击工具箱中的"魔棒工具"按钮 🖱，选取吊灯区域，如图10-135所示。

图10-135 选取吊灯区域

步骤 02 切换至"大厅"图层，按Ctrl+J组合键，复制图层，执行"图像"|"调整"|"亮度/对比度"命令，弹出"亮度/对比度"对话框，增强吊灯的亮度，设置相应的参数，如图10-136所示。

图10-136 "亮度/对比度"调整

步骤 03 按Ctrl+B组合键，执行"色彩平衡"命令，弹出"色彩平衡"对话框，将吊灯调整为偏向暖色，设置相应的参数，如图10-137所示。

图10-137 "色彩平衡"调整

步骤 04 设置"通道"为当前图层，单击工具箱中的"魔棒工具"按钮 🖱，选取吊顶区域，如图10-138所示。

图10-138 选取吊顶区域

步骤 05 切换"大厅"图层，按Ctrl+L组合键，执行"色阶"命令，弹出"色阶"对话框，增强吊顶的亮度，设置相应的参数，如图10-139所示。

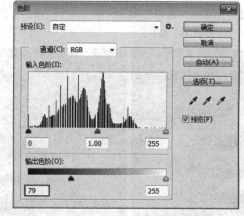

图10-139 "色阶"对话框

步骤 06 单击"确定"按钮，效果图10-140所示。

图10-140 色阶调整后的效果

步骤 07 设置"通道"为当前图层，单击工具箱中的"魔棒工具"按钮 🖱，选取吊顶灯带区域，如图10-141所示。

图10-141 载入选区

步骤08 切换至"大厅"图层,按Ctrl+J组合键,复制图层,执行"图像"|"调整"|"亮度/对比度"命令,弹出"亮度/对比度"对话框,调整灯带的亮度,设置相应的参数,如图10-142所示。

图10-142 "亮度/对比度"调整

步骤09 设置"通道"为当前图层,单击工具箱中的"魔棒工具"按钮 ,选择黑色字体区域,如图10-143所示。

图10-143 选取字体区域

步骤10 切换至"大厅"图层,按Ctrl+J组合键,复制图层,如图10-144所示。

图10-144 复制图层

步骤11 执行"图像"|"调整"|"亮度/对比度"命令,弹出"亮度/对比度"对话框,调整字体的亮度,设置相应的参数,如图10-145所示。

图10-145 "亮度/对比度"调整

步骤12 单击"确定"按钮,单击图层底部的"添加图层样式"按钮 fx ,弹出快捷菜单,选择"投影"选项,弹出"图层样式"对话框,给字体添加阴影,使字体更加有立体感,设置相应的参数,如图10-146所示。

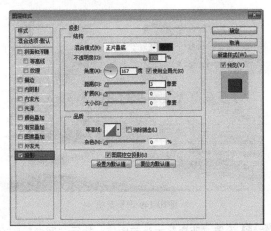

图10-146 "图层样式"对话框

步骤13 单击"确定"按钮,添加完成效果如图10-147所示。

图10-147 添加阴影

10.4.3 添加大厅配景

步骤 01 按Ctrl+O组合键，打开"室内素材.jpg"素材图像，如图10-148所示。

图10-148 室内配景

步骤 02 将"室内配景"素材中的花瓶移动至当前操作窗口，命名为"花瓶"，按Ctrl+T组合键，进入"自由变换"模式，调整至合适的大小和位置，如图10-149所示。

图10-149 调整花瓶

步骤 03 设置"花瓶"为当前图层，执行"图像"|"调整"|"曲线"命令，弹出"曲线"对话框，设置相应的参数，如图10-150所示。

图10-150 "曲线"调整

步骤 04 按Ctrl+J组合键，复制花瓶图层，命名为"影子"，按Ctrl+T组合键，进入"自由变换"模式，单击鼠标右键，弹出快捷菜单，选择"垂直翻转"选项，如图10-151所示。

图10-151 垂直翻转

步骤 05 将"倒影"移动至花瓶下方，按Ctrl+[组合键，将"影子"图层置于"花瓶"图层的下方，如图10-152所示。

图10-152 移动倒影

步骤 06 更改"不透明度"为35%，单击工具箱中的"橡皮擦工具"按钮，擦除倒影与地面衔接生硬的地方，效果如图10-153所示。

图10-153 更改 "不透明度"

步骤07 将素材中的花选中并移动至当前操作窗口，按 Ctrl+T组合键，进入 "自由变换" 模式，调整花的大小 和位置，如图10-154所示。

图10-154 添加素材

步骤08 室内配景素材添加完成效果如图10-155所示。

图10-155 添加素材后的效果

10.4.4 添加光晕

步骤01 按Ctrl+O组合键，打开 "光晕.psd" 素材图像， 如图10-156所示。

图10-156 光晕素材

步骤02 将 "光晕" 素材选中并移动至当前操作窗口，如 图10-157所示。

图10-157 添加光晕

步骤03 按Ctrl+T组合键，进入 "自由变换" 模式，调整 至合适的大小和位置，如图10-158所示。

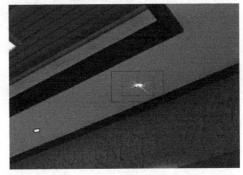

图10-158 调整光晕

步骤04 按Enter键确定，按住Ctrl键，单击图层缩览图， 选择光晕，按住Alt键不放，拖动鼠标，完成同一图层的 光晕复制。复制的时候注意 "近大远小" 的透视关系， 复制完成效果如图10-159所示。

图10-159 复制光晕

10.4.5 最终调整

步骤01 选择图层面板顶端图层为当前图层，按Ctrl+Shift+Alt+E组合键，盖印可见图层，效果如图10-160所示。

步骤02 执行"滤镜"｜"锐化"｜"锐化"命令，锐化整个画面，最终效果如图10-161所示。

图10-160 盖印可见图层

图10-161 最终效果

第11章 建筑效果图后期处理

    效果图后期处理在建筑效果图中起着至关重要的作用，在建筑和景观效果图中，效果图的后期处理一般是对建筑或景观进行绿化配置。室外建筑效果图后期处理的基本思路是：从整体到局部，再到整体。从整体到局部，要求我们对建筑设计构思要有一个大方向的把握，例如有的建筑是住宅楼，有的是学校，有的是临街的商业楼，有的是体育场所，那么我们就要根据建筑的本身用途选取适当的素材来完成效果图的制作。它具有很强的主观性，设计者可以通过对设计本身的理解，对效果图进行调整，这就意味着效果图后期处理必须遵守一些基本的原则和原理，才能保证效果图不偏离原则性的方向。大的方向把握好了，局部就是放置适当的素材，调整大小、位置、方向和色彩等，最后又要回到整体，查看整个构图，调整整幅效果图的色彩平衡、亮度/对比度、以及色相/饱和度等。

    本章通过大型日景透视效果图后期处理综合案例，分别讲解不同性质、不同类型的日景效果图的后期处理思路和方法，以及相关的技巧。

11.1 别墅日景效果图后期处理

    别墅效果图的后期制作在后期处理中是一种常见类型，一般而言，这类效果图对环境的要求比较高，所以制作时要注意，选取的素材要美观、精致，颜色要清雅。与其他的建筑类型相比，别墅的特殊性主要表现是因地制宜、巧妙地利用地形组织室内外空间，使建筑与环境紧密结合。别墅既是欣赏大自然的场所，同时也成为自然风景的一部分。

    在进行后期处理之前首先要了解一下建筑的风格。德式建筑简洁大气，法式建筑呈现出浪漫典雅的风格，而地中海建筑风格以清新明快为主，极富质感的泥墙陶瓷花瓶、摇曳的棕榈树，露天餐台都是地中海人悠闲和淳朴的生活方式的体现。

    经过3ds Max软件渲染输出的效果图，如图11-1所示。经过Photoshop 软件进行后期处理后的效果图，如图11-2所示。

图11-2 经过后期处理的效果图

    3ds Max 渲染输出时，一般都会渲染输出一幅效果图和一幅材质通道图，图11-3所示是材质通道图。这样做的目的是为了解决在建筑后期处理过程中，常遇到的选区复杂的问题，而通过材质通道，可以轻松选取各个材质区域，从而为后期处理工作

图11-1 3ds Max渲染的效果图

图11-3 材质通道图

节省了时间和精力。

11.1.1 分离背景

步骤01 启动Photoshop 软件后，打开"3D渲染图.jpg"和"材质通道图.jpg"，命名为"建筑"和"通道"图层，图层上下关系如图11-4所示。

图11-4 图层关系

步骤02 设置"建筑"图层为当前图层，单击工具箱中的"魔棒工具"按钮，选取图层中的天空区域，如图11-5所示。

图11-5 载入选区

步骤03 按Ctrl+Shift+J组合键，将天空和建筑进行分离，按Delete键进行删除，天空分离完成，如图11-6所示。

图11-6 天空分离效果

11.1.2 添加天空背景

步骤04 按Ctrl+Shift+N组合键，新建图层，命名为"天空"图层，置于"建筑"图层下方，按D键恢复默认的前/背景色设置，按Ctrl+Delete组合键填充背景白色，如图11-7所示。

图11-7 填充背景

步骤05 设置前景色为"#54c0e3"，单击工具箱中的"渐变工具"按钮，从上而下拉伸渐变，效果如图11-8所示。

图11-8 天空背景

11.1.3 添加远景

在添加建筑配景的时候需注意添加配景图层的顺序，一般情况下先从远处的景物进行添加，这样就不用反复调整图层的上下顺序了。

步骤01 按Ctrl+O组合键，打开"远景树木.psd"素材图像，如图11-9所示。

图11-9 远景素材

步骤02 将"远景树木"素材全部移动到当前窗口，如图11-10所示。

图11-10 添加素材

步骤03 将"远景树木"中的树木进行添加，按Ctrl+T组合键，进入"自由变换"模式，调整其大小及位置，如图11-11所示。

图11-11 调整素材

步骤04 继续按上面的方法进行添加，添加的时候尽量从最后面的景物进行添加，如图11-12所示。

图11-12 调整素材

步骤05 远景树木添加完成效果如图11-13所示。

步骤06 单击图层面板，设置"通道"图层为当前图层，单击工具箱中的"魔棒工具"按钮，选择建筑区域，如图11-14所示。

图11-13 添加素材

图11-14 "通道"图层

步骤07 切换至"建筑"图层，按Ctrl+J组合键，复制"建筑"图层，命名为"别墅"，将"别墅"图层移至"远景树木"图层的上方，如图11-15所示。

图11-15 复制图层

步骤08 单击工具箱中的"椭圆选框工具"按钮，在树木的受光面绘制选区，执行"羽化"命令，设置相应的羽化半径，执行"图像"|"调整"|"曲线"命令，设置相应的参数，增强树木受光区域的亮度，效果如图11-16所示。

225

图11-16 加强亮度

11.1.4 添加草地

步骤 01 按Ctrl+O组合键，打开"草地.psd"素材图像，如图11-17所示。

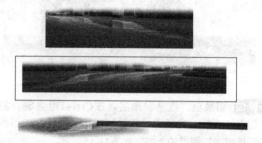

图11-17 草地素材

步骤 02 将"草地"素材全部移动到当前操作窗口，如图11-18所示。

图11-18 添加素材

步骤 03 按Ctrl+T组合键，进入"自由变换"模式，将草皮缩放至合适的大小，放置到合适的位置，如图11-19所示。

步骤 04 用与上述同样的方法，将其他的草皮进行调整，效果如图11-20所示。

图11-19 调整素材

图11-20 调整素材

11.1.5 添加中景

步骤 01 按Ctrl+O组合键，打开"中景树木.psd"素材，如图11-21所示。

图11-21 中景素材

步骤 02 将"中景树木"素材中的素材全部移至当前操作窗口，如图11-22所示果。

图11-22 添加素材

步骤03 按Ctrl+T组合键，进入"自由变换"模式，将其调整到合适的大小和位置，如图11-23所示。

图11-23 调整素材

步骤04 用同样的方法，将其他的中景树木进行调整，如图11-24所示。

图11-24 调整素材

11.1.6 添加近景

步骤01 按Ctrl+O组合键，打开"近景树木.psd"素材图像，如图11-25所示。

图11-25 近景素材

步骤02 将近景素材移至当前操作窗口，按Ctrl+T组合键，进入"自由变换"模式，调整至合适的大小和位置，如图11-26所示。

图11-26 调整素材

步骤03 继续添加近景素材，效果如图11-27所示。

图11-27 添加素材

11.1.7 添加人物

添加人物可使整个画面更加生动，会使画面更有感染力，起到画龙点睛的作用。人物的添加比较简单，只需要注意影子的方向和大小比例，以及在阳光下和在阴影里分别设置不同饱和度就可以了。

步骤01 按Ctrl+O组合键，打开"人物.psd"素材文件，如图11-28所示。

图11-28 打开文件

步骤02 将"人物"素材添加到当前操作窗口，按Ctrl+T组合键，进入"自由变换"模式，调整至合适的大小和位置，如图11-29所示。

图11-29 自由变换

步骤 03 人物添加完成效果如图11-30所示。

图11-30 添加素材

11.1.8 调整建筑

步骤 01 单击图层面板，设置"别墅"图层为当前图层，执行"图像"|"调整"|"曲线"命令，弹出"曲线"对话框，设置相应的参数，增加别墅的亮度，如图11-31所示。

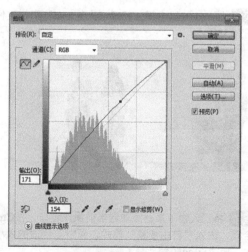

图11-31 "曲线"对话框

步骤 02 单击"确定"按钮，效果如图11-32所示。

图11-32 "曲线"调整

步骤 03 执行"图像"|"调整"|"色彩平衡"命令，弹出"色彩平衡"对话框，设置相应的参数，如图11-33所示。

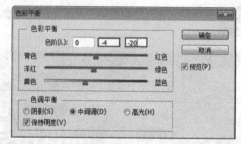

图11-33 "色彩平衡"对话框

步骤 04 单击"确定"按钮，将建筑调整为偏向暖色色调，效果如图11-34所示。

图11-34 "色彩平衡"调整

步骤 05 设置"通道"图层为当前图层，单击工具箱中的"魔棒工具"按钮 ，选中暗部窗户区域，如图11-35所示。

图11-35 "通道"图层

步骤06 设置"别墅"图层为当前图层,如图11-36所示。

图11-36 切换图层

步骤07 执行"图像"|"调整"|"亮度/对比度"命令,弹出"亮度/对比度"对话框,设置相应的参数,将暗部的玻璃反光处降低反光强度,如图11-37所示。

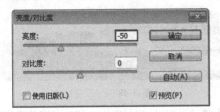

图11-37 "亮度/对比度"对话框

步骤08 单击"确定"按钮,最终效果如图11-38所示。

图11-38 最终效果

11.2 住宅小区黄昏效果图后期处理

在黄昏效果图的后期处理中,还有一个重要的过程就是对配景颜色、明暗的调整。因为通常找到的配景素材大都是白天的图像效果,放置其中就需要对其进行调整。小区是一个群体性建筑,常采用阵列式的布局,周围环境以灌木、花草为主,选择四季常青的树木种植在建筑的周边,除了美化环境,还能遮挡阳光、吸收灰尘、净化空气等。这样的小区通常环境优雅、四季如春,非常适合人们居住。

通过3ds Max软件渲染输出的效果图,如图11-39所示。通过Photoshop软件进行后期处理后的效果图,如图11-40所示。

图11-39 3ds Max渲染的效果图

图11-40 经过后期处理的效果图

为了方便后期处理,在3ds Max软件中渲染输出的时候,都会输出一张材质通道图,如图11-41所示。

图11-41 材质通道图

11.2.1 分离天空背景

步骤01 启动Photoshop软件后,按Ctrl+O组合键,打开"3D渲染图.jpg"素材图像,将图层命名为"建筑"图层,如图11-42所示。

图11-42 3D渲染图

步骤 02 继续按Ctrl+O组合键，打开"材质通道图.jpg"素材图像，命名为"通道"图层，置于"建筑"图层的上方，单击工具箱中的"魔棒工具"按钮，选中天空背景区域，如图11-43所示。

图11-43 创建选区

步骤 03 将"通道"图层切换到"建筑"图层，如图11-44所示。

图11-44 分离天空

步骤 04 按Delete键进行删除背景，按Ctrl+D组合键，取消选择，如图11-45所示。

图11-45 删除天空背景

11.2.2 添加天空背景

步骤 01 按Ctrl+O组合键，打开"天空1.jpg"和"天空2.jpg"素材图像，如图11-46和图11-47所示。

图11-46 天空素材1

图11-47 天空素材2

步骤 02 将"天空1"素材选中并移动至当前操作窗口，按Ctrl+T组合键，进入"自由变换"模式，调整大小和位置，如图11-48所示。

图11-48 添加天空1

步骤 03 将"天空2"素材选中并移动至当前操作窗口，按Ctrl+T组合键，进入"自由变换"模式，调整大小和位置，如图11-49所示。

图11-49 添加天空2

步骤 04 设置"图层2"为当前图层，单击图层面板底部的"添加图层蒙版"按钮，添加图层蒙版，按D键恢复默认的前背景色，单击工具箱中的"渐变工具"按钮，从上而下进行拉伸渐变，进行天空背景合成，效果如图11-50所示。

图11-50 天空合成

11.2.3 添加花坛植物

步骤01 按Ctrl+O组合键，打开"花坛植物.psd"素材文件，如图11-51所示。

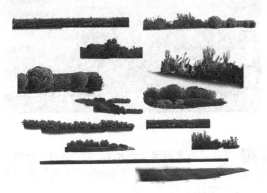

图11-51 花坛植物

步骤02 将素材移动到当前操作窗口，如图11-52所示。

图11-52 添加素材

步骤03 按Ctrl+T组合键，进入"自由变换"模式，调整素材的大小和位置，效果如图11-53所示。

图11-53 调整素材

步骤04 按照上述方法继续添加素材，效果如图11-54所示。

步骤05 使用上述方法将其他的植物进行添加，添加时注意植物的搭配，效果如图11-55所示。

图11-54 调整素材

图11-55 添加素材

11.2.4 添加远景

步骤01 按Ctrl+O组合键，打开"远景素材.psd"素材图像，如图11-56所示。

图11-56 远景素材

步骤02 将"远景素材"中的远景树木选中并移动至当前操作窗口，按Ctrl+T组合键，进入"自由变换"模式，调整远景树木的大小和位置，效果如图11-57所示。

图11-57 添加素材

步骤03 更改"不透明度"为50%，效果如图11-58所示。

图11-58 更改"不透明度"

步骤04 按住Ctrl键，单击图层缩览图，按住Alt键拖动鼠标，进行同一图层的远景复制，效果如图11-59所示。

图11-59 复制远景

步骤05 继续添加远景素材，按Ctrl+T组合键，进入"自由变换"模式，调整远景树木的大小和位置，效果如图11-60所示。

图11-60 添加素材

步骤06 更改"不透明度"为20%，按Ctrl+J组合键，复制图层，将其移动至右侧，模拟制作"远虚"的空间效果，效果如图11-61所示。

图11-61 复制素材

步骤07 继续添加素材，按Ctrl+T组合键，进入"自由变换"模式，调整大小和位置，效果如图11-62所示。

图11-62 调整素材

步骤08 将树木图层移动至建筑图层的下方，更改"不透明度"为70%，单击工具箱中的"橡皮擦工具"按钮 ，设置"不透明度"为30%，将边缘生硬的区域进行擦除，效果如图11-63所示。

图11-63 更改"不透明度"

步骤 09 按照上述方法继续添加其他的远景素材，效果如图11-64所示。

图11-64 添加素材

步骤 10 远景素材添加完成效果如图11-65所示。

图11-65 添加远景后效果

11.2.5 添加中景

步骤 01 按Ctrl+O组合键，打开"中景素材.psd"素材文件，如图11-66所示。

图11-66 中景素材

步骤 02 将素材移动至当前操作窗口，按Ctrl+T组合键，进入"自由变换"模式，调整树木的大小和位置，如图11-67所示。

图11-67 添加素材

步骤 03 单击工具箱中的"矩形选框工具"按钮 ，选择树木多余区域，效果如图11-68所示。

图11-68 创建选区

步骤 04 按Delete键删除选区，效果如图11-69所示。

图11-69 删除多余选区

步骤 05 使用工具箱中的"加深工具"和"减淡工具"将树木的受光面和背光面进行加强，效果如图11-70所示。

图11-70 加强亮部和暗部

步骤06 继续添加素材，使用同样的方法加强受光面和背光面，如图11-71所示。

图11-71 添加素材

步骤07 将其他的中景树木进行添加，按Ctrl+T组合键，进入"自由变换"模式，调整大小和位置，效果如图11-72所示。

图11-72 添加素材

11.2.6 添加斜坡和藤蔓植物

步骤01 按Ctrl+O组合键，打开"斜坡和藤蔓植物.psd"素材图像，如图11-73所示。

图11-73 打开素材

步骤02 将素材移动至当前操作窗口，按Ctrl+T组合键，进入"自由变换"模式，按住Ctrl键，移动边界框上的控制点，调整大小和位置，按住Ctrl键，单击图层缩览图，按住Alt键，拖动鼠标进行复制，效果如图11-74所示。

图11-74 添加素材

步骤03 斜坡制作完成，效果如图11-75所示。

图11-75 添加素材

步骤04 将藤蔓植物添加至当前操作窗口，按Ctrl+T组合键，进入"自由变换"模式，调整藤蔓的大小和位置，如图11-76所示。

图11-76 添加素材

步骤05 执行"图层"|"图层样式"|"投影"命令，弹出"图层样式"对话框，设置相应的参数，给藤蔓添加投影，效果如图11-77所示。

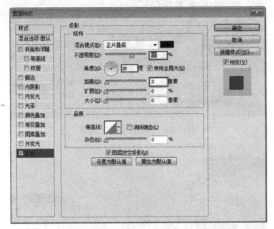

图11-77 "图层样式"对话框

步骤06 单击"确定"按钮，添加投影效果如图11-78所示。

图11-78 添加投影效果

步骤07 按住Ctrl键，单击图层缩览图，按住Alt键，拖动鼠标进行复制，效果如图11-79所示。

图11-79 复制素材

11.2.7 水岸制作

步骤01 按Ctrl+O组合键，打开"岸边小路.jpg"图片，执行"编辑"|"定义图案"命令，弹出"图案名称"对话框，单击"确定"按钮，定义图案完成，如图11-80所示。

图11-80 打开素材

步骤02 单击工具箱的"多边形套索工具"按钮，创建岸边小路选区，如图11-81所示。

图11-81 创建选区

步骤03 单击图层面板底部的"新建新图层"按钮，新建图层，设置前景色为"#94928f"，按Alt+Delete组合键，填充前景色，执行"图层"|"图层样式"|"图案叠加"命令，弹出"图层样式"对话框，设置相应的参数，如图11-82所示。

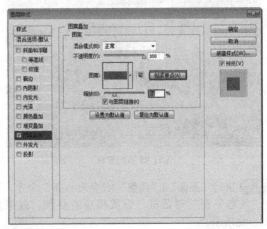

图11-82 "图层样式"对话框

步骤04 单击"确定"按钮，效果如图11-83所示。

图11-83 图案叠加

步骤 05 按Ctrl+O组合键，打开"岸边素材.psd"图片，如图11-84所示。

图11-84 岸边素材

步骤 06 将岸边素材移动至当前操作窗口，按Ctrl+T组合键，进入"自由变换"模式，调整大小和位置，效果如图11-85所示。

图11-85 添加素材

步骤 07 执行"图像"|"调整"|"色彩平衡"命令，弹出"色彩平衡"对话框，设置相应的参数，效果如图11-86所示。

步骤 08 按Ctrl+J组合键，复制图层，按Ctrl+T组合键，进入"自由变换"模式，调整大小和位置，制作倒影，效果如图11-87所示。

图11-86 "色彩平衡"调整

图11-87 复制图层

步骤 09 单击工具箱中的"橡皮擦工具"按钮，设置相应的参数，将多余区域进行擦除，只留下水草和石头。更改"混合模式"为"叠加"，"不透明度"为60%，如图11-88所示。

图11-88 擦除多余区域

步骤 10 继续添加其他的岸边素材，效果如图11-89所示。

图11-89 添加素材

11.2.8 添加近景

步骤 01 按Ctrl+O组合键，打开"近景素材.psd"图片，如图11-90所示。

图11-90 近景素材

步骤 02 将"近景素材"中的木桥选中并移动到当前操作窗口，按Ctrl+T组合键，进入"自由变换"模式，如图11-91所示。

图11-91 添加素材

步骤 03 继续添加素材，注意图层的顺序，如图11-92所示。

图11-92 调整素材

步骤 04 按照上述方法继续添加近景素材，效果如图11-93所示。

图11-93 添加素材

11.2.9 添加人物

步骤 01 按Ctrl+O组合键，打开"人物素材.psd"图片，如图11-94所示。

图11-94 人物素材

步骤 02 将"人物素材"选中并移动到当前操作窗口，按Ctrl+T组合键，进入"自由变换"模式，放置于木桥上面，如图11-95所示。从图中可以看出添加的人物在木桥的表面，这里需要将人物放置于木桥里面。

图11-95 添加素材

步骤 03 设置"木桥"图层为当前图层，单击工具箱中的"魔棒工具"按钮，选中人物前的木桥区域，如图11-96所示。

图11-96 载入选区

步骤04 切换"人物"图层为当前图层，按Delete键删除选区，得到效果如图11-97所示。处理后的人物是在木桥上行走的，这样是更符合实际。

图11-97 删除选区

步骤05 按上述方法继续添加人物，注意"近大远小""近实远虚"的透视原则，人物添加完成，效果如图11-98所示。

图11-98 添加人物

11.2.10 调整水面

步骤01 设置"建筑"图层为当前图层，单击工具箱中的"多边形套索工具"按钮，选择水中倒影区域，按Shift+F6组合键，执行"羽化"命令，设置相应的参数，如图11-99所示。

图11-99 羽化选区

步骤02 将选区移动至旁边需修复的区域，如图11-100所示。

图11-100 移动选区

步骤03 重复操作，修复完成效果如图11-101所示。

图11-101 修复水面

步骤04 将天空背景复制，按Ctrl+T组合键，进入"自由变换"模式，放置于水面上，效果如图11-102所示。

图11-102 制作天空在水中的倒影

步骤05 更改"混合模式"为"强光","不透明度"为30%，效果如图11-103所示。

图11-103 更改"混合模式"

11.2.11 光线处理

步骤01 单击图层底部的"新建新图层"按钮□，新建图层，设置前景色为"#efb562"，单击工具箱中的"画笔工具"按钮✎，设置相应的参数，在画面需要提亮的区域进行涂抹，如图11-104所示。

图11-104 光线调整

步骤02 单击图层面板，设置"混合模式"为"叠加"，"不透明度"为60%，效果如图11-105所示。

图11-105 更改"混合模式"

步骤03 继续单击图层底部的"新建新图层"按钮□，新建图层，设置前景色为"#fcaa0c"，在图中需要点缀的地方进行涂抹，如图11-106所示。

步骤04 单击图层面板，设置"混合模式"为"颜色减淡"，"不透明度"为25%，增加整个画面的黄昏气氛，得到的最终效果如图11-107所示。

图11-106 绘制光线

图11-107 最终效果

11.3 商业步行街效果图后期处理

商业类效果图的制作相对于其他建筑效果图来说是简单的，因为它本身涉及的元素不多，不像别墅类和园林类那么繁杂，表现手法也没那么丰富，它强调的是商业气氛，也就是我们所熟悉的热闹。所以只要通过元素表现出建筑构思的初衷即可。当然所有元素的存在都是以建筑主体作为依托的，最终所表现的仍然是建筑主体，这一点在建筑后期处理中是不会改变的。

那么对于商业类效果图的要素，不外乎就是广告牌、广告类图片、展示橱窗、人物、汽车、树木、气球、彩旗等元素。只要恰当运用，同样能达到完美的艺术效果，给人余味不尽的享受。

接下来我们将以一个商业街效果图的制作，来揭示商业街效果图后期处理的精髓。首先我们来看初始效果图，如图11-108所示。完成的效果图，如图11-109所示。

为了方便后期处理，在3ds Max软件中渲染输出的时候，都会输出一张材质通道图，如图11-110所示。

11

Photoshop 建筑效果图制作从入门到精通（超值版）

图11-108 商业类建筑渲染效果

图11-109 最终效果图

图11-110 材质通道图

11.3.1 添加天空

步骤 01 启动Photoshop 软件后，按Ctrl+O组合键，打开"3d渲染图.jpg"图像，将图层命名为"建筑"图层，如图11-111所示。

步骤 02 继续按Ctrl+O组合键，打开"材质通道图.jpg"图像，将其移动至当前操作窗口，命名为"通道"图层，置于"建筑"图层的下方，如图11-112所示。

图11-111 3d渲染图

图11-112 材质通道图

步骤 03 将天空背景删除，按Ctrl+O组合键，打开"天空.jpg"图片，如图11-113所示。

图11-113 天空背景

步骤 04 将天空移动到当前操作窗口，置于"建筑"图层下方，按Ctrl+T组合键，进入"自由变换"模式，调整使之铺满整个天空区域，按Enter键确认，如图11-114所示。

图11-114 添加素材

11.3.2 添加花坛植物

步骤01 按Ctrl+O组合键，打开"花坛植物.psd"素材图像，如图11-115所示。

图11-115 盆景素材

步骤02 将"花坛植物"选中并移动到当前操作窗口，按Ctrl+T组合键，进入"自由变换"模式，如图11-116所示。

图11-116 添加素材

步骤03 调整大小和位置，按Enter键确定，继续添加花坛植物，调整大小和位置，如图11-117所示。

图11-117 调整素材

步骤04 再按Enter键确认，如图11-118所示。

图11-118 调整素材

步骤05 按上述方法将另一个花坛进行添加素材，效果如图11-119所示。

图11-119 添加素材

步骤06 添加楼顶上的盆景，将楼顶上的盆景移动到当前操作窗口，按Ctrl+T组合键，进入"自由变换"模式，如图11-120所示。

图11-120 添加素材

步骤 07 调整至合适的大小和位置，如图11-121所示。

图11-121 调整素材

步骤 08 按住Ctrl键，单击图层缩览图，选择盆景，按住Alt键不放，拖动鼠标，完成同一图层的盆景复制，如图11-122所示。

图11-122 复制素材

步骤 09 设置"通道"为当前图层，单击工具箱中的"魔棒工具"按钮 ，选区天空区域，如图11-123所示。

步骤 10 切换到"盆景"图层，单击图层底部的"添加图层蒙版"按钮 ，效果如图11-124所示。

图11-123 选区天空区域

图11-124 添加图层蒙版

11.3.3 添加店铺素材

步骤 01 按Ctrl+O组合键，打开"店铺素材.psd"，如图11-125所示。

图11-125 店铺素材

步骤 02 将素材移动到当前窗口，按Ctrl+T组合键，进入"自由变换"模式，效果如图11-126所示。

步骤 03 按住Ctrl键，单击边界框上的控制点移动，根据建筑的透视关系调整好大小和位置，如图11-127所示。

图11-126 调整素材

图11-129 添加图层蒙版

图11-127 调整透视关系

图11-130 添加店铺素材

步骤04 切换"通道"图层为当前图层,单击工具箱中的"魔棒工具"按钮 ![](），选择玻璃区域,如图11-128所示。

在店铺中必不可少的就是招牌了,每个店铺都有独具一格的招牌风格,这样才能吸引人们。下面来说一下招牌的制作方法。

步骤01 按Ctrl+O组合键,打开"招牌素材.psd"图像,如图11-131所示。

图11-128 选取窗户区域

图11-131 招牌素材

步骤05 切换至"店铺"图层,单击图层面板底部的"添加图层蒙版"按钮 ，效果如图11-129所示。

步骤06 按上述方法将其他的店铺进行素材添加,效果如图11-130所示。店铺素材添加完成。

步骤02 将素材移动到当前操作窗口,按Ctrl+T组合键,进入"自由变换"模式,将其缩放至合适的大小,如图11-132所示。

图11-132 添加素材

图11-135 人群素材

步骤 03 按住Ctrl键，拖动控制边界框上的控制点，将其透视关系调整得和建筑的透视关系一致，如图11-133所示。

步骤 02 按Ctrl+R组合键，快速显示"标尺"，按住鼠标左键，拉一条人群的参考线，所有人群都将在这一水平线上，这样就对人群的高度有了一个简单、初步的定位，如图11-136所示。

图11-133 调整素材

图11-136 建立参考线

步骤 04 按Enter键确定，将其他的招牌按照上述方法进行制作，招牌制作完成，效果如图11-134所示。

步骤 03 将人物移动到当前操作窗口，按Ctrl+T组合键，进入"自由变换"模式，调整人物的大小，再按Enter键确认，如图11-137所示。

图11-134 添加招牌素材

11.3.4 添加人物

步骤 01 按Ctrl+O组合键，打开"人物素材.psd"图像，如图11-135所示。

图11-137 调整人物的高度

步骤 04 按照上述方法继续将其他的人物进行添加，效果如图11-138所示。

图11-138 添加素材

ℹ 提示

需注意的是在光照区和阴影区的人物是有所区别的，光照区域的人物明暗对比较强，阴影区的人物明暗对比较弱。

11.3.5 画面补充

画面补充一般是在配景的最后一步完成，当我们发现画面还不够完善或还有些欠缺的时候。我们可以对画面进行添加补充，如添加太阳伞之类的。添加依然也遵循"近大远小"透视规律的。

步骤01 按Ctrl+O组合键，打开"画面补充.psd"素材，效果如图11-139所示。

图11-139 画面补充

步骤02 将画面补充素材移动到当前操作窗口，放置于合适的位置，效果如图11-140所示。添加画面补充素材后画面显得更加丰富。

图11-140 画面补充后的效果

11.3.6 光线处理

在后期处理中，基本上都会有光线上的调整，根据光线的方向、强弱，表现手法也不尽相同，加强减弱没有很明确的定论，它只是一种现实的假设，所以稍微夸张也是允许的。

根据本例选择的背景，我们需要添加偏黄色的光线，它集中体现在建筑的右侧面，主要在反光的玻璃和金属材质上。另外在处理光线的时候还应该注意，过于黑的面要提亮，光影变化要采取渐变过渡的方式，这样整个画面看起来才会柔和。

步骤01 单击图层面板底部的"新建新图层"按钮，新建图层，命名为"光线"图层，按住Alt键，单击"通道"图层左侧的眼睛按钮，设置"通道"图层为当前图层，单击工具箱中的"魔棒工具"按钮，选择该图层白色区域，如图11-141所示。

图11-141 选取通道图中的白色区域

步骤02 切换到"光线"图层，单击图层面板底部的"添加图层蒙版"按钮，设置前景色为"#fcaa0c"，单击工具箱中的"画笔"工具按钮，单击图层面板选择"图层缩略图"进行绘制光线，如图11-142所示。

图11-142 绘制光线

步骤 03 更改"混合模式"为"叠加"，"不透明度"为
40%，效果如图11-143所示。

图11-143 更改"混合模式"

图11-144 调整"亮度/对比度"

步骤 04 单击调整面板中的"亮度/对比度"按钮 ，添
加"亮度/对比度"调整图层，将亮度降低，对比度加
强，设置相应的参数，如图11-144所示。

步骤 05 调整"亮度/对比度"后的最终效果如图11-145
所示。

图11-145 最终效果

第12章 园林景观效果图后期处理

园林景观效果图具体的讲，就是在一定的地域范围内，运用园林艺术和工程技术手段，通过改造地形、种植植物、营造建筑和布置园路等途径创造美的自然环境和生活、游憩境域的过程。通过景观设计，使环境具有美学欣赏价值、日常使用的功能，并能保证生态可持续发展。在一定程度上，体现了当时人类文明的发展程度、价值取向及设计者个人的审美观念。

园林景观效果图对于设计人员的要求很高，除了景观建筑学外，还需要在传统园林理论的基础上，具有建筑、植物、美学和文学等相关专业知识，并对自然环境进行有意识改造的思维过程和筹划策略。

因为园林效果图有其自身的特性，所以将园林类作为单独的一类。园林是自然的一个空间境域，与文学、绘画有相异之处。中国是四大文明古国之一，文化源远流长，园林艺术亦是中国文化的一脉，它与一般建筑不同的是，它不单纯只是一种物质环境，更是一种立体空间艺术品。它以欣赏价值为主，其中所种植物多为观赏性强的花草树木，讲究的是神、韵，表现得是山水的非凡魅力。

12.1 社区公园效果图后期处理

社区公园是满足社区居民的休闲需要，提供休息、游览、锻炼和交流，以及举办各种集体文化活动的场所。本章是讲解社区公园效果图后期处理，下面讲解一下制作步骤及方法。

经过3ds Max软件渲染输出的效果图，如图12-1所示。经过Photoshop 软件进行后期处理后的效果图，如图12-2所示。可以看出经过处理后的效果画面更加富有生机、活力。

图12-2 经过后期处理的效果图

图12-1 3ds Max渲染的效果图

图12-3 材质通道图

3ds Max 渲染输出时，一般都会渲染输出一幅效果图和一幅材质通道图，图12-3所示是材质通道图。通过彩色材质图可以选取选区，更加方便的处理效果图，为后期处理工作节省了时间和精力。

12.1.1 分离天空背景

步骤01 启动Photoshop 软件后，打开"3ds Max渲染效果图.jpg"，命名为"建筑"图层，如图12-4所示。

图12-4 3ds Max渲染的效果图

图12-7 删除天空背景

步骤 02 按Ctrl+O组合键，继续打开"材质通道图.jpg"，将其移动至当前操作窗口，命名为"通道"图层，置于"建筑"图层的下方，如图12-5所示。

图12-5 材质通道图

步骤 03 设置"建筑"图层为当前图层，单击工具箱中的"魔棒工具"按钮，选取天空背景区域，如图12-6所示。

图12-6 选取天空背景

步骤 04 按Delete键，删除天空背景，按Ctrl+D组合键，取消选择，如图12-7所示。

12.1.2 添加天空背景

步骤 01 按Ctrl+O组合键，打开"天空.jpg"素材，如图12-8所示。

图12-8 天空背景

步骤 02 将"天空背景"素材移动到当前操作窗口，置于"建筑"图层的下面，按Ctrl+T组合键，调整其布满整个天空区域，如图12-9所示。

图12-9 添加素材

12.1.3 添加草地

步骤 01 按Ctrl+O组合键，打开"草地.jpg"素材，如图12-10所示。

图12-10 草地素材

步骤02 将草地素材添加至当前操作窗口，调整其大小和位置，设置"通道"为当前图层，单击工具箱中的"魔棒工具"按钮🔲，选中地面蓝色草地区域，如图12-11所示。

图12-11 建立选区

步骤03 切换到"草地"图层，单击图层面板底部的"添加图层蒙版"按钮🔲，建立选区蒙版，将多余的草地进行隐藏，如图12-12所示。

图12-12 添加蒙版

12.1.4 添加远景

步骤01 按Ctrl+O组合键，打开"远景素材.psd"素材图像，如图12-13所示。

步骤02 将"远景素材"中的素材选中并移动到当前操作窗口，按Ctrl+T组合键，进入"自由变换"模式，调整大小和位置，如图12-14所示。

图12-13 远景素材

图12-14 添加素材

步骤03 按住Ctrl键，单击图层缩览图，选择远景，按住Alt键不放，拖动鼠标，完成同一图层的远景复制，如图12-15所示。

图12-15 复制素材

步骤04 按上述方法继续添加远景素材，如图12-16所示。

图12-16 添加素材

步骤05 设置"通道"图层为当前图层，单击工具箱中的"魔棒工具"按钮，选取处于背景以前的所有建筑，如图12-17所示的区域。

图12-17 建立选区

步骤06 切换到"建筑"图层，按Ctrl+J组合键，进行复制图层，如图12-18所示。

图12-18 复制图层

步骤07 将复制的图层移动到所有远景图层的上方，效果如图12-19所示。

图12-19 调整图层顺序

12.1.5 添加树木

步骤01 按Ctrl+O组合键，打开"树木素材.psd"图像，如图12-20所示。

图12-20 树木素材

步骤02 将"树木素材"中的素材选中并移动到当前操作窗口，如图12-21所示。

图12-21 添加素材

步骤03 按Ctrl+T组合键，进入"自由变换"模式，调整树木的大小和位置，效果如图12-22所示。

图12-22 调整素材

步骤04 使用与上述相同的方法继续添加树木，注意调整图层顺序，如图12-23所示。

图12-23 添加素材

图12-26 调整素材

12.1.6 添加矮植、灌木

步骤01 按Ctrl+O组合键，打开"矮植和灌木.psd"图像，如图12-24所示。

图12-24 矮植和灌木

步骤02 将"矮植和灌木"中的素材选中并移动到当前操作窗口，如图12-25所示。

图12-25 添加素材

步骤03 按Ctrl+T组合键，进入"自由变换"模式，调整其大小和位置，置于树木图层的下方，如图12-26所示。

步骤04 单击工具箱中的"多边形套索工具"按钮 ☑ ，将叠加在楼梯上的矮植进行抠取，将其载入选区，如图12-27所示。

图12-27 建立选区

步骤05 按Delete键删除选区，效果如图12-28所示。

图12-28 删除多余矮植

步骤06 按上述方法继续添加素材，添加完素材效果如图12-29所示。

图12-29 添加素材

12.1.7 添加其他配景

步骤 01 按Ctrl+O组合键，打开"其他配景.psd"素材图片，如图12-30所示。

图12-30 其他配景

步骤 02 将"其他配景"中的素材添加到当前操作窗口，按Ctrl+T组合键，进入"自由变换"模式，调整其大小和位置，如图12-31所示。

图12-31 添加配景

12.1.8 制作水面和喷泉

步骤 01 按Ctrl+O组合键，打开"水面.jpg"图片，如图12-32所示。

图12-32 水面素材

步骤 02 将"水面"素材移动到当前操作窗口，按Ctrl+T组合键，进入"自由变换"模式，调整大小和位置，按Ctrl+J组合键，复制图层，按Ctrl+E组合键，将两个"水面"图层进行合并，命名为"水面"图层，如图12-33所示。

图12-33 添加素材

步骤 03 切换"通道"图层为当前图层，单击工具箱中的"魔棒工具"按钮，选取水面区域，如图12-34所示。

图12-34 选取水面区域

步骤 04 切换到"水面"图层，单击图层面板底部的"添加图层蒙版"按钮，效果如图12-35所示。

图12-35 添加图层蒙版

图12-38 添加素材

步骤 05 单击图层面板，更改"不透明度"为60%，效果如图12-36所示。

图12-36 更改"不透明度"

图12-39 调整素材

步骤 09 选择喷泉并移动到当前操作窗口，如图12-40所示。

步骤 06 按Ctrl+O组合键，打开"瀑布和喷泉.psd"素材，如图12-37所示。

图12-37 瀑布和喷泉

图12-40 添加素材

步骤 10 按Ctrl+T组合键，进入"自由变换"模式，调整大小和位置，如图12-41所示。

步骤 07 选择素材并移动到当前操作窗口，如图12-38所示。

步骤 08 按Ctrl+T组合键，进入"自由变换"模式，调整大小和位置，按住Ctrl键，移动控制点进行透视变形，效果如图12-39所示。

图12-41 调整素材

步骤11 使用与上述相同的方法继续添加其他的素材，添加效果如图12-42所示。水面、瀑布和喷泉制作完成。

图12-42 添加素材

12.1.9 添加人物

步骤01 按Ctrl+O组合键，打开"人物.psd"图像，如图12-43所示。

图12-43 人物素材

步骤02 将"人物"素材选中并移动到当前操作窗口，如图12-44所示。

图12-44 添加素材

步骤03 按Ctrl+T组合键，进入"自由变换"模式，调整大小和位置，如图12-45所示。

图12-45 调整素材

步骤04 按上述方法继续添加人物素材，最终效果如图12-46所示。

图12-46 最终效果

12.1.10 添加影子

步骤01 单击图层面板底部的"新建新图层"按钮，新建图层，命名为"影子"图层，单击工具箱中的"多边形套索工具"按钮，在画面的右下角绘制影子的形状，如图12-47所示。

图12-47 绘制影子区域

步骤02 按D键恢复默认黑白前/背景色设置，按Alt+Delete组合键，填充黑色，如图12-48所示。

图12-48 填充黑色

步骤03 单击图层面板，更改图层"不透明度"为60%，单击工具箱中的"橡皮擦工具"按钮，将影子边缘进行虚化处理，效果如图12-49所示。

图12-49 更改"不透明度"

步骤04 最终效果图如图12-50所示。

图12-50 最终效果图

12.2 道路景观效果图后期处理

道路绿化记载着城市的演进，反映出某一城市

地域的自然、文化和人类群体的进化。道路景观设计就是要将道路空间中各景观要素置于一个特定的时空连续体中加以组合和表达，充分反映这种演进和进化，并能为这种演进和进化做出积极的贡献。

优美的城市环境是城市绿地系统的重要组成部分，它有着净化空气、美化和保护环境、形成生态廊道，维持生态系统的平衡的作用。绿化是人们对一个地区、一个城市第一印象的重要组成部分，精工细琢的景观式的道路绿化是自然景观的提炼和再现，是人工艺术环境和自然生态环境相结合的再创造，它所体现的姿态美、意境美，蕴含着文化与艺术的融合与升华，使人感到亲切、舒适和具有生命力，是衡量现代化城市精神文明水平的重要标志。

经过3ds Max软件渲染输出的效果图，如图12-51所示。经过Photoshop软件进行后期处理后的效果图，如图12-52所示。

图12-51 3ds Max渲染效果图

图12-52 经过Photoshop处理后的效果图

3ds Max渲染输出时，一般都会渲染输出一幅效果图和一幅材质通道图，图12-53所示的是材质通道图。

图12-53 材质通道图

12.2.1 分离天空

步骤 01 启动Photoshop 软件后，打开"3ds Max渲染效果图.jpg"和"材质通道图.jpg"图片，将材质通道图移动至当前操作窗口，分别命名为"道路"图层和"通道"图层，将"通道"图层置于"道路"图层的上方。如图12-54和图12-55所示。

图12-54 3ds Max渲染效果图

图12-55 材质通道图

步骤 02 设置"通道"图层为当前图层，单击工具箱中的"魔棒工具"按钮，选择天空区域，切换到"道路"图层，如图12-56所示。

图12-56 选取天空

步骤 03 按Delete键，删除天空背景，按Ctrl+D组合键，取消选择，得到一个透明天空背景图像，如图12-57所示。

图12-57 删除选区

12.2.2 添加天空背景

步骤 01 按Ctrl+O组合键，打开"天空.jpg"素材图像，如图12-58所示。

图12-58 天空背景

步骤 02 将天空素材移动到当前操作窗口，按Ctrl+T组合键，进入"自由变换"模式，调整其大小和位置，置于"道路"图层的下方，效果如图12-59所示。

图12-59 添加素材

12.2.3 添加草地

步骤 01 按Ctrl+O组合键，打开"草地.jpg"素材图像，如图12-60所示。

图12-60 草地素材

步骤02 将草地素材移动到当前操作窗口，按Ctrl+T组合键，进入"自由变换"模式，调整其大小和位置，如图12-61所示。

图12-61 添加素材

步骤03 设置"通道"图层为当前图层，单击工具箱中的"魔棒工具"按钮，选取通道图中的蓝色区域，也就是草地区域，如图12-62所示。

图12-62 选取选区

步骤04 切换至"草地"图层，单击图层面板底部"添加图层蒙版"按钮，草地添加完成，效果如图12-63所示。

图12-63 添加图层蒙版

12.2.4 添加远景

步骤01 按Ctrl+O组合键，打开"远景素材.psd"素材图像，如图12-64所示。

图12-64 远景素材

步骤02 将"远景树木"素材选中并移动当前操作窗口，如图12-65所示。

图12-65 添加素材

步骤03 按Ctrl+T组合键，进入"自由变换"模式，调整大小和位置，如图12-66所示。

图12-66 调整素材

步骤04 继续添加素材，如图12-67所示。

图12-67 添加素材

步骤05 按Ctrl+T组合键，进入"自由变换"模式，调整大小和位置，如图12-68所示。

图12-68 调整素材

步骤06 按住Ctrl键，单击图层缩览图，选择远景树木，按住Alt键不放，拖动鼠标，完成同一图层树木的复制，效果如图12-69所示。

图12-69 复制素材

步骤07 按照上述方法将其他的远景素材进行添加，注意图层顺序，远景树木添加完成，效果如图12-70所示。

图12-70 添加素材

12.2.5 添加树木

步骤01 按Ctrl+O组合键，打开"树木素材.psd"图像，如图12-71所示。

图12-71 树木素材

步骤02 选择树木素材移动至当前操作窗口，如图12-72所示。

图12-72 添加素材

步骤03 按Ctrl+T组合键，进入"自由变换"模式，调整大小和位置，如图12-73所示。

图12-73 调整素材

步骤04 按照上述方法将其他的树木素材进行添加，注意透视关系，树木添加完成，效果如图12-74所示。

图12-74 添加素材

12.2.6 添加矮植、灌木

步骤 01 按Ctrl+O组合键，打开"矮植和灌木"素材，如图12-75所示。

图12-75 矮植和灌木

步骤 02 选择素材中的矮植并移动至当前操作窗口，如图12-76所示。

图12-76 添加素材

步骤 03 按Ctrl+T组合键，进入"自由变换"模式，调整至合适的大小和位置，如图12-77所示。

图12-77 调整素材

步骤 04 继续添加矮植素材至当前操作窗口，如图12-78所示。

图12-78 添加素材

步骤 05 按Ctrl+T组合键，进入"自由变换"模式，调整大小和位置，如图12-79所示。

图12-79 调整素材

步骤 06 按住Ctrl键，单击图层缩览图，选择矮植，按住Alt键不放，拖动鼠标，完成同一图层的矮植复制，放置于行道树下面，注意图层顺序，如图12-80所示。

图12-80 复制素材

步骤 07 选择素材中的灌木素材，移动至当前操作窗口，效果如图12-81所示。

图12-81 添加素材

步骤 08 按Ctrl+T组合键，进入"自由变换"模式，调整大小和位置，如图12-82所示。

步骤 09 按Enter键确定，继续按上述方法添加其他的灌木，矮植和灌木添加完成，效果如图12-83所示。

图12-82 调整素材

图12-83 添加素材

12.2.7 制作绿篱

步骤01 按Ctrl+O组合键，打开"绿篱（红）.jpg"素材，如图12-84所示。

图12-84 绿篱素材

步骤02 将素材移动至当前操作窗口，如图12-85所示。

图12-85 添加素材

步骤03 按Ctrl+T组合键，进入"自由变换"模式，调整大小和位置，如图12-86所示。

图12-86 调整素材

步骤04 按住Ctrl键，单击图层缩览图，选择绿篱，按住Alt键不放，拖动鼠标，完成同一图层的绿篱复制，注意调整大小，离视线越远的就越小，如图12-87所示。

图12-87 复制素材

步骤05 设置"通道"图层为当前图层，单击工具箱中的"魔棒工具"按钮，选中橘黄色区域，如图12-88所示。

图12-88 载入选区

步骤06 切换"绿篱"图层为当前图层，单击图层面板底部的"添加图层蒙版"按钮，添加图层蒙版，得到效果如图12-89所示。

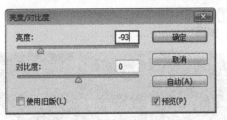

图12-92 "亮度/对比度"对话框

图12-89 添加图层蒙版

步骤07 设置"道路"图层为当前图层,单击工具箱中的"魔棒工具"按钮 ，选中绿篱阴影区域,如图12-90所示。

图12-93 增加体积感

步骤11 执行"图层"|"图层样式"|"投影"命令,弹出"图层样式"对话框,设置相应的参数,如图12-94所示。

图12-90 选取阴影区域

步骤08 切换到"绿篱"图层,目前所看到的绿篱还没有体积感,如图12-91所示。

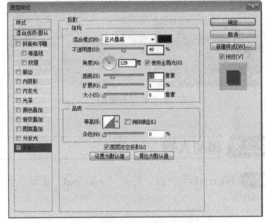

图12-94 "图层样式"对话框

步骤12 单击"确定"按钮,得到效果如图12-95所示。

图12-91 添加素材

步骤09 执行"图像"|"调整"|"亮度/对比度"命令,弹出"亮度/对比度"对话框,将亮度降低,设置亮度为-93,如图12-92所示。

步骤10 单击"确定"按钮,增加绿篱的体积感,得到效果如图12-93所示。

图12-95 添加阴影

步骤13 按Ctrl+O组合键，继续打开"绿篱（绿）.jpg"素材，如图12-96所示。

图12-96 绿篱素材

步骤14 按上述方法继续添加绿篱，得到效果如图12-97所示。

图12-97 添加素材

12.2.8 添加人物

步骤01 按Ctrl+O组合键，打开"人物.psd"素材，如图12-98所示。

图12-98 人物素材

步骤02 将"人物"素材中的骑单车的人选中并移动到当前操作窗口，如图12-99所示。

图12-99 增加素材

步骤03 按Ctrl+T组合键，进入"自由变换"模式，调整大小和位置，如图12-100所示。

图12-100 调整素材

步骤04 按上述方法继续添加人物，人物添加完成，效果如图12-101所示。

图12-101 添加素材

12.2.9 添加影子

步骤01 选择行道树的第二棵树，按Ctrl+J组合键，进行复制，命名为"影子"图层，如图12-102所示。

图12-102 复制图层

步骤02 执行"图像"|"调整"|"色相/饱和度"命令，弹出"色相/饱和度"对话框，将明度降到最低，设置相应的参数，如图12-103所示。

图12-103 "色相/饱和度"对话框

步骤03 单击"确定"按钮，得到如图12-104所示。

图12-104 更改明度

步骤04 按Ctrl+T组合键，进入"自由变换"模式，按住Ctrl键，移动控制点进行调整，得到效果如图12-105所示。

图12-105 自由变换

步骤05 单击图层面板，更改"不透明度"为50%，得到效果如图12-106所示。

图12-106 更改"不透明度"

步骤06 执行"滤镜"|"模糊"|"动感模糊"命令，弹出"动感模糊"对话框，设置相应的参数，如图12-107所示。

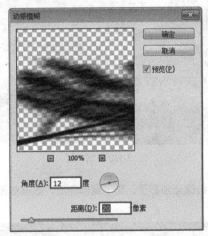

图12-107 "动感模糊"对话框

步骤07 单击"确定"按钮，效果如图12-108所示。

图12-108 动感模糊效果

步骤08 将影子移动至左下角，按Ctrl+T组合键，进入"自由变换"模式，调整大小和位置，如图12-109所示。

图12-109 调整影子的位置

步骤09 按Ctrl+J组合键，复制图层，移动至行道树底下，将"不透明度"更改为35%，如图12-110所示。视线越远，影子就越虚，所以需要根据"近实远虚"的原则来调节影子的虚实关系，这样才会有空间的纵深感。

图12-110 复制图层

步骤10 继续添加影子，影子制作完成，效果如图12-111所示。

图12-111 添加影子

12.2.10 最终调整

步骤01 单击图层面板底部的"创建新的填充或调整图层"按钮 ，创建"亮度/对比度"调整图层，在弹出的对话框中调整亮度，设置相应的参数，如图12-112所示。

图12-112 "亮度/对比度"调整

步骤02 单击"确定"按钮，最终效果如图12-113所示。

图12-113 最终效果

第 13 章 建筑效果图夜景处理

夜景效果图和日景效果图处理方法和流程相差不多，只是时间和氛围不同，日景主要表现的是一种非常阳光的氛围，而夜景因为时间的关系，它在表现方面有些难度。夜景不仅在于表现建筑的精确形状和外观，还是建筑物在夜景的照明设施、形态、整体环境下的真实体现，它能够很好地吸引人的目光，并且是所有效果图中是最为绚丽的一种，是体现建筑美感的一种常见表现手法。夜景效果图可用于效果展示和推销推广等。

13.1 高层写字楼夜景效果图后期处理

本章以高层写字楼为例，介绍夜景效果图的处理方法。

经过 3ds Max 软件渲染输出的效果图，如图13-1 所示。经过 Photoshop 软件进行后期处理后的效果图，如图13-2 所示。从中可以看出经过处理后的夜景气氛更加浓烈。

图13-1 3ds Max 渲染的效果图　　图13-2 经过后期处理的效果图

3ds Max 渲染输出时，一般都会渲染输出一幅效果图和一幅材质通道图，图13-3 所示是材质通道图。通过彩色材质图可以选取选区，更加方便的处理效果图，为后期处理工作节省了时间和精力。

图13-3 材质通道图

13.1.1 分离天空背景

步骤01 启动 Photoshop 软件后，打开"3ds Max 渲染效果图 .jpg"图像，命名为"写字楼"图层，如图 13-4 所示。

步骤02 按 Ctrl+O 组合键，继续打开"材质通道图 .jpg"图像，命名为"通道"图层，置于"写字楼"图层的上方，如图13-5 所示。

图13-4 3ds Max 渲染的效果图　　图13-5 材质通道图

步骤03 设置"通道"为当前图层，单击工具箱中的"魔棒工具"按钮，选取天空背景区域，如图13-6所示。

步骤04 切换至"写字楼"图层，按 Delete 键，删除天空背景，按 Ctrl+D 组合键，取消选择，如图13-7所示。

图13-6 选取天空背景   图13-7 删除天空背景

13.1.2 添加天空背景

步骤01 按 Ctrl+O 组合键，打开"天空.jpg"素材，如图13-8所示。

步骤02 将"天空"素材移动到当前操作窗口，置于"写字楼"图层的上面，按 Ctrl+T 组合键，进入"自由变换"模式，调整使之布满整个天空区域，效果如图13-9所示。

图13-8 天空背景   图13-9 添加素材

13.1.3 调整建筑

当建筑处于夜景模式下的状态，唯一能体现建筑质感的就是光照效果，在这里需要加强建筑光照效果，首先，添加的背景色调偏冷，那么，需要的是将建筑的色调处理得偏暖一些，以达成协调。下面就来介绍处理方法。

步骤01 设置"通道"为当前图层，单击工具箱中的"魔棒工具"按钮，选择建筑区域，如图13-10所示。

步骤02 切换至"写字楼"图层，按 Ctrl+J 组合键，复制图层，如图13-11所示。

图13-10 载入选区   图13-11 复制选区

步骤03 执行"图像"|"调整"|"亮度/对比度"命令，弹出"亮度/对比度"对话框，设置相应的参数，如图13-12所示。

步骤04 执行"图像"|"调整"|"色彩平衡"命令，弹出"色彩平衡"对话框，设置相应的参数，如图13-13所示。

图13-12 "亮度/对比度"调整

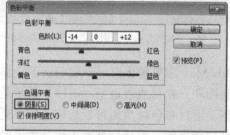
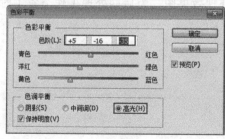

图13-13 "色彩平衡"对话框

步骤05 单击"确定"按钮，调整建筑的整体感觉，效果如图13-14所示。

步骤06 然后就是对局部进行调整，调整建筑顶上的光照区域，设置"通道"为当前图层，单击工具箱中的"魔棒工具"按钮 🪄，选取所需要调整的区域，如图13-15所示。

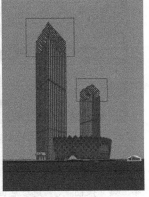

图13-14 调整色调　　　　图13-15 载入选区

步骤07 回到"写字楼"图层，单击图层面板底部的"创建新的填充或调整图层"按钮 ◑，选择"色彩平衡"选项，创建"色彩平衡"调整图层，如图13-16所示。

步骤08 双击"图层缩览图"，弹出"色彩平衡"对话框，设置相应的参数，如图13-17所示。

图13-16 创建新的填充或调整图层

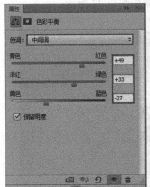
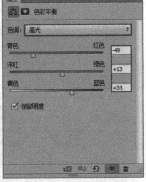

图13-17 调整"色彩平衡"

步骤09 双击"图层蒙版缩览图"，弹出"蒙版"对话框，设置羽化值为20像素，如图13-18所示。

步骤10 调整后的效果如图13-19所示。

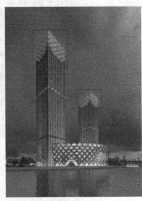

图13-18 "蒙版"对话框　　　图13-19 调整后的效果

　　以上介绍了两种利用"色彩平衡"命令调整色调的方法，其第二种较为方便还可修改。

步骤11 设置"通道"图层为当前图层，单击工具箱中的"魔棒工具"按钮 🪄，选择图13-20所示的区域。

图13-20 载入选区

步骤12 切换到"写字楼"图层，单击图层面板底部的"创建新的填充或调整图层"按钮 ◑，弹出快捷菜单，选择"亮度/对比度"选项，如图13-21所示。

图13-21 创建新的填充或调整图层

步骤13 双击"图层缩览图"，弹出"亮度/对比度"对话框，设置相应的参数，如图13-22所示。

图13-22 "亮度/对比度"对话框

步骤14 增强亮度后效果如图13-23所示。

图13-23 增强亮度后效果

13.1.4 添加店铺素材

步骤01 按Ctrl+O组合键，打开"店铺素材.jpg"素材图像，如图13-24所示。

图13-24 店铺素材

步骤02 将"店铺素材"全部选中并移动至当前操作窗口，按Ctrl+T组合键，进入"自由变换"模式，调整至合适的大小，放置于店铺区域，如图13-25所示。

图13-25 添加素材

步骤03 设置"通道"为当前图层，单击工具箱中的"魔棒工具"按钮，选取店面区域，效果如图13-26所示。

图13-26 载入选区

步骤04 切换至"店面素材"图层，单击图层面板底部的"添加图层蒙版"按钮，效果如图13-27所示。

图13-27 添加图层蒙版

13.1.5 添加马路

步骤01 按 Ctrl+O 组合键，打开"马路 .psd"素材图像，如图13-28 所示。

图13-28 马路素材

步骤02 将素材移动至当前操作窗口，按 Ctrl+T 组合键，进入"自由变换"模式，调整大小和位置，如图13-29 所示。

图13-29 添加素材

13.1.6 添加树木

步骤01 按 Ctrl+O 组合键，打开"树木 .psd"素材图像，如图13-30 所示。

图13-30 树木素材

步骤02 将素材中的行道树选中并移动至当前操作窗口，如图13-31 所示。

步骤03 按 Ctrl+T 组合键，进入"自由变换"模式，调整大小和位置，效果如图13-32 所示。

步骤04 按 Enter 键确定，执行"图像"|"调整"|"色相 / 饱和度"命令，弹出"色相/饱和度"对话框，

图13-31 添加素材

将明度降低至 −80，设置相应的参数，如图13-33 所示。夜间的树由于没有光的照射，所以比较暗，将明度降低来模拟夜间的树。

图13-32 调整素材

图13-33 "色相 / 饱和度"对话框

步骤05 单击"确定"按钮，效果如图13-34 所示。

图13-34 降低明度

步骤06 按住 Ctrl 键，单击图层缩览图，选择树木，按住 Alt 键不放，拖动鼠标，完成同一图层的树木复制，效果如图13-35 所示。

步骤07 选择"树木"素材中室内树木，移动至当前操作窗口，如图13-36 所示。

图13-35 复制素材

图13-38 更改"不透明度"

图13-36 添加素材

图13-39 复制素材

步骤 08 按 Ctrl+T 组合键，进入"自由变换"模式，调整大小和位置，如图13-37 所示。

图13-37 调整素材

步骤 09 单击图层面板，更改"不透明度"为 56%，制作出透过玻璃的效果，如图13-38 所示。

步骤 10 按住 Ctrl 键，单击图层缩览图，选择树木，按住 Alt 键不放，拖动鼠标，完成同一图层的树木复制，如图 13-39 所示。

13.1.7 添加人物

步骤 01 按 Ctrl+O 组合键，打开"人物 .psd"素材图像，如图13-40 所示。

图13-40 人物素材

步骤 02 将人物素材排成一字形，移动至当前操作窗口，如图13-41 所示。

图13-41 添加素材

步骤03 按 Ctrl+T 组合键，进入"自由变换"模式，调整至合适的大小和位置，参照旁边的建筑来决定人物的高度，如图13-42所示。

图13-42 调整素材

步骤04 执行"图像"｜"调整"｜"色相/饱和度"命令，弹出"色相/饱和度"对话框，将明度降到最低，设置相应的参数，如图13-43所示。

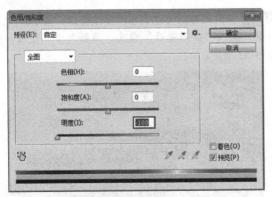

图13-43 "色相/饱和度"对话框

步骤05 单击"确定"按钮，更改图层"不透明度"为90%，效果如图13-44所示。

图13-44 更改"不透明度"

步骤06 制作室内人物，在室内的人物因为隔了一层玻璃，所以就不那么的清晰，这里需要更改"不透明度"来模拟室内的人，首先，将已经降低明度的人物添加至有玻璃的窗户区域，如图13-45所示。

图13-45 添加素材

步骤07 设置"通道"为当前窗口，单击工具箱中的"魔棒工具"按钮，选中玻璃区域，如图13-46所示。

图13-46 载入选区

步骤08 切换至"室内人物"图层，单击图层面板底部的"添加图层蒙版"按钮，添加图层蒙版，如图13-47所示。

图13-47 添加图层蒙版

步骤09 更改"不透明度"为 40%，效果如图13-48 所示。

图13-48 更改"不透明度"

步骤10 按照上述方法将其他的室内的人物进行添加，效果如图13-49 所示。

图13-49 添加素材

13.1.8 添加水面

步骤01 按 Ctrl+O 组合键，打开"水面.jpg"素材图像，如图13-50 所示。

图13-50 水面素材

步骤02 将水面素材移动到当前操作窗口，按 Ctrl+T 组合键，进入"自由变换"模式，调整其大小和位置，效果如图13-51 所示。

图13-51 添加素材

13.1.9 添加光晕效果

步骤01 按 Ctrl+O 组合键，打开"光晕.psd"素材图像，如图13-52 所示。

图13-52 光晕素材

步骤02 将光晕素材移动到当前操作窗口，按 Ctrl+T 组合键，进入"自由变换"模式，调整大小和位置，如图13-53 所示。

图13-53 添加素材

步骤 03 调整至合适的大小，放置在路灯的灯罩处，如图13-54 所示。

图13-54 调整素材

步骤 04 按住 Ctrl 键，单击图层缩览图，选择光晕，按住 Alt 键不放，拖动鼠标，完成同一图层的光晕复制，光晕添加完成，效果如图13-55 所示。

图13-55 添加素材

13.1.10 最终调整

步骤 01 单击图层面板底部的"新建新图层"按钮 ，新建图层，命名为"光线"图层，设置前景色为"#fd8a03"，单击工具箱中的"画笔工具"按钮 ，在画面有路灯的区域进行涂抹，如图13-56 所示。

图13-56 制作光线

步骤 02 更改"混合模式"为"叠加"，"不透明度"为40%，增强光线，效果如图13-57 所示。

图13-57 更改"混合模式"

步骤 03 单击图层面板底部的"创建新的填充或调整图层"按钮 ，弹出快捷菜单，选择"色彩平衡"选项，双击"图层缩览图"，弹出"色彩平衡"对话框，设置相应的参数，如图13-58 所示。

步骤 04 经过"色彩平衡"调整后的效果，如图13-59 所示。

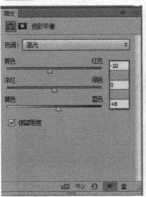 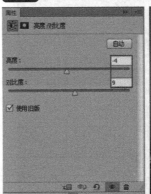

图13-58 "色彩平衡"对话框　　图13-59 "色彩平衡"
调整后的效果

步骤 05 添加"亮度/对比度"调整图层，设置相应的参数，如图13-60 所示。

步骤 06 最终效果如图13-61 所示。

图13-60 "亮度/对比度"对话框　　图13-61 最终效果

13.2 商业街夜景效果图后期处理

夜景效果图的处理，主要是通过灯光表现设计特色，所以在处理夜景效果图的时候，灯光的把握非常重要。

本节提供的案例是全模型渲染的效果图，如图13-62所示。全模型渲染就是通过3ds Max软件在渲染的前期通过添加配景模型，经过调整以后和设计方案一起渲染出来，那么，它的优势就是一定程度上改变了我们以往一直靠后期去拼图的工作流程，使后期的工作量得到了减轻，这样也能让我们从后期繁重的工作中解脱出来，把更多的精力投入到渲染上面，使得我们的图面质量和工作效率得到了巨大的提高。在夜景效果图中，画面的统一性和配景的细节变化较为丰富。随着它的优势越来越突出，在渲染界掀起了一场渲染时代的变革。

图13-62 全模型渲染

全模型渲染优点固然多，但那不代表不需要后期处理，后期处理可以使整个画面更为丰富，给人一种绚丽的感觉，如图13-63所示。

图13-63 后期处理的效果

13.2.1 分离背景

步骤01 启动 Photoshop 软件后，打开"3ds Max 渲染效果图"图像，命名为"商业街"图层，如图13-64 所示。

图13-64 3ds Max 渲染效果图

步骤02 按 Ctrl+O 组合键，继续打开"材质通道图"图像，将其移动至当前操作窗口，命名为"通道"图层，置于"商业街"图层的上方，效果如图13-65 所示。

图13-65 材质通道图

步骤03 设置"通道"图层为当前图层，单击工具箱中的"魔棒工具"按钮，选取天空区域，如图13-66 所示。

图13-66 载入选区

步骤04 切换至"商业街"图层为当前图层，如图13-67所示。

图13-67 切换图层

步骤05 按 Delete 键，删除天空背景，按 Ctrl+D 组合键，取消选择，效果如图13-68所示。

图13-68 删除天空背景

13.2.2 添加天空背景

步骤01 按 Ctrl+O 组合键，打开"天空 .jpg"素材图像，如图13-69所示。

图13-69 天空素材

步骤02 将天空背景移动至当前操作窗口，按 Ctrl+T 组合键，进入"自由变换"模式，调整大小和位置，如图13-70所示。

图13-70 添加素材

13.2.3 调整建筑

步骤01 设置"通道"为当前图层，单击工具箱中的"魔棒工具"按钮，选取橘黄色区域，如图13-71所示。

图13-71 图像效果

步骤02 切换至"商业街"图层，将图13-72所示区域的色调调整为偏向冷色调。

图13-72 添加图层蒙版

步骤03 执行"图像"|"调整"|"色相/饱和度"命令，弹出"色相/饱和度"对话框，设置相应的参数，如图13-73所示。

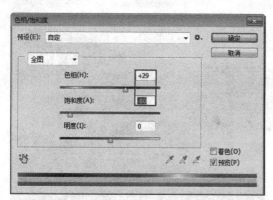

图13-73 "色相/饱和度"对话框

步骤04 单击"确定"按钮，色调偏向冷色调，效果如图13-74所示。

图13-74 调整色调

步骤05 调整虚实关系，将后面的建筑调整得模糊一些，增强空间感，设置"通道"为当前图层，单击工具箱中的"快速选择工具"按钮 ，选择后面的建筑区域，如图13-75所示。

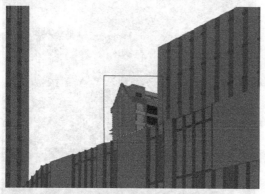

图13-75 载入选区

步骤06 切换至"商业街"图层为当前图层，按Ctrl+Shift+J组合键，进行分离，如图13-76所示。

图13-76 切换图层

步骤07 更改"不透明度"度为60%，效果如图13-77所示。使后面的建筑与主体建筑从视觉上相离很远，加强空间感。

图13-77 更改"不透明度"

13.2.4 增加室内光线

步骤01 设置"通道"图层为当前图层，单击工具箱中的"魔棒工具"按钮 ，选中玻璃区域，如图13-78所示。

图13-78 载入选区

步骤02 切换到"商业街"图层，目前所看到的灯光还不够亮，单击图层面板底部的"创建新的填充或调整图层"按钮 ，弹出快捷菜单，选择"色相/饱和度"选项，如图13-79所示。

图13-79 创建新的填充或调整图层

步骤03 双击"图层缩略图"，弹出"色相/饱和度"对话框，设置相应的参数，如图13-80所示。

图13-80 "色相/饱和度"对话框

步骤04 增加室内灯光效果，得到效果如图13-81所示。

图13-81 增加室内灯光

步骤05 继续增加灯光效果，设置"通道"图层为当前图层，单击工具箱中的"魔棒工具"按钮，选中蓝色区域，这次是调整彩色玻璃区域的光照效果，如图13-82所示。

图13-82 载入选区

步骤06 切换到"商业街"图层，单击图层面板底部的"创建新的填充或调整图层"按钮，弹出快捷菜单，选择"色相/饱和度"选项，得到效果如图13-83所示。

图13-83 创建新的填充或调整图层

步骤07 双击"图层缩略图"，弹出"色相/饱和度"对话框，设置相应的参数，如图13-84所示。

图13-84 "色相/饱和度"对话框

步骤08 增强彩色玻璃的照明效果，得到效果如图13-85所示。

图13-85 增强彩色玻璃的照明效果

13.2.5 添加店铺和招牌

步骤01 按 Ctrl+O 组合键，打开"店铺和招牌.psd"素材图像，如图13-86所示。

图13-86 店铺和招牌素材

步骤02 将"店铺和招牌"素材中的店铺全部选中并移动到当前操作窗口，按 Ctrl+T 组合键，进入"自由变换"模式，调整至合适的大小，排列成一字形放置在店铺门面前，注意"近大远小"的透视关系，将添加的全部店铺素材选中，按 Ctrl+E 组合键，合并为一个图层，命名为"店铺"图层，如图13-87所示。

图13-87 增加素材

步骤03 设置"通道"图层为当前图层，单击工具箱中的"魔棒工具"按钮 ，选取店铺区域，如图13-88所示。

图13-88 载入选区

步骤04 切换至"店铺"图层，单击图层面板底部的"添加图层蒙版"按钮 ，效果如图13-89所示。

图13-89 添加图层蒙版

步骤05 更改"不透明度"为40%，效果如图13-90所示。

图13-90 更改"不透明度"

步骤06 按 Ctrl+J 组合键，复制图层，更改图层"混合模式"为"颜色减淡"，填充为40%，效果如图13-91所示。

图13-91 复制图层

图13-94 更改"不透明度"

步骤07 添加招牌,选择"店铺和招牌"素材中的招牌移动至当前操作窗口,如图13-92所示。

图13-92 添加素材

步骤08 按Ctrl+T组合键,进入"自由变换"模式,按住Ctrl键,移动控制点进行调整,效果如图13-93所示。

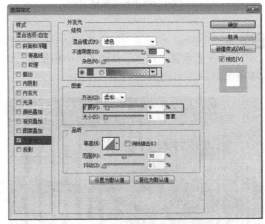

图13-95 "图层"对话框

步骤11 单击"确定"按钮,效果如图13-96所示。

图13-93 自由变换

步骤09 使用同样的方法添加其他的招牌,按Ctrl+E组合键,将所有的招牌图层合并为一个图层,效果如图13-94所示。

步骤10 单击图层面板底部的"添加图层样式"按钮 fx ,弹出快捷菜单,选择"外发光"选项,设置相应的参数,如图13-95所示。

图13-96 添加招牌的发光效果

13.2.6 添加广告牌

步骤01 按住Ctrl+O组合键,打开"广告牌.psd"素材图像,如图13-97所示。

图13-97 广告牌素材

步骤 02 将"广告牌"中的素材选中并移动至当前操作窗口，按 **Ctrl+T** 组合键，调整至合适的大小和位置，如图13-98 所示。

图13-98 添加素材

步骤 03 设置"通道"图层为当前图层，单击工具箱中的"魔棒工具"按钮 ，选取窗口玻璃区域，如图13-99 所示。

图13-99 通道图层

步骤 04 切换至"广告牌"图层，单击图层面板底部的"添加图层蒙版"按钮 ，添加图层蒙版，更改"不透明度"为40%，注意透视关系，得到效果如图13-100 所示。

图13-100 添加图层蒙版

步骤 05 按照上述方法继续添加广告牌素材，效果如图13-101 所示。

图13-101 添加素材

13.2.7 添加人物

步骤 01 按 **Ctrl+O** 组合键，打开"人物 .psd"素材图像，如图13-102 所示。

图13-102 人物素材

步骤 02 将"人物"素材中的全部人物移动至当前操作窗口，按 **Ctrl+T** 组合键，进入"自由变换"模式，调整人物大小和位置，人物添加完成，效果如图13-103 所示。

图13-103 添加素材

13.2.8 添加光晕效果

添加光晕素材，上节重点讲了添加光晕的方法，这节主要讲解添加车灯光晕效果以及制作路面上的反射。

步骤01 按 Ctrl+O 组合键，打开"光晕.psd"素材图像，如图13-104 所示。

图13-104 光晕素材

步骤02 将黄色光晕选中并移动至当前操作窗口，放置于车灯位置，按 Ctrl+T 组合键，进入"自由变换"模式，调整大小和位置，如图13-105 所示。

图13-105 添加素材

步骤03 按照上述方法添加其他的车灯光晕，单击图层面板底部的"新建新图层"，新建图层，设置前景色为"#f31b43"，单击工具箱中的"画笔工具"按钮 ✎，在有车灯的地面上进行涂抹，如图13-106 所示。

图13-106 制作反光效果

步骤04 更改"混合模式"为"颜色减淡"，"不透明度"为 65%，制作地面上的反光效果，效果如图13-107 所示。

图13-107 更改"混合模式"

步骤05 使用同样的方法制作其他的地面上的反光，注意根据车灯的颜色来决定地面的反光颜色，如图13-108 所示。

图13-108 制作反光效果

步骤 06 将光晕添加到当前操作窗口，按 Ctrl+T 组合键，进入"自由变换"模式，调整大小和位置，效果如图13-109 所示。

图13-109 添加光晕

13.2.9 最终调整

对于近景的配景素材应添加动感模糊效果来分散观察者的注意力，使观察者将视线焦点汇聚在主体建筑上面。那么，案例最靠近视线的是车子，可以借助参考线来判断近景素材，下面来讲解制作车子模糊效果的方法。

步骤 01 设置"通道"为当前图层，单击工具箱中的"魔棒工具"按钮，选取车子区域，如图13-110 所示。

图13-110 载入选区

步骤 02 切换至"商业街"图层，按 Ctrl+J 组合键，复制图层，执行"滤镜"|"模糊"|"动感模糊"命令，弹出"动感模糊"对话框，设置相应的参数，如图13-111 所示。

步骤 03 单击"确定"按钮，车子动感模糊制作完成，效果如图13-112 所示。

图13-111 动感模糊

图13-112 动感模糊效果

步骤 04 选择图层面板顶端图层为当前图层，按 Ctrl+Shift+Alt+E 组合键，盖印可见图层，执行"滤镜"|"模糊"|"高斯模糊"命令，弹出"高斯模糊"对话框，设置相应的参数，如图13-113 所示。

图13-113 "高斯模糊"对话框

步骤 05 单击"确定"按钮，效果如图13-114 所示。

图13-114 高斯模糊效果

步骤06 更改"混合模式"为"柔光","不透明度"为40%，效果如图13-115所示。从而使图像变得更加清晰，明暗变化更加丰富。

图13-115 更改"混合模式"

步骤07 单击图层面板底部的"创建新的填充或调整图层"按钮 ⊘ ，创建"色彩平衡"调整图层，在弹出"色彩平衡"对话框中调整参数，如图13-116所示。

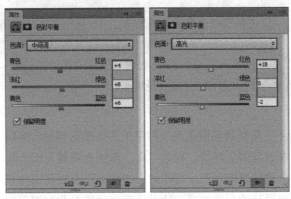

图13-116 调整"色彩平衡"

步骤08 最终效果如图13-117所示。

图13-117 最终效果

第 14 章 建筑鸟瞰图后期处理

用高视点透视法从高处某一点俯视地面起伏绘制而成的立体图通常称之为鸟瞰图，其特点为近大远小，近明远暗。然而从 3ds Max 软件中渲染输出的建筑鸟瞰效果图只是将各个建筑、道路等造型拼凑在一起，与现实生活中的小区、办公建筑群等实体建筑有很大的差异，所以，需要通过相应的软件进行后期处理，才能展现出真实的建筑鸟瞰效果。

鸟瞰效果图作为一种常见的效果图类型，多用在表现园区环境、规划方案、建筑布局等方面。与单体效果图不同，鸟瞰效果图的作用有表现园林景观设计的理想方式；让设计者直观推敲和加深理解设计构思；提高同对方交流与沟通的效率；为工程项目招投标提供基础平台。

在进行室外鸟瞰效果图后期处理时，需要特别注意配景与画面透视关系的处理，鸟瞰图后期处理大致可分为如下三个步骤。

（1）大关系的处理，包含背景的处理，铺地的处理，以及颜色基调的确定。

（2）绿化处理，包含种植树木、花草、灌木等覆盖铺地的植被。

（3）细节的处理，包含修整素材，调整颜色，制作周围的云雾遮挡效果。

下面总结一些在进行室外鸟瞰效果图后期处理时的注意事项，供读者参考。

构图问题：优秀作品的构图必然是变化和统一的均衡。变化和统一是作品构图中不可缺少的两个重要元素，没有变化，画面就会缺乏生动感；没有统一，画面就会显得杂乱无章。一般情况下，构图分为均衡构图和对称构图。均衡构图可以使画面看起来更加活泼、生动；而对称构图则显得相对沉稳，但缺点是画面缺乏生气。所以，在实际工作中均衡构图方式被大量运用。另外，视点的高低也会对画面产生影响。视点低，画面呈现的是仰视效果，这样表现出来的画面主体形象高大庄严，背景常以天空为主，其他景物下缩，这样主体更突出；视点高，画面呈俯视效果，这样表现出来的画面场景大，广阔而深远，较适宜表现地广人多、场面复杂的画面。鸟瞰效果图就是高视点，但

是在为该类视点的场景添加配景时，一定要注意各配景的透视关系与原画面的透视关系要保持一致。

通过添加配景，使鸟瞰效果图能较清楚地体现景观间的形状、颜色和光照等关系，直观、形象地反映景观群体的规划全貌，是表现园林景观设计比较理想的方式。不管配景素材多么完美，归根结底都是为主体建筑服务的，故配景素材的添加绝对不能喧宾夺主，既要做到各种配景的风格与建筑氛围相统一，又要注意配景素材的种类不宜过多。另外，一定要注意主体和配景素材之间的透视关系。

最后要运用相应的命令和工具从整体上对画面进行一些基本的调整，使画面更加清新自然。

14.1 住宅小区鸟瞰图后期处理

住宅小区是比较常见的鸟瞰图类型，它主要表现的是小区建筑的规划与周围环境的关系。

本节讲解的是住宅小区鸟瞰图的处理，未经过处理的渲染图，如图14-1 所示。经过 Photoshop 软件进行后期处理后的效果图，如图14-2 所示。

图14-1 3ds Max 渲染的效果图

图14-2 经过后期处理的效果图

为了更方便地处理效果图，这次多渲染输出了一张建筑和影子的材质通道图，如图14-3所示。下面就会讲解如何利用这两个彩色通道图来处理效果图。

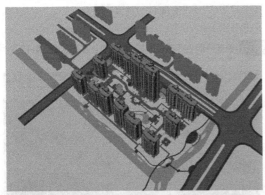

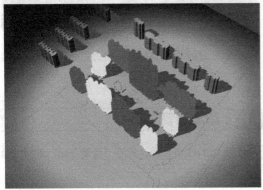

图14-3 材质通道图

添加草地

步骤 01 启动 Photoshop 软件后，打开"3ds Max 渲染的效果图 .jpg"，命名为"小区鸟瞰图"图层，如图14-4所示。

步骤 02 按 Ctrl+O 组合键，打开"材质通道图 .jpg"图像，命名为"通道 1"图层，如图14-5所示。

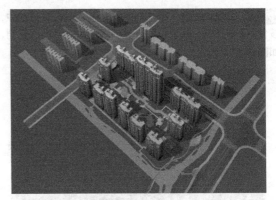

图14-4 3ds Max 渲染的效果图

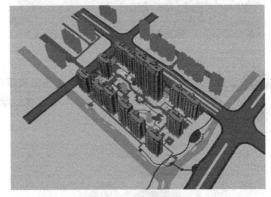

图14-5 材质通道图

步骤 03 按 Ctrl+O 组合键，打开"草地 .jpg"素材图像，如图14-6所示。

图14-6 草地素材

步骤 04 将草地移动至当前操作窗口，按 Ctrl+T 组合键，进入"自由变换"模式，调整大小和位置，如图14-7所示。

图14-7 添加素材

285

步骤05 按住 Ctrl 键，单击图层缩览图，将选草地选中，按住 Alt 键不放，拖动鼠标，完成同一图层草地的复制，如图14-8 所示。

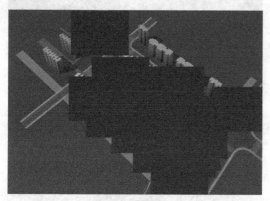

图14-8 复制素材

步骤06 设置"通道 1"为当前操作窗口，单击工具箱中的"魔棒工具"按钮，选择位居小区中心的红色区域，如图14-9 所示。

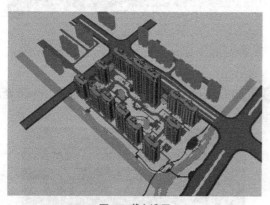

图14-9 载入选区

步骤07 切换"草地"图层为当前图层，单击图层面板底部的"添加图层蒙版"按钮，添加图层蒙版，效果如图14-10 所示。

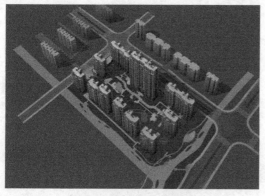

图14-10 添加图层蒙版

步骤08 执行"图像"｜"调整"｜"曲线"命令，弹出"曲线"对话框，设置相应的参数，如图14-11 所示。

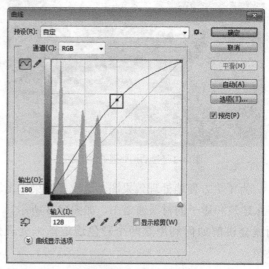

图14-11 "曲线"调整

步骤09 单击"确定"按钮，提亮草地，效果如图14-12 所示。

图14-12 调整草地

14.1.2 添加绿篱

步骤01 按 Ctrl+O 组合键，打开"绿篱 .psd"素材图像，如图14-13 所示。

图14-13 绿篱素材

步骤02 将绿篱移动至当前操作窗口，按 Ctrl+T 组合键，进入"自由变换"模式，调整大小和位置，如图14-14 所示。

图14-14 添加素材

14.1.3 添加树木

种植树木同样是有先后顺序的，一般情况下，先种植周边的树木，我们称之为"行道树"，然后种植较大的树，再种植小一些的树，最后种植灌木、花丛。

步骤01 按 Ctrl+O 组合键，打开"行道树.psd"素材图像，如图14-15 所示。

图14-15 行道树素材

步骤02 将行道树选中并移动至当前窗口，按Ctrl+T组合键，进入"自由变换"模式，调整其大小和位置，如图14-16 所示。

图14-16 添加素材

步骤03 按住 Ctrl 键，单击图层缩览图，将行道树选中，按住 Alt 键不放，拖动鼠标，完成同一图层行道树的复制。效果如图14-17 所示。

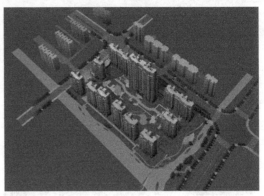

图14-17 复制素材

步骤04 仔细观察，发现有的树种到了建筑上面，如图14-18 所示的区域。那么，可以添加图层蒙版来解决这个问题，下面来说一下具体的操作方法。

图14-18 种植的树木遮挡了建筑

步骤05 将第二个材质通道图移动至当前操作窗口，命名"通道2"图层，并设置为当前图层，这里需要说明一下，这个彩色通道图也是从3ds Max 渲染输出的材质通道图，是为了更加快速方便选取建筑，以及后面制作影子，单击工具箱中的"魔棒工具"按钮，选取建筑区域，如图14-19 所示。

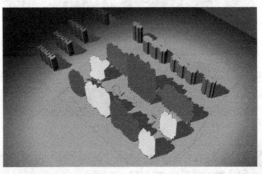

图14-19 载入选区

步骤06 按 Ctrl+Shift+I 组合键，将选区反选，切换至"行道树"图层，单击图层面板底部的"添加图层蒙版"按钮 ▣ ，添加图层蒙版，效果如图14-20 所示。

图14-20 添加图层蒙版

步骤07 按 Ctrl+O 组合键，打开"树木.psd"素材，如图14-21 所示。

图14-21 树木素材

步骤08 将"树木"素材中的树选中并移动至当前操作窗口，如图14-22 所示。

图14-22 添加素材

步骤09 按 Ctrl+T 组合键，进入"自由变换"模式，调整大小和位置，如图14-23 所示。

图14-23 调整素材

步骤10 按 Ctrl+J 组合键，复制图层，移动至图14-24 所示的位置。

图14-24 复制素材

步骤11 执行"图像"|"调整"|"色阶"命令，弹出"色阶"对话框，设置相应的参数，如图14-25 所示。

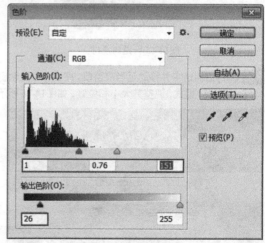

图14-25 "色阶"对话框

步骤12 单击"确定"按钮，制作树木的细节，让配景树木显得更加丰富有层次，效果如图14-26 所示。

图14-26 调整"色阶"后的效果

步骤13 将树木进行复制，移动至合适的位置，将其他的树木移动至当前操作窗口，按 Ctrl+T 组合键，进入"自由变换"模式，调整树木的大小和位置，在小区之外的树木，需降低"不透明度"来分散观察者的注意力，离中心越远，不透明度值越低，效果如图 14-27 所示。

图14-27 添加素材

步骤14 处理边缘的树木丛林，按 Ctrl+O 组合键，打开"丛林.psd"素材图像，效果如图14-28 所示。

图14-28 丛林素材

步骤15 将"丛林"素材移动至当前操作窗口，按 Ctrl+T 组合键，进入"自由变换"模式，调整大小和位置，如图14-29 所示。

步骤16 按 Ctrl+J 组合键，复制图层，单击工具箱中的"移动工具"按钮，移动拼接上，单击工具箱中的"橡皮擦"工具按钮，将边缘衔接的地方进行擦除，使衔接自然，如图14-30 所示。

图14-29 添加素材

图14-30 复制素材

步骤17 按 Ctrl+E 组合键，合并图层，更改"不透明度"为 56%，继续单击"橡皮擦工具"按钮，将边缘进行擦除制作出渐隐效果，分散注意力，将焦点集中在主图建筑区域，效果如图14-31 所示。

图14-31 制作渐隐效果

步骤18 使用与上述相同的方法，将剩下的其他丛林进行添加，效果如图14-32 所示。

图14-32 添加素材

14.1.4 添加灌木和矮植

步骤01 按 Ctrl+O 组合键，打开"矮植和灌木 .psd"素材图像，如图14-33 所示。

图14-33 矮植和灌木素材

步骤02 将"矮植和灌木"素材中的灌木移动至当前操作窗口，效果如图14-34 所示。

图14-34 添加素材

步骤03 按 Ctrl+T 组合键，进入"自由变换"模式，调整大小和位置，如图14-35 所示。

图14-35 调整素材

步骤04 按住 Ctrl 键，单击图层缩览图，将灌木选中，按住 Alt 键不放，拖动鼠标，完成同一图层的灌木复制，如图14-36 所示。

图14-36 复制素材

步骤05 使用与上述相同的方法继续添加其他的灌木和矮植，效果如图14-37 所示。

图14-37 添加素材

14.1.5 添加水面

步骤01 按 Ctrl+O 组合键，打开"水面 .psd"素材图像，如图14-38 所示。

图14-38 水面素材

步骤02 将水面素材移动至当前操作窗口，效果如图14-39所示。

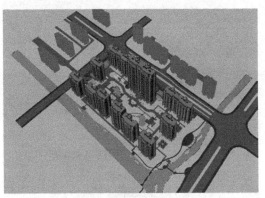

图14-41 载入选区

图14-39 添加素材

步骤03 按住 Ctrl 键，单击图层缩览图，选中水面，按住 Alt 键不放，拖动鼠标，完成同一图层的水面复制，将其布满水面区域，如图14-40 所示。

图14-42 添加图层蒙版

步骤06 将素材中的倒影添加进来，按 Ctrl+T 组合键，进入"自由变换"模式，调整大小和位置，如图14-43 所示。

图14-40 调整素材

步骤04 设置"通道1"为当前图层，单击工具箱中的"魔棒工具"按钮，选择水面区域，如图14-41 所示。

步骤05 单击图层面板底部的"添加图层蒙版"按钮，添加图层蒙版，效果如图14-42 所示。

图14-43 添加素材

步骤07 按住 Ctrl 键，单击图层缩览图，将倒影选中，按住 Alt 键不放，拖动鼠标，完成同一图层的倒影复制，如图14-44 所示。

步骤08 单击工具箱中的"橡皮擦工具"按钮，将多余部分进行擦除，将其他的水面按照上述方法进行添加，效果如图14-45 所示。

图14-44 复制素材

图14-47 添加素材

图14-45 擦除多余倒影部分

图14-48 调整素材

14.1.6 添加伞和汽车

步骤 01 按 Ctrl+O 组合键，打开"伞和车子 .psd"素材，如图14-46 所示。

图14-46 伞和车子

步骤 02 将"伞和车子"素材中的伞移动到当前操作窗口，按 Ctrl+T 组合键，进入"自由变换"模式，调整大小和位置，效果如图14-47 所示。

步骤 03 按住 Ctrl 键，单击图层缩览图，将伞选中，按住 Alt 键不放，拖动鼠标，完成同一图层伞的复制，如图 14-48 所示。

步骤 04 按照上述方法继续添加其他的伞，添加完成后效果如图14-49 所示。

图14-49 添加素材

步骤 05 将"伞和车子"素材中的汽车移动到当前操作窗口，按 Ctrl+T 组合键，进入"自由变换"模式，调整大小和位置，如图14-50 所示。

步骤 06 按 Enter 键确认，按照上述方法继续添加其他的汽车，添加完汽车的效果如图14-51 所示。

图14-50 调整素材

图14-53 添加素材

图14-51 添加素材

图14-54 添加完人物的效果

14.1.7 添加人物

步骤01 按 Ctrl+O 组合键,打开"人物 .psd"素材图像,如图14-52 所示。

图14-52 人物素材

步骤02 将"人物"素材选中并移动至当前操作窗口,按 Ctrl+T 组合键,进入"自由变换"模式,调整大小和位置,效果如图14-53 所示。

步骤03 按照上述方法将其他的人物进行添加,添加完成后效果如图14-54 所示。

14.1.8 制作建筑影子

通过给小区添加配景素材,把原来的影子已经覆盖了,在这里需要的是重新给建筑添加影子,增加建筑的立体感。

步骤01 设置"通道 2"为当前图层,单击工具箱中的"魔棒工具"按钮 ,选取红色区域,如图14-55 所示。

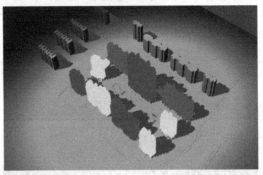

图14-55 载入选区

步骤02 单击图层面板底部的"新建新图层"按钮 ,新建图层,命名为"建筑影子",设置前景色为黑色,按 Alt+Delete 组合键,填充前景色,效果如图14-56 所示。

图14-56 填充前景色

步骤03 更改"混合模式"为"叠加"，"不透明度"为50%，效果如图14-57 所示。

图14-57 制作影子后的效果

14.1.9 制作云雾

步骤01 单击图层面板底部的"新建新图层"按钮，新建图层，命名为"云雾"图层，单击工具箱中的"多边形套索工具"按钮 ，将中心位置载入选区，按 Shift+F6组合键，弹出"羽化"对话框，设置羽化半径为250像素，如图14-58 所示。

图14-58 载入选区

步骤02 按 Shift+Ctrl+I 组合键，进行反选，设置前景色为"#868f55"，按 Alt+Delete 组合键，填充前景色，效果如图14-59 所示。

图14-59 填充前景色

步骤03 执行"滤镜"|"模糊"|"高斯模糊"命令，设置相应的参数，如图14-60 所示。

图14-60 "高斯模糊"对话框

步骤04 单击"确定"按钮，单击工具箱中的"橡皮擦工具"按钮 ，将中心区域进行擦除，效果如图14-61 所示。

图14-61 擦除多余部分

步骤 05 单击图层面板底部的"新建新图层"按钮 ▣，新建图层，设置前景色为"#a2b8f1"，单击工具箱中的"渐变工具"按钮，在画面顶部从上到下进行短距渐变，效果如图14-62所示。

图14-62 制作渐变

步骤 06 更改"混合模式"为"滤色"，"不透明度"为40%，使用同样的方法制作下面的渐变，只是改变渐变方向，效果如图14-63所示。

图14-63 更改"混合模式"

14.1.10 最终调整

步骤 01 单击图层面板底部的"创建新的填充或调整图层"按钮 ◯，弹出快捷菜单，选择"色彩平衡"选项，双击图层缩略图，弹出"色彩平衡"对话框，设置相应的参数，如图14-64所示。

步骤 02 调整后效果如图14-65所示。

图14-64 "色彩平衡"对话框

图14-65 调整后的效果

步骤 03 单击图层面板底部的"创建新的填充或调整图层"按钮 ◯，弹出快捷菜单，选择"亮度/对比度"选项，双击图层缩略图，弹出"亮度/对比度"对话框，设置相应的参数，如图14-66所示。

图14-66 "亮度/对比度"对话框

步骤 04 最终效果如图14-67所示。

图14-67 最终效果

14.2 旅游区规划鸟瞰图后期处理

旅游区规划鸟瞰图后期处理需要把握整体透视关系，因为鸟瞰图的角度是空中俯视，因此，建筑物及地面、树木、草地、人物等配景的透视关系要保持一致。需要把握整体的颜色，使配景、环境与建筑色调保持和谐、统一。还需要组织配景，使配景安排合理有序，疏密有致。图 14-68 和图 14-69 所示是未经处理和已经处理后的效果图，处理后的效果图看上去给人以美的享受，并且显得更加有生机。

图14-68 3ds Max 渲染的效果图

图14-69 经过后期处理的效果图

14.2.1 添加背景

步骤 01 启动 Photoshop 软件后，打开"3ds Max 渲染的效果图 .jpg"和"材质通道图 1.jpg"，分别命名为"渲染"和"通道 1"图层，如图14-70 所示。

图14-70 打开文件

步骤 02 设置"通道 1"为当前图层，单击工具箱中的"魔棒工具"按钮，选中蓝色背景区域，如图14-71 所示。

图14-71 载入选区

步骤 03 切换至"渲染"图层，按 Delete 键删除选区，如图14-72 所示。

图14-72 删除背景天空

步骤 04 按 Ctrl+O 组合键，打开"远景素材 .jpg"图像，如图14-73 所示。

图14-73 远景素材

步骤05 将"远景素材"移动至当前操作窗口，置于"渲染"图层的下方，按 Ctrl+T 组合键，进入"自由变换"模式，调整其大小使之布满天空，如图14-74 所示。

图14-74 添加素材

步骤06 单击图层面板底部的"新建新图层"按钮 ⬚，设置前景色为"#e4f6ff"，单击工具箱中的"渐变工具"按钮 ▣，在画面顶部由上往下垂直拉伸渐变，更改"不透明度"为 70%，制作出远景较模糊的效果，得到效果如图14-75 所示。

图14-75 制作渐变

14.2.2 添加草地

步骤01 按 Ctrl+O 组合键，打开"草地 .jpg"素材图像，如图14-76 所示。

步骤02 将草地移动至当前操作窗口，按 Ctrl+T 组合键，进入"自由变换"模式，调整大小和位置，按住 Ctrl+Alt 组合键进行拖动复制，使之布满有草地的区域，按 Ctrl+E 组合键，将复制的草地合并为一个图层，命名为"草地"，效果如图14-77 所示。

图14-76 草地素材

图14-77 添加素材

步骤03 设置"通道 1"图层为当前图层，单击工具箱中的"魔棒工具"按钮 ✺，选中地面上属于草地的区域，如图14-78 所示。

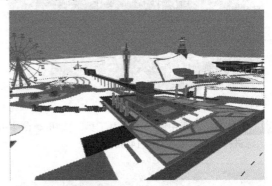

图14-78 载入选区

步骤04 切换至"草地"图层，单击图层底部的"添加图层蒙版"按钮 ▣，添加图层蒙版，效果如图14-79 所示。

图14-79 添加图层蒙版

14.2.3 制作山体

步骤 01 按 Ctrl+O 组合键，打开"山体 .psd"素材图像，如图14-80所示。

图14-80 山体素材

步骤 02 将"山体"素材中的山体选中并移动至当前操作窗口，按 Ctrl+T 组合键，进入"自由变换"模式，调整大小和位置，效果如图14-81所示。

图14-81 添加素材

步骤 03 单击工具箱中的"橡皮擦工具"按钮 ，将多余边缘进行擦除，效果如图14-82所示。

图14-82 擦除多余边缘

步骤 04 继续添加素材，如图14-83所示。从中可以看出添加的素材和后面的素材色调上没有达到统一，如果合成的话会显得很生硬，所以，这里需要将两种合成素材的色调调整至统一，操作方法如下。

图14-83 添加素材

步骤 05 执行"图像"|"调整"|"色彩平衡"命令，弹出"色彩平衡"对话框，设置相应的参数，如图14-84所示。

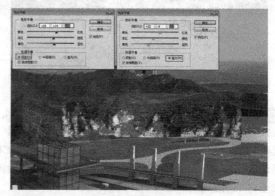

图14-84 调整素材

步骤 06 单击"确定"按钮，单击工具箱中的"橡皮擦工具"按钮 ，将边缘衔接处进行擦除，得到效果如图14-85所示。

图14-85 擦除多余区域

步骤 07 使用同样的方法添加其他的山体，按 Ctrl+E 组合键，将所有的山体图层合并为一个图层，命名为"山体"图层，效果如图14-86所示。从中可以看出添加的山体把建筑物遮挡住了，这里需要进行调整。

图14-86 添加素材

步骤08 按 Ctrl+0 组合键，打开"材质通道图 2.jpg"，移动至当前操作窗口，命名为"通道 2"图层，单击工具箱中的"魔棒工具"按钮，选中除建筑物体以外的区域，如图14-87 所示。

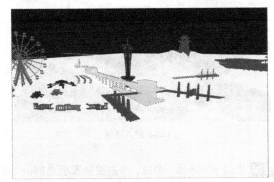

图14-87 载入选区

步骤09 切换至"山体"图层，单击图层面板底部的"添加图层蒙版"按钮，添加图层蒙版，效果如图14-88 所示。从中可以看出之前被遮挡的建筑物已经显示出来了。

图14-88 添加图层蒙版

14.2.4 添加矮植

步骤01 按住 Ctrl+O 组合键，打开"矮植 .psd"素材图像，如图14-89 所示。

图14-89 矮植素材

步骤02 将"矮植"中的素材选中并移动至当前操作窗口，按 Ctrl+T 组合键，调整至合适的大小和位置，如图14-90 所示。

图14-90 添加素材

步骤03 单击工具箱中的"多边形套索工具"按钮，选取矮植的另一半，移动至右边，如图14-91 所示。

图14-91 调整素材

步骤04 继续添加黄色矮植，注意这种矮植的颜色和形状搭配，效果如图14-92 所示。

图14-92 添加素材

图14-95 添加素材

步骤05 按照上述方法继续添加矮植素材，效果如图14-93所示。

图14-93 添加素材

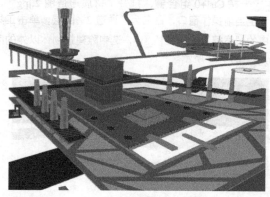

图14-96 载入选区

步骤04 切换至"水面"图层，单击图层面板底部的"添加图层蒙版"按钮 ▣，添加图层蒙版，如图14-97所示。

14.2.5 制作水面和喷泉

步骤01 按 Ctrl+O 组合键，打开"水面.jpg"素材图像，如图14-94所示。

图14-94 水面素材

图14-97 添加图层蒙版

步骤02 将"水面"素材选中并移动至当前操作窗口，按 Ctrl+T 组合键，进入"自由变换"模式，调整至合适的大小和位置，效果如图14-95所示。

步骤03 设置"通道1"图层为当前图层，单击工具箱中的"魔棒工具"按钮 🪄，选取水面区域，如图14-96所示。

步骤05 更改"混合模式"为"叠加"，效果如图14-98所示。

步骤06 添加喷泉，按 Ctrl+O 组合键，打开"喷泉.psd"素材图像，如图14-99所示。

图14-98 更改"混合模式"

图14-101 复制素材

图14-99 喷泉素材

14.2.6 添加树木

步骤01 按 Ctrl+O 组合键，打开"树木1.psd"素材图像，如图14-102 所示。

图14-102 树木1素材

步骤02 将"树木1"素材中的树选中并移动至当前操作窗口，按 Ctrl+T 组合键，进入"自由变换"模式，调整大小和位置，如图14-103 所示。

图14-103 添加素材

步骤07 将"喷泉"素材中的喷泉选中并移动至当前操作窗口，按 Ctrl+T 组合键，进入"自由变换"模式，调整大小和位置，效果如图14-100 所示。

图14-100 添加素材

步骤08 按住 Ctrl 键，单击图层缩览图，选择喷泉，按住 Alt 键不放，拖动鼠标，完成同一图层喷泉的复制，按上述方法继续添加喷泉素材，效果如图14-101 所示。

步骤03 单击工具箱中的"橡皮擦工具"按钮，将树木与山体衔接生硬区域进行擦除，使衔接合理恰当，效果如图14-104 所示。

图14-104 擦除生硬区域

步骤 04 使用同样的方法种植其他的树木，将山体上的树木种植完成后，效果如图14-105所示。

图14-105 添加素材

步骤 05 按 Ctrl+O 组合键，打开"树木 2.psd"素材图像，如图14-106所示。

图14-106 树木 2 素材

步骤 06 将"树木 2"素材移动至当前操作窗口，按 Ctrl+T 组合键，进入"自由变换"模式，调整大小和位置，地面上树木种植完成，效果如图14-107所示。

图14-107 添加素材

14.2.7 添加人物

步骤 01 按 Ctrl+O 组合键，打开"人物 .psd"素材图像，如图14-108所示。

图14-108 人物素材

步骤 02 将"人物"素材中的人物选中并移动至当前操作窗口，如图14-109所示。

图14-109 添加素材

步骤 03 按 Ctrl+T 组合键，进入"自由变换"模式，调整大小和位置，如图14-110所示。

图14-110 调整素材

步骤04 使用上述方法继续添加素材，人物添加完成，如图14-111 所示。

图14-111 添加素材

14.2.8 最终调整

步骤01 按 Ctrl+O 组合键，打开"影子.psd"素材图像，如图14-112 所示。

图14-112 影子素材

步骤02 将"影子"素材选中并移动至当前操作窗口，按 Ctrl+T 组合键，进入"自由变换"模式，调整大小和位置，更改"混合模式"为"正片叠底"，效果如图14-113 所示。

图14-113 添加素材

步骤03 单击图层面板底部的"创建新的填充或调整图层"按钮 ，弹出快捷菜单，选择"亮度/对比度"选项，双击"图层缩略图"，弹出"亮度/对比度"对话框，设置相应的参数，如图14-114 所示。

图14-114 "亮度/对比度"对话框

步骤04 最终效果如图14-115 所示。

图14-115 最终效果

第 15 章 特殊效果图后期处理

有些时候，为了表现建筑设计师的主观意识，更好地体现建筑风格，需要表达一种特殊的意境，让人们更深切地了解设计师对该建筑项目的设计思想，以使那些对常规表现方法不是很满意的甲方眼前一亮，这就是特殊建筑效果图。

本章将重点介绍建筑表现中常见的雪景、雨景等特殊效果图的制作方法。

15.1 特殊建筑效果图表现概述

总的来说，特殊效果图大致可分为两类：一类是为了表现某种特定场景而制作的效果图，如雨景、雪景和雾天等特殊天气状；一类是为了展示建筑物的特点，通过夸张的色彩、造型等内容来表现的效果图。

15.2 雪景效果图表现

雪景，作为一种特殊的效果图，表现的主要是白雪皑皑的场景效果，给人一种纯洁、美好的向往。一般雪景的制作方法有两种，一种是素材合成制作雪景，另一种是快速转换制作雪景。前者的优点是雪景素材真实细腻，后者的优点是制作迅速。

15.2.1 素材合成制作雪景

在动手制作雪景效果图之前，先来看看处理前后的效果对比，如图15-1 和图15-2 所示。

图15-2 经过后期处理的效果图

1. 添加天空背景

步骤01 启动 Photoshop 软件后，打开 "3ds Max 渲染的效果图"，命名为 "别墅" 图层，按 Ctrl+O 组合键，继续打开 "天空 .jpg" 素材，如图15-3 所示。

图15-3 天空素材

步骤02 将 "天空" 素材移动至当前操作窗口，按 Ctrl+T 组合键，进入 "自由变换" 模式，调整其大小和位置，如图15-4 所示。

图15-1 3ds Max 渲染的效果图

图15-4 添加素材

2. 添加远景

步骤01 按 Ctrl+O 组合键，继续打开 "远景素材 .psd" 图像，如图15-5 所示。

图15-5 远景素材

步骤02 将 "远景素材" 中的树选中并移动至当前操作窗口，按 Ctrl+T 组合键，进入 "自由变换" 模式，调整其大小和位置，如图15-6 所示。

图15-6 添加素材

步骤03 使用与上述相同的方法继续添加其他的远景素材，如图15-7 所示。

图15-7 添加素材

步骤04 将遮挡建筑的远景树进行减去，效果如图15-8 所示。

图15-8 减去遮盖建筑区域

3. 添加地面

步骤01 按 Ctrl+O 组合键，继续打开"地面素材1.jpg"图像，如图15-9 所示。

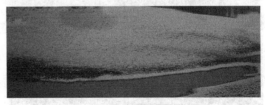

图15-9 地面素材 1

步骤02 将 "地面素材 1" 选中并移动至当前操作窗口，按 Ctrl+T 组合键，进入 "自由变换" 模式，调整其大小和位置，如图15-10 所示。

步骤03 设置 "通道" 为当前图层，单击工具箱中的 "魔棒工具" 按钮，选中建筑区域，如图15-11 所示。

图15-10 调整素材

图15-11 载入选区

步骤04 切换至"别墅"图层，按 Ctrl+J 组合键，复制图层，将图层置于地面图层的上方，如图15-12 所示。

图15-12 复制图层

步骤05 按 Ctrl+O 组合键，打开"地面素材 2.psd"素材图像，如图15-13 所示。

步骤06 将"地面素材 2"中的路面选中并移动至当前操作窗口，按 Ctrl+T 组合键，进入"自由变换"模式，调整大小和位置，如图15-14 所示。

图15-13 地面素材 2

图15-14 添加素材

步骤07 按照上述方法继续添加素材，按 Ctrl+T 组合键，进入"自由变换"模式，调整大小和位置，如图15-15 所示。

图15-15 添加素材

步骤08 雪地素材添加完成，效果如图15-16 所示。

图15-16 添加素材

4. 添加树木

步骤01 按 Ctrl+O 组合键,打开"树木 .psd"素材图像,效果如图15-17 所示。

图15-17 树木素材

步骤02 将"树木"素材中的绿篱选中并移动至当前操作窗口,按 Ctrl+T 组合键,进入"自由变换"模式,调整其大小和位置,如图15-18 所示。

图15-18 添加素材

步骤03 将"树木"素材中的雪松选中并移动至当前操作窗口,调整大小和位置,如图15-19 所示。

图15-19 添加素材

步骤04 按照上述方法将其他的树木进行添加,添加完成后效果如图15-20 所示。

图15-20 添加素材

5. 添加其他配景

步骤01 按 Ctrl+O 组合键,打开"其他配景 .psd"素材图像,如图15-21 所示。

图15-21 其他配景

步骤02 将"其他配景"素材选中并移动至当前操作窗口,命名为"休息区"图层,按 Ctrl+T 组合键,进入"自由变换"模式,调整大小和位置,如图 15-22 所示。从中可以看出添加的素材把栏杆遮住了,需要进行调整,将栏杆显示出来。

图15-22 添加素材

步骤03 设置"别墅"图层为当前图层,单击工具箱中的"魔棒工具"按钮,选中栏杆区域,如图15-23 所示。

步骤04 切换至"休息区"图层,单击图层面板底部的"添加图层蒙版"按钮,添加图层蒙版,效果如图15-24 所示。

图15-23 载入选区

图15-24 添加图层蒙

步骤05 继续添加其他的素材，添加完成后效果如图15-25 所示。

图15-25 添加素材

6. 添加屋顶和其他配景上的雪

步骤01 添加屋顶上的雪，这里可以在已添加的素材中取材，这里说一下操作方法。首先，设置需要取材的所在图层为当前图层，单击工具箱中的"快速选择工具"按钮，选取图15-26 所示的区域。

图15-26 抠取雪景素材

步骤02 按 Ctrl+J 组合键，复制图层，将复制的雪移动至别墅的柱子上面，效果如图15-27 所示。

图15-27 复制素材

步骤03 执行"图像"|"调整"|"亮度/对比度"命令，弹出"亮度/对比度"对话框，设置相应的参数，如图15-28 所示。

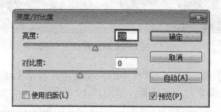

图15-28 "亮度/对比度"对话框

步骤04 单击"确定"按钮，调整雪的亮度，效果如图15-29 所示。

图15-29 调整素材的亮度

步骤05 按住 Ctrl 键，单击图层缩览图，选中柱子上的雪，按住 Alt 键不放，拖动鼠标，完成同一图层雪的复制，效果如图15-30 所示。

图15-30 复制素材

步骤06 按 Ctrl+O 组合键，打开"雪景素材 .psd"图像，如图15-31 所示。

图15-31 雪景素材

步骤07 将"雪景素材"中的雪选中并移动至当前操作窗口，按 Ctrl+T 组合键，进入"自由变换"模式，调整大小和位置，如图15-32 所示。

图15-32 添加素材

步骤08 单击工具箱中的"橡皮擦工具"按钮，将边缘多余区域进行擦除，单击工具箱中的"多边形套索"工具按钮，选中属于阴影的区域，效果如图15-33 所示。

图15-33 调整素材

步骤09 按 Shift+F6 组合键，执行"羽化"命令，设置羽化半径为 5 像素，执行"图像"|"调整"|"亮度 / 对比度"命令，弹出"亮度 / 对比度"对话框，设置相应的参数，如图15-34 所示。

图15-34 "亮度 / 对比度"对话框

步骤10 使用同样的方法继续添加其他的雪景素材，效果如图15-35 所示。

图15-35 添加素材

7. 最终调整

步骤01 选择图层面板顶端为当前图层，按 Ctrl+Shift+

Alt+E 组合键，盖印可见图层，执行"滤镜"I"模糊"I"高斯模糊"命令，弹出"高斯模糊"对话框，设置相应的参数，如图15-36 所示。

图15-36 "高斯模糊"对话框

步骤02 单击"确定"按钮，更改"混合模式"为"柔光"，"不透明度"为 40%，最终效果如图15-37 所示。

图15-37 最终效果

15.2.2 快速转换制作雪景

之前学习了用素材合成雪景，现在学习将日景快速转换为雪景，下面讲解具体的操作方法。

步骤01 启动 Photoshop 软件后，按 Ctrl+O 组合键，打开"初始图 .jpg"文件，如图15-38 所示。

步骤02 选择"树木"图层为当前图层，执行"选择"I"色彩范围"命令，弹出"色彩范围"对话框，将树木的高光区域选中，设置相应的参数，如图15-39 所示。

图15-38 初始图

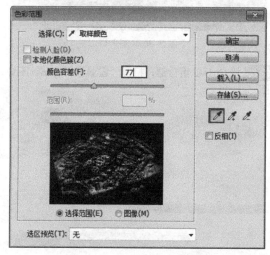

图15-39 "色彩范围"对话框

步骤03 单击"确定"按钮，得到选区，按 Shift+F6 组合键，弹出"羽化选区"对话框，设置羽化半径为 2 像素。

单击图层面板底部的"新建新图层"按钮 🗇，设置前景色为白色，按 Alt+Delete 组合键，填充前景色，为树木添加了雪景效果，效果如图15-40 所示。

图15-40 填充白色

步骤04 使用同样的方法为屋顶也添加雪景，最终效果如图15-41 所示。

图15-41 最终效果

15.3 雨景效果后期处理

雨景效果图在建筑后期不常见，但是，作为一种特殊效果图，自然有它独特的魅力所在，因而备受青睐。雨景效果图和雪景效果图的处理方法类似，但也有细微的差别，本节主要将雨景的制作方法和技巧。

15.3.1 快速转换日景为雨景

1. 打开素材，更换天空背景

步骤01 启动 Photoshop 软件后，按 Ctrl+O 组合键，打开"日景 .psd"效果图，如图15-42 所示。

图15-42 日景效果图

步骤02 按 Ctrl+O 组合键，打开"天空 .jpg"素材图像，如图15-43 所示。

步骤03 将"天空"素材移动至当前操作窗口，调整大小和位置，如图15-44 所示。

图15-43 天空素材

图15-44 添加天空背景

步骤04 选择图层面板顶端为当前图层，按 Ctrl+Shift+Alt+E 组合键，盖印可见图层，执行"选择"|"色彩范围"命令，选择建筑亮部区域，如图15-45 所示。

图15-45 "色彩范围"对话框

步骤05 单击"确定"按钮，别墅亮部区域载入选区，执行"图像"|"调整"|"亮度/对比度"命令，弹出"亮度/对比度"对话框，将亮度降低，设置相应的参数，如图15-46 所示。

步骤06 单击"确定"按钮，减弱建筑的受光面的亮度，效果如图15-47 所示。

图15-46 "亮度/对比度"对话框

图15-47 降低亮度

步骤07 执行"图像"|"调整"|"色彩平衡"命令，弹出"色彩平衡"对话框，设置相应的参数，如图15-48所示。

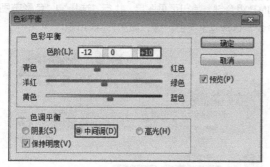

图15-48 "色彩平衡"对话框

步骤08 单击"确定"按钮，将整个画面调整偏向冷色调，效果如图15-49所示。

图15-49 调整冷色调的效果

2. 制作雨点效果

步骤01 按Ctrl+Shift+N组合键，新建一个图层，设置前景色为白色，按Alt+Delete组合键，填充前景色，执行"滤镜"|"像素化"|"点状化"命令，弹出"点状化"对话框，设置相应的参数，如图15-50所示。

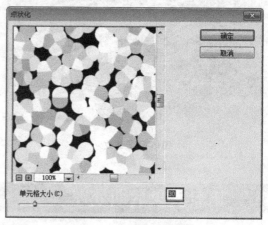

图15-50 "点状化"对话框

步骤02 执行"图像"|"调整"|"阀值"命令，弹出"阀值"对话框，设置相应的参数，如图15-51所示。

图15-51 "阀值"对话框

步骤03 单击"确定"按钮，更改"混合模式"为"滤色"，"不透明度"为30%，效果如图15-52所示。

图15-52 更改"混合模式"

步骤04 执行"滤镜"|"模糊"|"动感模糊"命令，弹出"动感模糊"对话框，设置相应的参数，如图15-53所示。其中角度值决定雨落下的方向，距离值决定模糊的强度。

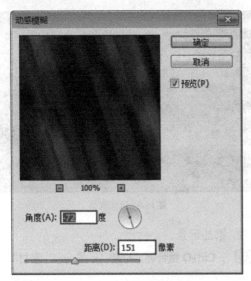

图15-53 "动感模糊"对话框

步骤05 单击 "确定" 按钮，效果如图15-54 所示。

图15-54 动感模糊后的效果

3. 添加水面雾气

步骤01 给画面添加雨丝效果后，接下来制作水面上的雾气。按 Ctrl+Shift+N 组合键，新建一个图层，设置前景色为 "#c6e5f9"，单击工具箱中的 "画笔工具" 按钮 ✎，选择边缘较柔和的笔刷，设置其 "不透明度" 为30%，在水面边缘进行涂抹绘制，如图15-55 所示。

图15-55 制作雾气

步骤02 执行 "滤镜" I "模糊" I "高斯模糊" 命令，弹出 "高斯模糊" 对话框，设置相应的参数，如图15-56 所示。

图15-56 "高斯模糊" 对话框

步骤03 单击 "确定" 按钮，最终效果如图15-57 所示。

图15-57 最终效果

15.3.2 雨景建筑效果图后期处理

上节介绍的是快速将日景转换为雨景的方法，这只是一种应急的方法，若想得到逼真的雨景效果，应在 3ds Max 软件中渲染输出的效果基础上，在 Photoshop 中合成雨景。虽然这样相对来说比快速转换日景操作起来麻烦，但是效果比它好。下面看一下该类效果图处理前后的对比，如图15-58 和图15-59 所示。

图15-58 3ds Max 渲染的效果图

图15-61 添加素材

2. 添加远景

步骤01 按 Ctrl+O 组合键，打开"远景.psd"素材图像，如图15-62 所示。

图15-62 远景素材

图15-59 后期合成的效果图

步骤02 将"远景"素材移动至当前操作窗口，调整大小和位置，如图15-63 所示。

1. 添加天空背景

步骤01 启动 Photoshop 软件后，按 Ctrl+O 组合键，打开"3ds Max 渲染效果图.jpg"素材图像，继续按 Ctrl+O 组合键，打开"天空背景.jpg"素材图像，如图15-60 所示。

图15-63 添加素材

图15-60 天空素材

步骤03 设置远景建筑为当前图层，执行"图像"I"调整"I"亮度/对比度"命令，弹出"亮度/对比度"对话框，设置相应的参数，如图15-64 所示。降低背景建筑的亮度，衬托出主体建筑。

步骤02 将"天空背景"素材移动至当前操作窗口，按 Ctrl+T 组合键，进入"自由变换"模式，调整其大小和位置，如图15-61 所示。

图15-64 "亮度 / 对比度"对话框

步骤04 使用快速制作雨点的方法，制作雨景，将不透明度改为 8%，作为背景雨，这样制作出来的雨点会使画面显得更加有层次，如图15-65 所示。

图15-65 制作雨点

3. 调整建筑

步骤01 设置"通道"图层为当前图层，单击工具箱中的"魔棒工具"按钮，选择通道为黄色的区域，如图15-66 所示。

步骤02 切换至"建筑"图层，按 Ctrl+J 组合键，复制图层，执行"图像"|"调整"|"亮度 / 对比度"命令，弹出"亮度 / 对比度"对话框，设置相应的参数，调整光照效果，如图15-67 所示。

图15-66 载入选区

图15-67 "亮度 / 对比度"对话框

步骤03 使用同样的方法调整建筑其他的光照效果，调整完成后效果如图15-68 所示。

图15-68 调整光照效果

步骤04 添加马路和路灯素材，效果如图15-69 所示。

图15-69 添加素材

4. 添加树木素材

步骤01 按 Ctrl+O 组合键，打开"树木 .psd"素材图像，如图15-70 所示。

步骤02 将树木移动至当前操作窗口，按 Ctrl+T 组合键，进入"自由变换"模式，调整大小和位置，效果如图15-71 所示。

图15-70 树木素材

图15-73 添加树木

5. 制作建筑影子

步骤01 设置"建筑"图层为当前图层，单击工具箱中的"多边形套索"工具按钮 ☑，将建筑载入选区，如图15-74 所示。

图15-71 添加素材

图15-74 山体素材

步骤03 为树木制作影子。按 Ctrl+J 组合键，复制图层，按 Ctrl+T 组合键，进入"自由变换"模式，单击鼠标右键，弹出快捷菜单，选择"垂直翻转"选项，然后执行"滤镜"|"模糊"|"动感模糊"命令，效果如图15-72 所示。

步骤02 按 Ctrl+J 组合键，复制图层，命名为"倒影"，按 Ctrl+T 组合键，进入"自由变换"模式，单击鼠标右键，弹出快捷菜单，选择"垂直翻转"选项，移动至建筑的下方，执行"滤镜"|"模糊"|"动感模糊"命令，弹出"动感模糊"对话框，设置相应的参数，效果如图15-75 所示。

图15-72 制作影子

步骤04 添加其他的树木，效果如图15-73 所示。

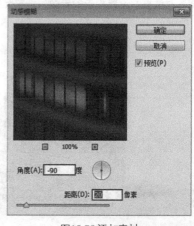

图15-75 添加素材

步骤03 单击"确定"按钮,效果如图15-76所示。

图15-76 进行"动感模糊"

步骤04 更改"不透明度"为30%,效果如图15-77所示。

图15-77 最终效果

6. 添加车辆

步骤01 按 Ctrl+O 组合键,打开"车辆.psd"素材图像,如图15-78所示。

图15-78 车辆素材

步骤02 将车辆素材移动至当前操作窗口,按 Ctrl+T 组合键,进入"自由变换"模式,调整其大小和位置,效果如图15-79所示。

图15-79 添加车辆

步骤03 给车辆添加投影,添加效果如图15-80所示。

图15-80 添加影子

步骤04 设置"车辆"为当前图层,按 Ctrl+J 组合键,复制图层,执行"滤镜"|"模糊"|"动感模糊"命令,弹出"动感模糊"对话框,设置相应的参数,给车辆添加动感模糊效果,如图15-81所示。

图15-81 动感模糊

步骤05 单击"确定"按钮，效果如图15-82所示。

图15-82 动感模糊后效果

7. 添加人物

步骤01 按 Ctrl+O 组合键，打开"人物.psd"素材图像，如图15-83所示。

图15-83 人物素材

步骤02 将"人物"素材选中并移动至当前操作窗口，按 Ctrl+T 组合键，进入"自由变换"模式，调整至合适的大小和位置，如图15-84所示。

图15-84 添加人物

8. 添加光晕

步骤01 按 Ctrl+O 组合键，打开"光晕.psd"素材图像，如图15-85所示。

图15-85 光晕素材

步骤02 将光晕移动至当前操作窗口，按 Ctrl+T 组合键，进入"自由变换"模式，调整至合适的大小和位置，效果如图15-86所示。

图15-86 添加光晕

9. 制作雨点

步骤01 按 Ctrl+Shift+N 组合键，新建一个图层，设置前景色为白色，按 Alt+Delete 组合键，填充前景色，执行"滤镜"|"像素化"|"点状化"命令，弹出"点状化"对话框，设置相应的参数，如图15-87所示。

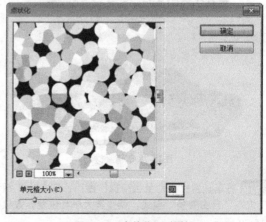

图15-87 "点状化"对话框

步骤02 执行"图像"|"调整"|"阀值"命令，弹出"阀值"对话框，设置相应的参数，如图15-88所示。

图15-88 "阀值"对话框

步骤03 单击"确定"按钮，更改"混合模式"为"滤色"，"不透明度"为30%，执行"滤镜"|"模糊"|"动感模糊"命令，弹出"动感模糊"对话框，设置相应的参数，如图15-89所示。

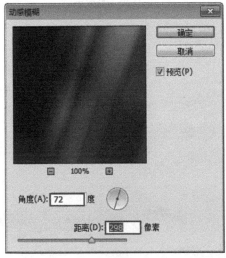

图15-89 "动感模糊"对话框

步骤04 单击"确定"按钮，得到雨点效果，如图15-90所示。

图15-90 雨点效果

步骤05 单击工具箱中的"橡皮擦工具"按钮 ，将多余雨点擦除，效果如图15-91所示。

图15-91 擦除多余雨点

10. 制作雾气

步骤01 按Ctrl+Shift+N组合键，新建一个图层，设置前景色为白色，单击工具箱中的"画笔工具"按钮 ，选择边缘较柔和的笔刷，设置其不透明度为20%，在水面边缘进行涂抹绘制，效果如图15-92所示。

图15-92 画笔绘制雾气

步骤02 执行"滤镜"|"模糊"|"高斯模糊"命令，弹出"高斯模糊"对话框，设置相应的参数，如图15-93所示。

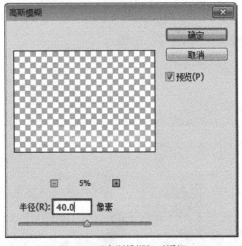

图15-93 "高斯模糊"对话框

步骤 03 单击"确定"按钮，更改"不透明度"为 60%，效果如图15-94 所示。

步骤 04 按 Ctrl+Shift+N 组合键，新建一个图层，设置前景色为黑色，单击工具箱中的"渐变工具"按钮 ▣ ，在画面底部进行短距渐变，更改"不透明度"为 80%，最终效果如图15-95 所示。

图15-94 更改"不透明度"

图15-95 最终效果